新时代数学专业师范生职前职后数学学科核心素质培养探究

张学林　著

中国水利水电出版社
www.waterpub.com.cn
·北京·

内 容 提 要

本书主要在《关于全面深化新时代教师队伍建设改革的意见》（中发〔2018〕4号）中对教师素质的要求、中国学生核心素养（三维度六方面十八要点）要求、师范专业认证、教师资格证国考等背景下，对新时代数学专业师范生职前职后数学学科素质培养进行了研究。该书主要对素质、素养、教师素质、教师素养、核心素养等概念进行了阐述，对数学学科核心素养及培养措施进行了研究；同时对数学专业师范生在校期间（职前）数学学科素质培养，入职后所在学校、教育部门培养及自身数学素质不断提高等方面进行了研究。

该书适合高等学校数学师范专业（本、专科）学生、刚入职的数学学科教师等阅读参考。

图书在版编目（CIP）数据

新时代数学专业师范生职前职后数学学科核心素质培养探究 / 张学林著. -- 北京 ： 中国水利水电出版社，2019.6（2025.4重印）
ISBN 978-7-5170-7687-2

Ⅰ．①新… Ⅱ．①张… Ⅲ．①高等数学－教学研究－高等学校 Ⅳ．①013

中国版本图书馆CIP数据核字(2019)第092917号

策划编辑：寇文杰　　责任编辑：张玉玲　　加工编辑：武兴华　　封面设计：梁　燕

书　名	新时代数学专业师范生职前职后数学学科核心素质培养探究 XIN SHIDAI SHUXUE ZHUANYE SHIFANSHENG ZHIQIAN ZHIHOU SHUXUE XUEKE HEXIN SUZHI PEIYANG TANJIU
作　者	张学林　著
出版发行	中国水利水电出版社 （北京市海淀区玉渊潭南路1号D座　100038） 网址：www.waterpub.com.cn E-mail: mchannel@263.net（万水） 　　　　sales@waterpub.com.cn 电话：（010）68367658（营销中心）、82562819（万水）
经　售	全国各地新华书店和相关出版物销售网点
排　版	北京万水电子信息有限公司
印　刷	三河市元兴印务有限公司
规　格	170mm×240mm　16开本　13印张　243千字
版　次	2019年6月第1版　2025年4月第3次印刷
印　数	0001—3000册
定　价	58.00元

前　　言

中共中央国务院《关于全面深化新时代教师队伍建设改革的意见》（中发〔2018〕4号）指出：百年大计，教育为本；教育大计，教师为本。《中华人民共和国教师法》规定："教师是履行教育教学职责的专业人员，承担教书育人、培养社会主义事业建设者和接班人、提高民族素质的使命。教师应当忠诚于人民的教育事业。"因此教师的素质特别是基础教育教师学科素质培养尤为重要，数学教师数学学科素养已作为公民的基本素养写进我国《全日制义务教育数学课程标准》（2011年版）和《高中数学课程标准》（2017年版）。特别自2013年山东试点教师资格证全国统考以来，凡省内所有申请认定教师资格的人员均须参加教师资格考试。而由教育部制定并颁布的教师资格考试标准和考试大纲中明确要求：申请教师资格人员须具有从事教师职业所必备的逻辑推理和信息处理等基本能力。因此逻辑思维能力的培养也成了师范类院校学生基本素质培养的一个重要的新增因素，数学素养的培养也成为教师专业化发展的又一指挥棒，师范生职前数学学科素质培养研究很有必要。

（1）培养师范生的数学素养是新时代发展的需求。推进素质教育，促进学生全面素质的提升，首先要研究如何培养师范生的数学素养。而要推进素质教育的新一轮基础教育课程改革，亟须提高师范生数学素养。

（2）培养师范生的数学素养是师范类院校教师资格认证的需求。从2015年开始，在校师范生要获取教师资格证，必须参加全国统一的教师资格认证考试。教师资格证的备考便成了师范类院校教育教学改革的一个重要因素，而小学资格证笔试科目"综合素质"中，明确逻辑思维能力为小学教师必须具备的基本能力之一，及时开展培养学生数学素养的策略研究，是促进学生专业化发展的必经之路。因此，正视、重视师范生的现状，及时开展数学素养培养及策略的研究，才能从根本上改善现在的教学状况，同时为师范类院校非师范生报考数学专业教师资格考试奠定基础。随着知识经济时代的到来，我国的人才培养进入了一个新阶段，人才需求开始由单一技能型向复合智能型转变。随着各行各业对数学人才的需求与日俱增，数学素养已成为每一个公民必需的文化素养。只有具备一定的数学素养，学会数学化的理性分析，才能灵活应对各种各样的变化，并运用数学的思维去解决实际问题。

党的十九大报告指出：文化是一个国家、一个民族的灵魂。文化兴国家兴，文化强民族强。没有高度的文化自信，没有文化的繁荣兴盛，就没有中华民族的伟大复兴。要坚持中国特色社会主义文化发展道路，激发全民族文化创新创造活力，建设社会主义文化强国。中国特色社会主义进入了新时代，这是我国发展新的历史方位。进入新时代，踏上新征程，教育事业该如何发展？党的十九大报告指出，"建设教育强国是中华民族伟大复兴的基础工程，必须把教育事业放在优先位置，深化教育改革，加快教育现代化，办好人民满意的教育。"同时，党的十九大报告还强调了把科技创新放到重要位置，强调人才的重要性，并对青年寄予殷切希望。中小学教师普遍认为：教育要有新作为，意味着我们不仅要关注教育的未来，更要关注时代的未来。在专注教育内部变革的同时，要有更宽的时代视野和格局，要找准基础教育时代坐标系的新定位，而非仅仅把目光放在自己学校内部。当前，人民有着更好的教育期待，优质和公平是教育重要的时代命题，一所有担当的学校应当承担起这方面的责任，为教育事业整体的平衡和充分发展竭尽全力。

教师作为人类科学技术、文化艺术宝贵遗产的继承者、传播者和新知识、新文化的创造者，是学校教育教学目标的组织者、实施者。学校能否办好、学校的教育教学质量能否提高，在一定程度上取决于教师，尤其是新入职教师，因为他们是未来，他们是希望。随着新课程标准的实施，对数学教师，特别是新入职青年数学教师的素质要求越来越高，他们如何贯彻新课程理念，如何处理教学理念与教学方法关系等问题越来越引起数学教育界的关注。本书通过对师范大学生的新课程的经验和学习情况的调查，进一步明确对新入职的青年教师特别是义务学校数学青年教师进行教育教学方面的培养目标，有利于新教师尽快掌握教学方法，有利于青年教师尽早成为骨干教师；同时对提高在校师范大学生适应、掌握新课程的能力，提前当好准教师，参加工作后尽快进入角色等都有重要的意义。而且给大学的"中学数学教材教法"课程的改革提供一定可行的方案以及给教育教研行政部门提供培养青年教师方案。

本书分四部分来论述新课标下义务教育学校数学教师的培养。第一部分导论，简述了新课改是进行素质教育及促进人的全面发展的重要举措；同时说明了本书要解决的问题、主要内容、研究的主要方法等。第二部分（第二章、第三章）新课标及理念，主要是通过对在校大学生及新入职的青年数学教师对新课标及新教材的认识的调查，说明对在校大学生和青年数学教师实施新课标培养的重要性。第三部分（第四章）是通过调查说明义务教育学校数学新课程及学生对数学新教师素质方面的要求及数学新教师在新课标理念下要加强自己的数学素养。第四部分（第五章至第八章）给出师范院校的数学院系、基础教育部门、学校三位一体对未来的或现在的数学青年教师进行职前、职后及终身培养的培养方案。

作　者

2019 年 2 月

目　　录

第一章 导 论

随着科学技术以前所未有的速度向前发展，它正日益改变人们的工作方式、生活方式和学习方式，要求生活在 21 世纪的新人类要具有 21 世纪的能力素质。那么，什么是"21 世纪的能力素质"呢？美国 21 世纪劳动委员会提出："它包括很强的基本学习技能，也包括思维、推理能力和团队协作精神以及对信息技术的熟练掌握与运用。"在美国教育技术 CEO 论坛第 4 年度（2001）报告中明确指出，"21 世纪的能力素质"应包括数字时代素养、创新思维能力、人际交往与合作精神、实践能力四个方面。培养具有 21 世纪能力素质的人才，教师是一个关键性的因素，也可能是决定教育质量的一个最重要的因素。技术在教育中发挥作用的真正力量来自于教师能够在恰当的时间使用合适的技术来实现确定的目标。实践证明，错误地使用技术会对学生的成绩造成负面的影响，因此，教师自身的技术素养至关重要。《中华人民共和国教育法》第三十五条规定："国家实行教师资格、职务、聘任制度，通过考核、奖励、培养和培训，提高教师素质，加强教师队伍建设。""教师是人类文明的传承者。推动教育事业又好又快发展，培养高素质人才，教师是关键。没有高水平的教师队伍，就没有高质量的教育。"21 世纪的教师只有加强自身的能力，才能培养出 21 世纪的新型合格人才。

近年来中小学接受了部分的大学本科生，这些大学生刚刚走上工作岗位。无论是与同事间的关系，还是教育教学工作，都还不能尽快地适应。特别是要贯彻和实施新课标理念，更需要较长的时间，为了尽量缩短这个时间，我们就要对这些老师进行必备的素质培养。如果对现在的师范大学在教材教法方面对新课程的贯彻实施的情况进行调查和了解，将对培养新课程下初中数学教师有一定的借鉴作用，让师范学生提前做好新课程实施的准备。现代教育技术的发展使教学手段日益丰富多彩，当今社会对人才的要求越来越高，对教师特别是青年教师也提出了更多更新的要求，如何让青年教师贯彻新课程理念，如何处理教学理念与教学方法关系问题使笔者产生了探索这个问题的念头，现在关于这个问题的研究论文、论著很多，观点和理论也很多，下面笔者简单地提一些。

第一节 本书相关研究

1. 新时代教师队伍建设意见：中共中央国务院《关于全面深化新时代教师队

伍建设改革的意见》（中发〔2018〕4号）中指出：百年大计，教育为本；教育大计，教师为本。为深入贯彻落实党的十九大精神，造就党和人民满意的高素质专业化创新型教师队伍，落实立德树人根本任务，培养德智体美全面发展的社会主义建设者和接班人，全面提升国民素质和人力资源质量，加快教育现代化，建设教育强国，办好人民满意的教育，为决胜全面建成小康社会、夺取新时代中国特色社会主义伟大胜利、实现中华民族伟大复兴的中国梦奠定坚实基础，全面深化新时代教师队伍建设改革。面对新方位、新征程、新使命，教师队伍建设还不能完全适应。有的地方对教育和教师工作重视不够，在教育事业发展中重硬件轻软件、重外延轻内涵的现象还比较突出，对教师队伍建设的支持力度亟须加大；师范教育体系有所削弱，对师范院校支持不够；有的教师素质能力难以适应新时代人才培养需要，思想政治素质和师德水平需要提升，专业化水平需要提高；新入职教师必须取得教师资格。严格教师准入，提高入职标准，重视思想政治素质和业务能力。

2. 新课改的要求研究：《基础教育课程改革纲要（试行）》全面提出了新课改的要求，新课程标准所倡导的师生"新"的关系，学生为主体的教学理论支撑下的师生关系，新教材使用中的师生关系和新的学习方式与师生关系，以及新课改和新理念、新方法为本书的研究提供了部分理论依据。

3. 关于教师的角色、地位和21世纪的教师素质的研究：当前国际的竞争是国力的竞争，是人才的竞争，是教育的竞争。教师是"今日教育中的核心人物"，"一切至今在教育方面的尝试，不论是成功或失败，都无可非议地证明了这一点：如果不首先注重教师的培养和提高他们的地位，那么在教育教学方面不可能取得任何深刻的改进"。因此，改进教育、提高师资水平是各国教改的新趋向，"教师研究"成了教育界的热门话题。比如"教师基本素质的研究""教师的人际关系研究""教师的教学机智研究""教师科研能手、科研精英、科研专家等的培养""经验+反思=成功"的研究，这一切都为本书开拓了研究领域。

4. 主体教育理论：主体教育强调要在全面提高人的基本素质的基础上，着力培养积极进取、自强不息、独立思考、主动选择、勇于创造的主体精神，强调尊重人的主体地位，主张在教育过程中多给人自主选择的机会，弘扬人的主体性，唤起人的主体意识，发展人的主体潜能。尤其在新课改的形势下如何真正关注主体教育已成为人们关注的焦点。

5. "人的全面发展理论"：早在100多年前，马克思针对人的片面发展的问题就提出了关于人的全面发展的思想。关于人的全面发展的学说，是马克思主义人学理论中的核心内容。马克思的阐述包括三个层面。第一，是指人的"体力和智力获得充分的自由的发展和运用"。这是个体生命赖以存在和发展的生理心理基础。第二，是人的才能、志趣和审美能力的多维度发展。这里包括人的物质活动能力和精神活动能力的多向度发展。人的精神活动能力是通过科学和理论研究、文学和艺术创作以及对人类既有文明成果的审美观等特殊的精神形态的活动去获得的，正是在这个过程中，个体的思维、情感、意志和想象力等在更高层次上得到了完整的发展，从而在更高水平上再次塑造了生命本身。第三，是共产主义崇高品德的发展。马克思以系统论的整体思维方式来把握人，界定人是一切社会关系的总和，人与社会的关系比人与自然的关系在造就人的本性方面更为重要，故作为社会存在的个体在其发展上必须具备符合一定社会关系的道德品质。

综上所述，马克思关于人的全面发展：是指人的体力、智力、能力、志趣精神、道德和审美情趣等方面获得全面的充分发展，而"一个人的发展取决于和他直接或间接进行交往的其他一切人的发展"。马克思关于人的全面发展学说不仅为学校正确的教育价值取向提供了理论依据，同时为学校教师队伍的培养提供了理论保障，学校提倡通过教师自身的全面发展，促进学校的全面发展。

6. 关于科学发展观：科学发展观是系统科学中一个渗透着人类价值取向的概念。一般而言，符合科学原则的是科学的发展观，违背科学原则的是非科学的、甚至反科学的发展观。科学发展观一直是指导我国革命和建设发展的执政理念。当前我们所提倡的科学发展观就是"坚持以人为本，实现经济社会全面、协调、可持续发展"。"以人为本"是科学发展观的本质和核心。

"以人为本"科学发展观的内涵深刻，从经济、政治、文化、教育、社会发展等不同领域出发，对其中"人"的要素的具体解读是不一样的。教育作为一种培养人的人类社会实践活动，参与其中的人不仅指在教育活动中居主体地位的学生，还包括教师、管理者和其他与教育活动相关的人员，但主要的是从事教育教学双边活动的教师和学生。人的素质的提高、人际关系的升华、人与自然关系的和谐是经济与社会发展的本质。在教育领域坚持"以人为本"理念，首先必须确定教育语义中的"人"的主要涵盖范围，要以教育实践活动的主体——教师与学生——的根本利益为本。我们的教育是以人为对象、促进人的发展的实践活动，不仅要促进人才的全面发展，也要关注培养人才的教育者的发展需要，因为未来的新社会是"以每个人的全面而自由的发展为基本原则的社会形式"。要养成终身学习的好习惯，初中教育是教育领域中的重要组成部分，初中阶段是学生知识、身体发育、身心健康的最关键时期，我们教师要特别注意教育方式方法，那么就要求我们初中教师加强自身的学习，提高自身各方面的素质，提高教育教学质量，使学生满意、家长满意、社会满意，培养出对国家有用的人才。这样就落实了科学发展观中的"以人为本"的理念，同时也落实了在我国新的历史发展阶段强调"以人为本"就是"要把人民的利益作为一切工作的出发点和落脚点，不断满足人们的多方面需求和促进人的全面发展"的观点。同时在人类精神文明和科学技术高度发展的今天，在社会的发展越来越求助于教育的情况下，现代教育对人才的标准提出了更高更全面的要求。与此同时，对教育工作者特别是教师应具备的素质也相应提出了更高、更全面的要求。党中央和国务院多次明确指出"加强教师队伍建设，提高教师的师德和业务水平"，"形成全民学习、终身学习的学习型社会，促进人的全面发展"。"加强教师队伍建设，特别是农村教师素质"，"建设全民学习、终身学习的学习型社会"。教师培训目标任务是：全面推进教师继续教育，全面提高教师队伍整体素质，全面提升教师师德、学历和能力水平。因此，必须提高自身综合素质来适应社会的发展。

7.《国家中长期教育改革和发展规划纲要（2010－2020 年）》指出加快发展继续教育。继续教育是面向学校教育之后所有社会成员的教育活动，特别是成人教育活动，是终身学习体系的重要组成部分。更新继续教育观念，加大投入力度，以加强人力资源能力建设为核心，稳步发展学历继续教育。加快各类学习型组织建设，基本形成全民学习、终身学习的学习型社会。中小学教师继续教育的内容主要包括思想政治教育和师德修养、专业知识的更新与扩展、现代教育理论与实践、教育科学研究、教育教学技能训练和现代教育技术、现代科技与人文社会科学。完善教师培训制度，将教师培训经费列入政府预算，对教师实行每五年一周期的全员培训建设高素质教师队伍。教育大计，教师为本。有好的教师，才有好的教育。严格教师资质，提升教师素质，努力造就一支师德高尚、业务精湛、结构合理、充满活力的高素质专业化教师队伍。提高教师业务素质，改进教学方法，增强课堂教学效果，减轻中小学生课业负担。提高义务教育质量，建立国家义务教育质量基本标准和监测制度。严格执行义务教育国家课程标准、教师资格标准，深化课程与教学方法改革，推行小班教学。

第二节　本书要解决的问题以及主要内容

第一章导论：主要阐述了新时代教师队伍建设意见、新课改的要求研究、关于教师的角色、主体教育理论、人的全面发展理论、《国家中长期教育改革和发展纲要（2010－2020）》要求等内容。

第二章有关数学核心素养简述：素质概述、素质教育概述、数学素质（教育）概述、教师基本素质概述、素养概述、数学素养概述、核心素养概述、数学核心素养概述。

第三章《义务教育数学课程标准》（2011 版）解读：关于数学本质的解读、关于数学基本理念解读、关于课程目标的修改、关于课程思路的修改、实施建议、关于课程内容的修改、不同课程内容的教学建议等。

第四章《义务教育课程标准》（2011 版）十个数学核心概念解读和《高中数学课程标准》（2017 年版）六大数学核心素养概述：十个数学核心概念总论、在教学中落实十个数学核心概念、高中六大数学核心素养概述等。

第五章师范院校加强数学专业师范生的培养建议：师范院校对数学新课程标准及数学的教材教法课的认识、师范院校数学专业师范生培养策略等。

第六章教师进修校对数学青年教师的培养建议。

第七章中小学学校对数学青年教师的培养建议。

第八章新时代对新入职数学教师素养的要求：新入职教师的工作态度及学生对数学及数学教师的要求、职业道德方面、数学知识素养方面、能力素养方面、数学青年教师自己要加强学习与锻炼以及教师加强中学学生学习数学兴趣培养建议等。

第三节　本书的主要研究方法

1. 文献法：阅读近几年的《政府工作报告》《坚定不移地沿着中国特色社会主义道路前进，为全面建成小康社会而奋斗——在中国共产党第十八次全国代表大会上的报告》《决胜全面建成小康社会夺取新时代中国特色社会主义伟大胜利——在中国共产党第十九次全国代表大会上的报告》、中共中央国务院《关于全面深化新时代教师队伍建设改革的意见》（中发〔2018〕4 号），以及《数学通报》《数学教育学报》《课程·教材·教法》《中学数学教学参考》《数学教学研究》《中学教研（数学）》等主要数学教育类杂志上的相关文献，以了解新教师素质的培养及新课标对新教师的要求。

2. 观察法：深入到沂蒙山区了解新入职的农村数学教师以及师范学院了解大三、大四的数学教材教法与初中的紧密度及某市初中数学新教师教学上课的观摩公开课，并参与教学讨论。

3. 问卷调查法：在某市师范院校及初中数学新教师中分别进行问卷调查，了解学生及新教师对新课程标准的认识。

4. 案例分析法：对学生和教师在对新课程学习中的典型案例进行分析、研究，以从中提炼出有价值的新教师的素质培养的方法。

第二章 数学核心素养简述

数学核心素养经历了几个阶段：新中国刚成立，确定"双基"（基础知识、基本技能）、三大能力（运算能力、推理能力、空间想象能力）；20世纪80年代增加解决问题；20世纪90年代增加创新教育；21世纪头十年增加素质教育、确定三维目标（知识与技能、过程与方法、情感态度与价值观）及"两能"（分析问题、解决问题）到"四能"（发现问题、提出问题、分析问题、解决问题）；21世纪第二个十年增加核心素养，由"双基"到"四基"至今。

第一节 素质、素质教育、数学素质及教师基本素质

一、素质的概述

人的素质是指人的生理和心理上的特点。人的素质有先天与后天两种，先天素质是指"人的先天解剖生理特点，主要是指感觉器官和神经系统方面的特点，是人的心理发展的生理条件，但不能决定人的心理内容和发展水平"。后天素质是后天养成的，它指人在后天的教育与环境中所形成的生理上和心理上的特点，后天素质也称素养。

"素质"就是一种知识化的能力。

素质的经典定义是指人的先天解剖生理特点，是神经系统、脑的特征以及感觉器官的特点，今天，人们已经把素质提高到人的品质发展的深层内蕴。

素质本质上就是人在社会化过程中形成并内化的各种品质的总和。

素质，是指个体在先天禀赋的基础上，通过环境和教育的影响所形成和发展起来的相对稳定的身心组织要素、结构及其质量水平。它既指可以开发的人的身心潜能，又指社会发展的物质文明和精神文明成果在人身心结构中的积淀和内化；既可指人的个体素质，又可指群体素质，它具有内在性、稳定性、发展性、潜在性、整体效益性等基本特征。

综上所述，本书认为：人的素质是通过环境和教育的影响所形成和发展起来的知识化和应用化的能力。

二、素质教育概述

1997年12月29日国家教育委员会在《关于当前积极推进中小学实施素质教

育的若干意见》中提出了以下三点：一是全面推进素质教育是中小学的紧迫任务；二是采取有力措施促进素质教育；三是加强领导，创设环境，保证素质教育的顺利实施。要实施素质教育，我们首先要弄清素质教育的概念。

（1）素质教育是指一种以提高受教育者诸方面素质为目标的教育模式，它重视人的思想道德素质、能力培养、个性发展、身体健康和心理健康教育。

（2）素质教育就是以培养人的知识化综合能力为目标的教育行为，是相对于"应试教育"提出的，其核心是促进人的全面发展。

（3）从静态上看，素质教育构成有五个基本因素：品德素质、文化素质、身体素质、心理素质、劳动素质。

（4）素质教育的第一要义是面向全体学生。这里，首先是要解决教育的普及性的问题。搞素质教育首先要有一个普及意识。素质教育的第二要义就是要德、智、体、美全面发展。素质教育的第三要义是让学生主动发展。只有让学生主动发展，人才规格才会有多样性。

（5）素质教育与应试教育：由"应试教育"转向"素质教育"是基础教育的紧迫任务，《中华人民共和国义务教育法》规定，义务教育必须贯彻国家的教育方针，使儿童、少年在品德、智力、体力等方面全面发展，为提高全民素质，培养有理想、有道德、有文化、有纪律的社会主义建设人才奠定基础。相对应试教育，素质教育是符合教育规律的更高层次、更高水平、更高质量的教育。应试教育那一套是比较简单的，死记硬背，满堂灌，大运动量，题海战术，加班加点，而这决不是教育人的好办法。它主要面向少数学生，教育内容只重智育，忽视德育、体育、美育等，影响青少年全面素质的提高和健康成长；"应试教育"以升学考试为目的，围绕应考开展教育教学活动，是一种片面的淘汰式的教育。它的危害：一是教育对象主要面向少数学生；二是教育内容偏重智育，轻德、体、美、劳诸方面，忽视实践和动手能力，影响青少年的健康成长；三是违背教育教学规律和青少年成长发育的规律；有些学校把素质教育理解为"素质教育=应试教育+生活技能+课外活动"，这是素质教育的误区。比如××市有所学校一天上13节课，对考试科目利用很多的时间讲授并通过题海战术等进行过度的应试教育。再举办一些竞赛和文艺演出，于是就成了素质教育，结果学生和教师对这所学校评价为"学生进了这所学校后悔三年，老师进了这所学校后悔一辈子"。

综上所述，本书认为：素质教育就是依照社会发展的需要，充分挖掘和发展学生的潜能，促使全体学生的身心得到全面和谐的发展，同时培养他们创新能力和创造力，让他们都热爱祖国、学会做人、学会求知、学会劳动、学会生活、学会健体、学会审美，又使他们得到全面协调发展的教育。

三、数学素质（教育）概述

"数学素质教育"最先是在 1992 年底于宁波举行的"数学高级研讨会议"上提出的，这次会议研讨的结果之一就是《数学素质教育设计（草案）》，其对数学素质作了一个界定，即包括"数学意识""问题解决""逻辑推理"和"消息交流"四个方面的内容。此后每年一次的会议都对数学素质教育进行理论上的探讨。到1995年，在 5 月底 6 月初的青岛会议上，对数学素质教育的内涵进行了了全方位的探究，认为：一个人的数学素质是指在先天的基础上，主要通过后天的学习所获得的数学观念、知识、能力的总称，是一种稳定的心理状态，具体有以下几种提法：

（1）《数学素质教育设计（草案）》中的界定：从数学知识观念、创造能力、思维品质、科学语言等四个层次进行分析。

（2）就"大众数学"的教育目标来说，可分为：数学知识、公民意识、社会需要、语言交流等四个方面，这着重是从人生活的实际需要出发提出的。

（3）我国传统提法：基本运算能力、逻辑思维能力、空间想象能力，其核心是逻辑思维能力。

（4）我国《义务教育初中数学课程标准》（2011 版）认为：理解和掌握基本的数学知识和技能、数学思想和方法，获得广泛的数学活动经验，具有动手实践、自主探索与合作交流的能力及建立数学模型的能力等。

（5）美国数学课程标准认为：数学教育的目标应是具有懂得数学价值、对自己的数学能力有信心、有解决数学问题的能力、学会数学交流、掌握数学思想方法五点数学素质。

综上所述，本书认为："数学素质教育"应该是具有一定素质的数学教师通过数学教学，让学生主动建构知识、掌握一定的数学思想和方法，具备发现问题、提出问题、分析问题和解决问题的能力和素质。

四、教师基本素质概述

教师素质是一个综合的整体概念，是教师各种素养的集合体，是指教师履行职责，完成教育教学任务所必须具备的内外品质上的要求；是否具备这些内外品质，直接影响着教师教育教学工作的效率和效果。

（1）从素质的内容和层次上看，教师的素质主要包括思想道德素质、文化素质、智能心理素质和身体素质等。思想道德素质主要包括职业理想和道德水准。理想信念是一个人在社会立足和生存的精神支柱和精神动力。而职业理想是一个人在工作岗位上持续发展的根本动力。

（2）从青年教师走上社会担任教师的角色看，大部分除了上述的几种素质外，本书认为在教学上教师还应具备下列素质：善于组织教学的基本素质、语言表达的基本素质、设计板书的基本素质、示范操作的基本素质、控制情绪的基本素质等。

第二节　素养、数学素养、核心素养及数学核心素养

一、素养

素养是指一个人在从事某项工作时应具备的素质与修养。它是指一个人在品德、知识、才能和体格等诸方面先天的条件和后天的学习与锻炼的综合结果。"素养"中的"养"乃长久的育化，它不是"教"出来的，也不是"训"出来的，而是"浸润、滋润"出来的，是在长期宽容、开放、丰富多彩的活动、生活场景中熏陶出来的，即"养之有素"。

二、数学素养

数学素养是人们能够用数学的眼光来观察世界，发现、提出、分析和解决问题的内在素养，由数学知识与技能、数学思想与方法、数学能力与观念等组成。数学素养是可学、可教和可测的，即是经由后天学习获得的，可以通过有意的人为教育加以规划、设计与培养。

三、核心素养

在素养的基础上，进一步提出了个体适应未来社会生活和个人终身发展所必须具备的核心素养，认为核心素养是在不同领域、不同情境中都不可或缺的关键素养，而核心素养研究是一种持续的多学科、多领域协同研究的集成。该研究通过整合，将核心素养归结为三种关键能力：第一种是自觉地运用工具和资源的能力，包括运用语言、符号与文本互动的能力；第二种是在异质社群中进行人际互动的能力，包括构建和谐人际关系、团队合作和管理与解决冲突的能力；第三种是自立自主行动的能力。

1. 核心素养概念

完成社会实际活动所具有的关键知识、能力及思维品质。

2. 核心素养内容解读

中国学生发展核心素养以培养"全面发展的人"为核心，分为文化基础、自主发展、社会参与三个方面，综合表现为人文底蕴、科学精神、学会学习、健康生活、责任担当、实践创新等六大素养，具体细化为人文积淀、人文情怀、审美

情趣、理性思维、批判质疑、勇于探究、乐学善学、勤于反思、信息意识、珍爱生命、健全人格、自我管理、社会责任、国家认同、国际理解、劳动意识、问题解决、技术运用等18个基本要点。各素养之间相互联系、互相补充、相互促进，在不同情境中发挥整体作用。为方便实践应用，将六大素养进一步细化为18个基本要点，并对其主要表现进行了描述。根据这一总体框架，可针对学生年龄特点进一步提出各学段学生的具体表现要求。

（1）人文底蕴。主要是学生在学习、理解、运用人文领域知识和技能等方面所形成的基本能力、情感态度和价值取向，具体包括人文积淀、人文情怀和审美情趣等基本要点。

1）人文积淀：具有古今中外人文领域基本知识和成果的积累；能理解和掌握人文思想中所蕴含的认识方法和实践方法等。

2）人文情怀：具有以人为本的意识，尊重、维护人的尊严和价值；能关切人的生存、发展和幸福等。

3）审美情趣：具有艺术知识、技能与方法的积累；能理解和尊重文化艺术的多样性，具有发现、感知、欣赏、评价美的意识和基本能力；具有健康的审美价值取向；具有艺术表达和创意表现的兴趣和意识，能在生活中拓展和升华美等。

（2）科学精神。主要是学生在学习、理解、运用科学知识和技能等方面所形成的价值标准、思维方式和行为表现，具体包括理性思维、批判质疑、勇于探究等基本要点。

1）理性思维：崇尚真知，能理解和掌握基本的科学原理和方法；尊重事实和证据，有实证意识和严谨的求知态度；逻辑清晰，能运用科学的思维方式认识事物、解决问题、指导行为等。

2）批判质疑：具有问题意识；能独立思考、独立判断；思维缜密，能多角度、辩证地分析问题，作出选择和决定等。

3）勇于探究：具有好奇心和想象力；能不畏困难，有坚持不懈的探索精神；能大胆尝试，积极寻求有效的问题解决方法等。

（3）学会学习。主要是学生在学习意识形成、学习方式方法选择、学习进程评估调控等方面的综合表现，具体包括乐学善学、勤于反思、信息意识等基本要点。

1）乐学善学：能正确认识和理解学习的价值，具有积极的学习态度和浓厚的学习兴趣；能养成良好的学习习惯，掌握适合自身的学习方法；能自主学习，具有终身学习的意识和能力等。

2）勤于反思：具有对自己的学习状态进行审视的意识和习惯，善于总结经验；能够根据不同情境和自身实际，选择或调整学习策略和方法等。

3）信息意识：能自觉、有效地获取、评估、鉴别、使用信息；具有数字化生存能力，主动适应"互联网+"等社会信息化发展趋势；具有网络伦理道德与信息安全意识等。

（4）健康生活。主要是学生在认识自我、发展身心、规划人生等方面的综合表现，具体包括珍爱生命、健全人格、自我管理等基本要点。

1）珍爱生命：理解生命意义和人生价值；具有安全意识与自我保护能力；掌握适合自身的运动方法和技能，养成健康文明的行为习惯和生活方式等。

2）健全人格：具有积极的心理品质，自信自爱，坚韧乐观；有自制力，能调节和管理自己的情绪，具有抗挫折能力等。

3）自我管理：能正确认识与评估自我；依据自身个性和潜质选择适合的发展方向；合理分配和使用时间与精力；具有达成目标的持续行动力等。

（5）责任担当。主要是学生在处理与社会、国家、国际等关系方面所形成的情感态度、价值取向和行为方式，具体包括社会责任、国家认同、国际理解等基本要点。

1）社会责任：自尊自律，文明礼貌，诚信友善，宽和待人；孝亲敬长，有感恩之心；热心公益和志愿服务，敬业奉献，具有团队意识和互助精神；能主动作为，履职尽责，对自我和他人负责；能明辨是非，具有规则与法治意识，积极履行公民义务，理性行使公民权利；崇尚自由平等，能维护社会公平正义；热爱并尊重自然，具有绿色生活方式和可持续发展理念及行动等。

2）国家认同：具有国家意识，了解国情历史，认同国民身份，能自觉捍卫国家主权、尊严和利益；具有文化自信，尊重中华民族的优秀文明成果，能传播弘扬中华优秀传统文化和社会主义先进文化；了解中国共产党的历史和光荣传统，具有热爱党、拥护党的意识和行动；理解、接受并自觉践行社会主义核心价值观，具有中国特色社会主义共同理想，有为实现中华民族伟大复兴中国梦而不懈奋斗的信念和行动。

3）国际理解：具有全球意识和开放的心态，了解人类文明进程和世界发展动态；能尊重世界多元文化的多样性和差异性，积极参与跨文化交流；关注人类面临的全球性挑战，理解人类命运共同体的内涵与价值等。

（6）实践创新。主要是学生在日常活动、问题解决、适应挑战等方面所形成的实践能力、创新意识和行为表现，具体包括劳动意识、问题解决、技术运用等基本要点。

1）劳动意识：尊重劳动，具有积极的劳动态度和良好的劳动习惯；具有动手操作能力，掌握一定的劳动技能；在主动参加的家务劳动、生产劳动、公益活动和社会实践中，具有改进和创新劳动方式、提高劳动效率的意识；具有通过诚实合法劳动创造成功生活的意识和行动等。

2）问题解决：善于发现和提出问题，有解决问题的兴趣和热情；能依据特定情境和具体条件，选择制订合理的解决方案；具有在复杂环境中行动的能力等。

3）技术运用：理解技术与人类文明的有机联系，具有学习掌握技术的兴趣和意愿；具有工程思维，能将创意和方案转化为有形物品或对已有物品进行改进与优化等。

为了培养学生 18 个方面的素质，作为教师，特别是新入职教师的素质如何加以提高，值得我们反思。

四、数学核心素养

核心素养具体到各学科分科学核心素养（物理、化学、生物）、数学核心素养、政治核心素养、人文核心素养、信息技术核心素养等。

1. 数学核心素养的研究

从 20 世纪 50 年代开始，日本一直致力于核心素养的研究，并界定了学科核心素养的三个特性。一是独特性，即体现学科自身的本质特征，也就是学科的固有性，如数学学科中的数学思维与数学模型的建构。二是层级化，即学科教学的目标按权重形成如下序列：兴趣、动机、态度；思考力、判断力、表达力；观察技能、实验技能等；知识及其背后的价值观。三是学科群，即人文类学科、数理化生等学科、音体美学科，它们之间承担着相同或相似的学力诉求，如直觉思维与逻辑思维，自然体验与科学体验，动作的、图像的、语言的表达能力等，可以构成各自的学科群。这为 STEM（科学、技术、工程和数学）等新兴学科的创生提供了理论依据和发展空间。

实施新课改以来，我国基础教育倡导课堂教学要实现"三维目标"，以改变以往过于关注知识与技能目标，而忽视过程与方法、情感与态度、价值观等目标的设计。为了把新课程理念落实到学校教学实践中，2014 年 3 月教育部在相关的文件中提出："将组织研究提出各学段学生发展核心素养体系，明确学生应具备的适应终身发展和社会发展需要的必备品格和关键能力……并依据总体框架研制不同教育阶段学生核心素养的结构模型，进一步形成可操作、可测量、可评价的指标体系。"针对我国分学科课程体系的现状，目前各学科都在研制相应的学科核心素养，同时加强综合实践活动课程，以推动新课改向纵深处发展。

2. 不同学者对数学核心素养的观点

近几年，我国在制定数学课程标准的过程中，一些专家、学者常常提到数学素养和数学核心素养。

张奠宙的观点是：数学核心素养包括"真、善、美"三个维度。①理解理性数学文明的文化价值，体会数学真理的严谨性、精确性；②具备用数学思想方法分析和解决实际问题的基本能力；③能够欣赏数学智慧之美，喜欢数学，热爱数学。

蔡金法的观点是：数学交流、数学建模、思想智能计算思维、数学情感。

郑毓信的观点是：聚焦"数学核心素养"，数学教育主要应当促使学生更为积极地去进行思考，并能通过数学学习学会思考，特别是，即能逐步学会想得更深、更合理、更清晰、更全面［《小学数学教师》（2016 年第 3 期）］。

曹培英的观点是：素养具有整体性、综合性和系统连贯性，需要凸显跨学科的共同素养。数学的核心素养，必须体现数学学科的本质，体现数学学科本质的无疑是数学的基本思想"抽象、推理和模型"。这三种基本思想分别对应三种具有一般意义的能力，即抽象能力、推理能力和应用能力（《小学数学课程核心词演变的回顾、反思与展望》，核心）。

孔凡哲：数学素养是指当前或未来的生活中为满足个人成为一个会关心、会思考的市民的需要而具备的认识，并理解数学在自然、社会生活中的地位和能力，作出数学判断的能力，以及参与数学活动的能力。

马云鹏：数学素养是指人们通过数学的学习建立起来的认识、理解和处理周围事物时所具备的品质，通常是人们与周围环境产生相互作用时所表现出来的思考方式和解决问题的策略。

王子兴教授的观点是：数学素养乃是数学学科所固有的内蕴特征，是在人的先天生理基础上通过后天严格的数学活动所获得的、融于身心的一种比较稳定的状态；数学素养涵盖数学思维、数学意识、数学应用意识、创新意识、理解和欣赏数学美学价值等五个方面。

涂荣豹教授则从测量学的角度对数学素养作出了界定：①基本的数学品格（理性、严谨性、逻辑性、实事求是）；②分析和认识问题的基本数学视角（函数观、方程观、解析观、极限观、向量观）；③一般的思维方法（分析、综合、比较、联想、归纳、类比、抽象、概括等）。他还指出：较高的数学素养和数学能力反映在解决数学问题的高水平上，并要求具备较强的探索能力、分析能力，即进行实验、观察、归纳、类比、联想、猜测、验证、反驳、抽象、概括的能力。

王尚志、史宁中等专家依据教育部的研制计划，结合数学学科的特点，对数学核心素养给出了界定：数学核心素养是具有数学基本特征、适应个人终身发展和社会发展需要的必备品格与关键能力，是数学课程目标的集中体现，是在数学学习过程中逐步形成的；数学核心素养包括数学抽象、逻辑推理、数学建模、直观想象、数学运算、数据分析共六个方面，更一般地还包括学会学习、数学应用、创新意识等；从学习评价的角度看，数学核心素养主要体现在情境与问题、知识与技能、思维与表达、交流与反思的综合运用能力上。

3. 数学核心素养概念

根据研究综合学者观点：完成社会实际活动所具有的关键数学知识、思维能力及数学思维品质。数学素养由数学基础知识与技能、数学能力、数学思想与方法、数学观与人文精神等几个要素构成。关于数学素养的构成，NCSM 在《面向21世纪的基础数学》报告中指出，现代数学素养包含数学知识、数学思维、数学方法、数学思想、数学技能、数学能力、个性品质七个方面的内容。国内学者王子兴、桂德怀、徐斌艳、张奠宙、郑强等人分别有自己的观点。其中郑强对数学素养的界定较为具体并指出了它的三个表现层次，这里就其观点简而述之。郑强认为，"数学素养"是指经过数学教育和实践发展起来的参加社会生活、经济活动和个人决策等所需的数学知识、技能、方法和能力，包括理解数学与社会的关系，理解数学的本质以及形成数学的情感、态度和价值观等。

4. 数学核心素养体现

（1）《义务教育数学课程标准》（2011 版）明确指出：义务教育阶段数学主要从十个核心数学概念进一步体现数学核心素养：数感、符号意识、空间观念、几何直观、数据分析观念、运算能力、推理能力、模型思想、应用意识和创新意识。

（2）高中主要从六个数学核心概念进一步体现数学核心素养：数学抽象（概括、描述、化为实际问题）、逻辑推理（合情推理、演绎推理、方法）、数学建模（模型类型、模型步骤、教学）、直观想象（模型、空间想象力、形象思维）、数学运算（数感、算法、算理、运算品质）、数据分析（调查方法、分析处理、结论）。

第三章　《义务教育数学课程标准》（2011 版）解读

课程标准是编写教材的依据，也是教师进行教学、评定学生成绩和评估教学质量的依据。学习课程标准，可以明确教学的指导思想和目的要求，领会课程标准的基本理念，可以了解每一年级的教学要求，把握所教年级及其上下年级的具体要求，可以提高贯彻课程标准的自觉性、全面性、准确性。

2011 年 12 月 28 日教育部正式发布《义务教育数学课程标准》（2011 版），此次课标的修订，主要围绕着三个关键词展开：

"德育"：新课标中在情感、态度、价值观等方面，不仅在篇幅上超出以前，而且也提出了许多具体要求：一是各学科把落实科学发展观、社会主义核心价值体系作为修订的指导思想，结合学科内容进行了有机渗透；二是进一步突出了中华民族优秀文化传统教育，建议将"九章算术"列为教材内容。

"创新"：一是进一步丰富了能力培养的基本内涵；二是进一步明确了能力培养的基本要求；三是理科课程强化了实验要求。

"减负"：修订后的新课标，在课程容量控制上，大部分学科对授课内容进行了精选，减少了学科内容条目。有些学科直接删去了过难的内容；有些学科则降低了对部分知识点的学习要求。

例如一年级上册数学教材，由实验教材的 10 个单元改变成新教材的 9 个单元。把"数一数"和"比一比"合并成一个单元，而"比一比"只认识比多少，实验教材的比高矮、比长短都被删去了。第二单元"位置"是原来一年级下册教材的内容，移到了上册，但是只认识上下、前后、左右，而原来"位置"中"左右的相对性"以及"用第几行第几列确定物体的位置"则删去了。还有平面、立体图形的认识分散编排，认识钟表只认识整时。第六单元 11～20 各数的认识增加了用图示法解决问题的内容。一年级下册数学教材，由原来的 10 个单元改变成新教材的 8 个单元。新教材删去了原教材的一单元"位置"、三单元"图形的拼组"、七单元"认识时间"，增加了一单元认识平面图形（增加认识平行四边形），把分类和统计合并成了三单元"分类和整理"。另外，问题解决的内容增加了，在问题解决内容的编排上更具体、更丰富了。

第一节　关于数学本质的解读

数学的本质是什么？这是数学教育的根本问题，也是每个数学教师应该明确的首要问题。数学的本质是影响数学教育本质、数学教育价值和数学教育方向的决定性因素；教师只有全面深刻理解数学的本质，才能树立正确的数学观，从而更好地把握数学教育教什么、为什么教以及怎样教的问题。

1. 实验稿课标

（1）数学是人们对客观世界定性把握和定量刻画、逐渐抽象概括、形成方法和理论，并进行广泛应用的过程。

（2）数学作为一种普遍适用的技术，有助于人们收集、整理、描述信息，建立数学模型，进而解决问题，直接为社会创造价值。

（3）数学是人们生活、劳动和学习必不可少的工具，能够帮助人们处理数据、进行计算、推理和证明，数学模型可以有效地描述自然现象和社会现象；数学为其他科学提供了语言、思想和方法，是一切重大技术发展的基础；数学在提高人的推理能力、抽象能力、想象力和创造力等方面有着独特的作用；数学是人类的一种文化，它的内容、思想、方法和语言是现代文明的重要组成部分。

2. 新课标修改稿

（1）数学是研究数量关系和空间形式的科学。

（2）数学作为对于客观现象抽象概括而逐渐形成的科学语言与工具……

（3）数学是人类文化的重要组成部分，数学素养是现代社会每一个公民应该具备的基本素养。

要发挥数学在培养人的理性思维和创新能力方面的不可替代的作用。

对数学的本质内涵更应该在文化的意义上从研究对象、研究主体、活动特征、内在动因和价值表现等多个视角加以系统理解。

- 从"研究对象"来说，数学研究的是现实世界的空间形式和数量关系。
- 从"研究主体"来说，数学研究（抽象和创造）的主体是人，空间形式和数量关系是人对现实世界进行抽象和创造的结果。
- 从"活动特征"来说，数学是人类对现实世界各种事物的高度抽象以及对各种事物之间关系的模式建构。
- 从"内在动因"来说，正如美国著名数学家、数学史家 M.克莱因的深刻论述："实用的、科学的、美学的、哲学的因素交互作用构成数学的发展动力和价值标准。"
- 从"价值表现"来说，数学为人类生存和发展提供一个"文化支点"；"数学为人类提供精密思维的模式；数学是其他科学的工具和语言；数学是推动生产发展、影响人类物质生活方式的杠杆；数学是人类思想革命的有力武器；数学是促进艺术发展的文化激素"。

因此，在文化意义上理解数学的本质，首先有助于人们树立一个"大数学"

的概念；数学不仅仅是狭义的人类知识，也不仅仅是简单的知识体系，同时也是人类精神创造的结果和过程，是人类的一种文化，是一个具有广泛意义的文化系统。

第二节　关于数学基本理念的解读

首先，基本理念"三句"变"两句"。第一条对义务教育的总体阐述由原来的"三句话"变成现在的"两句话"：

原来的"三句话"——人人学有价值的数学；人人都能获得必需的数学；不同的人在数学上得到不同的发展。

现在的"两句话"——人人都能获得良好的数学教育；不同的人在数学上得到不同的发展。

其次，"六条"改"五条"。在结构上由原来的六条改为五条，将"数学教学"与"数学学习"合并为数学"教学活动"。

原课标：数学课程－数学－数学学习－数学教学－评价－信息技术。

修改后：数学课程－课程内容－教学活动－学习评价－信息技术。

（1）数学课程应致力于实现义务教育阶段的培养目标，要面向全体学生，适应学生个性发展的需要，使得人人都能获得良好的数学教育，不同的人在数学上得到不同的发展。

对义务教育的总体阐述是总纲，贯穿义务教育的始终。

要面向全体，使每一个人都能获得良好的数学教育，也是健康的数学教育，还包括教师要营造良好的氛围。

要照顾差异，不同的人在数学上得到不同的发展，允许有的学生学不会，不要把成绩看得太重，成绩不是数学的全部。

修订后与过去的提法相比：有更深的意义和更广的内涵，落脚点是数学教育而不是数学内容，数学教育是一项传承和发展人类优秀文化的活动；数学教育可以发展学生的逻辑思维能力和创造想象能力，提升学生的理性思维、审美智慧和创新精神；数学教育要让学生经历数学发现的过程，学会"数学地思考"问题。

修订后的提法有更强的时代精神和要求（公平的、优质的、均衡的、和谐的教育）。

（2）课程内容要反映社会的需要、数学的特点，要符合学生的认知规律。它不仅包括数学的结果，也包括数学结果的形成过程和蕴含的数学思想方法。课程内容的选择要贴近学生的实际，有利于学生体验与理解、思考与探索。课程内容的组织要重视过程，处理好过程与结果的关系；要重视直观，处理好直观与抽象的关系；要重视直接经验，处理好直接经验与间接经验的关系。课程内容的呈现应注意层次性和多样性。

这一条说明课程内容选取的原则，包含三层意思：

第一层阐述内容的三个基本点：课程内容要反映社会的需要、数学的特点，要符合学生的认知规律。

第二层的意思是处理好几个关系，课程内容的组织要重视过程，处理好过程与结果的关系；要重视直观，处理好直观与抽象的关系；要重视直接经验，处理好直接经验与间接经验的关系。这些是新课程倡导的理念。

第三层强调了层次性与多样性。

（3）教学活动是师生积极参与、交往互动、共同发展的过程。有效的教学活动是学生学与教师教的统一，学生是学习的主体，教师是学习的组织者、引导者与合作者。以上叙述说明了在教与学活动中老师和学生扮演的角色、作用，告诉我们要树立正确的数学教学观。

数学教学活动应激发学生兴趣，调动学生积极性，引发学生的数学思考，鼓励学生的创造性思维；要注重培养学生良好的数学学习习惯，使学生掌握恰当的数学学习方法。以上叙述强调了数学教学活动的实质，告诉我们数学教学中最需要考虑的是什么。

学生学习应当是一个生动活泼的、主动的和富有个性的过程。认真听讲、积极思考、动手实践、自主探索、合作交流等，都是学习数学的重要方式。学生应当有足够的时间和空间经历观察、实验、猜测、计算、推理、验证等活动过程。以上叙述强调了学生学习活动，学生学习数学的方法、方式是多种多样的。

教师教学应该以学生的认知发展水平和已有的经验为基础，面向全体学生，注重启发式教学和因材施教。教师要发挥主导作用，处理好讲授与学生自主学习的关系，引导学生独立思考、主动探索、合作交流，使学生理解和掌握基本的数学知识与技能、数学思想和方法，获得基本的数学活动经验。以上叙述阐述了教师主导作用的具体体现。

教学活动最本质的东西，就是从关注教逐步地、越来越多地关注学生的学，这是数学教育一个根本性的变化。

（4）学习评价的主要目的是全面了解学生数学学习的过程和结果，激励学生学习和改进教师教学。应建立目标多元、方法多样的评价体系。评价既要关注学生学习的结果，也要重视学习的过程；既要关注学生数学学习的水平，也要重视学生在数学活动中所表现出来的情感与态度，帮助学生认识自我、建立信心。

这一条论述了学习评价的目的、方法、注意要点。

（5）信息技术的发展对数学教育的价值、目标、内容以及教学方式产生了很大的影响。数学课程的设计与实施应根据实际情况合理地运用现代信息技术，要注意信息技术与课程内容的整合，注重实效。要充分考虑信息技术对数学学习内容和方式的影响，开发并向学生提供丰富的学习资源，把现代信息技术作为学生学习数学和解决问题的有力工具，有效地改进教与学的方式，使学生乐意并有可能投入现实的、探索性的数学活动中去。

这一条强调了信息技术的作用。

第三节　关于课程目标的修改

课程目标是以总目标和学段目标呈现的，从知识技能、数学思考、问题解决、情感态度四个方面进行具体阐述。

课程目标提法上的一些变化：明确了使学生获得数学的基础知识、基本技能、基本思想、基本活动经验。

数学"双基"变"四基"可能有三个理由：一是"双基"仅仅涉及三维目标的第一目标，另外两维目标都没有涉及；二是有些教师片面地理解"双基"，教学中以本为本，不是以人为本。新增加的两基直接与人有关，是以人为本，也符合素质教育；三是"双基"是培养创新型人才的一个基础，但是创新型人才的培养不能仅仅靠使学生熟练掌握已有的知识和技能，能解决老师、书本或考试提出的问题是重要的，但更重要的是让学生在学习知识技能的过程中，去学习数学思想，学会自己独立思考，自己能够发现问题、提出问题和解决问题。

数学思想是指现实世界的空间形式和数量关系反映到人的意识中，经过思维活动而产生的结果，它是对数学事实、概念、命题、规律、定理、公式、法则、方法和技巧等的本质认识和反映，是从某些具体的数学内容和对数学的认识过程中提炼上升的数学观念。数学思想是数学发展的根本，是探索和研究数学的基础，也是数学教学的精髓。数学中基本的思想主要有：抽象（分类、集合、数形结合、符号表示、对称、对应、有限与无限）、推理（归纳、演绎、公理化、转化划归、理想类比、逐步逼近、代换、特殊一般）、建模（简化、量化、函数、方程、优化、随机、抽样统计）等。

人类通过数学抽象从客观世界中得到数学的概念和法则建立了数学学科，通过数学推理进一步得到大量的结论，数学科学就得以发展，再通过数学模型把数学应用到客观世界中去，就产生了巨大效益，反过来又促进了数学科学的发展，这就产生了数学的抽象、推理、建模的基本思想。

基本的数学活动经验：学生在"做"数学的过程中，通过经历、体会、感悟、积累，把一些教师不能言传身教的东西变成了自己的东西，这些东西就是"基本的数学活动经验"。这样就能积累运用数学解决问题的经验。活动经验的积累能使学生应用所学知识，形成数学思想和智慧，有利于学生情感、态度、价值观的提升，达到三维目标的共同实现。

提出了培养学生发现问题、提出问题、分析问题和解决问题的能力（"两能"变"四能"）。

"四基""三维目标"与数学核心素养的关系如图3-1所示。

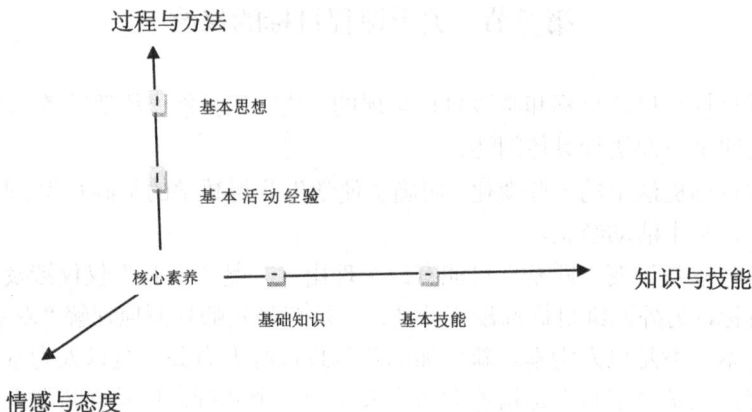

图 3-1

《国家数学课程标准》制定组组长、原东北师范大学校长史宁中教授提出了"数学教学的四基"，引起了数学教育界的广泛关注。以前强调的"双基"教学重视基础知识、基本技能的传授，讲究精讲多练，主张"练中学"，相信"熟能生巧"，追求基础知识的记忆和掌握、基本技能的操演和熟练，以使学生获得扎实的基础知识、熟练的基本技能和较高的学科能力为其主要的教学目标。现在提出四基，增加了基本思想、基本活动经验。

史宁中教授指出："'基本思想'主要是指演绎和归纳（还有模型思想），这应当是整个数学教学的主线，是最上位的思想。"关于基本思想方法，可以得出它的四大育人功能：一是有利于完善学生的数学认知结构；二是可以提升学生的元认知水平；三是可以发展学生的思维能力；四是有利于培养学生解决问题的能力。常用的数学思想方法还有：对应思想方法、假设思想方法、比较思想方法、符号化思想方法、类比思想方法、转化思想方法、分类思想方法、集合思想方法、数形结合思想方法、统计思想方法、极限思想方法、代换思想方法、可逆思想方法、化归思维方法、变中抓不变的思想方法、数学模型思想方法、整体思想方法等。

"双基"变"四基"，对数学教师提出了更高的要求，要求数学教师必须为孩子的学习和个人发展提供最基本的数学基础、数学准备和发展方向，促进孩子健康成长，使人人获得良好的数学素养，不同的人在数学上得到不同的发展。

第四节　关于设计思路的修改

（1）学段划分保持不变。

（2）增加了目标动词的同义词。

（3）数学课程目标包括结果目标和过程目标。结果目标使用"了解、理解、掌握、运用"等术语表述，过程目标使用"经历、体验、探索"等术语表述。

（4）课程内容四个领域名称的变化：

原课标：数与代数、空间与图形、统计与概率、实践与综合应用。

新课标：数与代数、图形与几何、统计与概率、综合与实践。

（5）对学习内容中的若干关键词作适当调整，对其意义作更明确的阐释。

原课标：数感、符号感、空间观念、统计观念、应用意识、推理能力。

新课标：数感、符号意识、运算能力、模型思想、空间观念、几何直观、推理能力、数据分析观念、应用意识、创新意识。

原课标："符号感"主要表现在能从具体情境中抽象出数量关系和变化规律，并用符号来表示；理解符号所代表的数量关系和变化规律；会进行符号间的转换；能选择适当的程序和方法解决用符号所表达的问题。

新课标："符号意识"主要是指能够理解并且运用符号表示数、数量关系和变化规律；知道使用符号可以进行一般性的运算和推理。建立符号意识有助于学生理解符号的使用是数学表达和进行数学思考的重要形式。

符号感与数感都用"感"，"感"的表述过多。符号感主要的不是潜意识、直觉。符号感最重要的内涵是运用符号进行数学思考和表达，以及数学活动。"意识"有两个意思：第一，用符号可以进行运算，也可以进行推理；第二，用符号进行的运算和推理得到的结果具有一般性。所以这是一个"意识"问题，而不是"感"的问题。数学的本质是概念和符号，并通过概念和符号进行运算和推理。所以只能用"意识"。

第五节　关于课程内容的修改

1. 数与代数的变化（在内容结构上没有变化）

（1）第一学段。

1）增加"能进行简单的整数四则混合运算（两步）（一年级下册结合实际问

题引入带有小括号的两步计算）"。

2）使一些目标的表述更加准确。例如将"能灵活运用不同的方法解决生活中的简单问题，并能对结果的合理性进行判断"，修改为"能运用数及数的运算解决生活中的简单问题，并能对结果的实际意义作出解释"。

（2）第二学段。

1）增加的内容：增加"经历与他人交流各自算法的过程，并能表达自己的想法"。增加"了解公倍数和最小公倍数；了解公因数和最大公因数"。增加"在具体情境中，了解常见的数量关系：总价=单价×数量、路程=速度×时间，并能解决简单的实际问题"。增加"结合简单的实际情境，了解等量关系，并能用字母表示"。

2）调整的内容：将"理解等式的性质"，改为"了解等式的性质"；将"会用等式的性质解简单的方程（如 $3x+2=5$，$2x-x=3$）"，改为"能解简单的方程（如 $3x+2=5$，$2x-x=3$）"。

3）使一些目标的表述更加准确和完整。例如将"会用方程表示简单情境中的等量关系"改为"能用方程表示简单情境中的等量关系，了解方程的作用"。

2. 图形与几何的变化

（1）第一学段。

1）删除的内容：删除"能在方格纸上画出一个简单图形沿水平方向、竖直方向平移后的图形"，并将相关要求放在第二学段。删除"能在方格纸上画出简单图形的轴对称图形"，并将相关要求放在第二学段。删除"会看简单的路线图"，并将相关要求放入第二学段。删除"体会并认识千米、公顷"，并将相关要求放入第二学段。

2）降低要求：对于"东北、西北、东南、西南"四个方向，不要求给定一个方向辨认其余方向，降低要求为知道这些方向。

3）使一些目标的表述更加准确和完整。例如将"辨认从正面、侧面、上面观察到的简单物体的形状"改为"能根据具体事物、照片或直观图辨认从不同角度观察到的简单物体的形状"。

（2）第二学段。

1）删除"了解两点确定一条直线和两条相交直线确定一个点"。

2）增加"知道扇形"。

3）使一些目标的表述更加准确和完整。例如将"探索并掌握圆的周长公式"改为"通过操作，了解圆的周长与直径的比为定值，掌握圆的周长公式"。

3. 统计内容主要变化

第一学段与《义务教育数学课程标准》（2011 版）相比，最大的变化是鼓励学生运用自己的方式（包括文字、图画、表格等）呈现整理数据的结果，不要求学生学习"正规"的统计图（一格代表一个单位的条形统计图）以及平均数（这些内容放在了第二学段）。

第二学段与《义务教育数学课程标准》（2011 版）相比，在统计量方面，只要求学生体会平均数的意义，不要求学生学习中位数、众数（这些内容放在了第三学段）。

加强体会数据的随机性。在以前的学习中，学生主要是依靠概率来体会随机思想的，《义务教育数学课程标准》（2011 版）希望通过数据分析使学生体会随机思想。

4. 概率内容主要变化

第一学段、第二学段的要求降低。在第一学段，去掉了《义务教育数学课程标准》（2011 版）对此内容的要求。第二学段，只要求学生体会随机现象，并能对随机现象发生的可能性大小作定性描述。

明确指出所涉及的随机现象都基于简单随机事件：所有可能发生的结果是有限的、每个结果发生的可能性是相同的。

（1）第一学段。

1）鼓励学生运用自己的方式（包括文字、图画、表格等）呈现整理数据的结果，删除"象形统计图、一格代表一个单位的条形统计图""平均数"的内容，并将相关要求放在了第二学段。

2）删除"知道可以从报刊、杂志、电视等媒体中获取数据信息"。

3）删除"不确定现象"部分，并将相关要求放在了第二学段。

（2）第二学段。

1）删除"中位数""众数"的内容，并将相关要求放在了第三学段。

2）删除"体会数据可能产生的误导"。

3）降低了"可能性"部分的要求，只要求学生体会随机现象，并能对随机现象发生的可能性大小作定性描述，并将定量描述放入第三学段。

加强体会数据的随机性。这是修改后的一个重要变化。原来学生主要是依靠概率来体会随机思想的，现在希望学生通过数据来体会随机思想。这种变化从"数据分析观念"核心词的表述也可以看出。

5. 综合与实践的变化

统一了三个学段的名称，进一步明确了其目的和内涵。"综合与实践"是一类以问题为载体，学生主动参与的学习活动，是帮助学生积累数学活动经验、培养学生应用意识与创新意识的重要途径。

第六节　实施建议——教学建议

实施建议不再分学段阐述，而是分教学建议、评价建议、教材编写建议、课程资源开发与利用建议。下面只和大家交流教学建议。

1. 数学教学活动要注重课程目标的整体实现

要使每个学生都能受到良好的数学教育，数学教学不仅要使学生获得数学的知识技能，而且要把知识技能、数学思考、问题解决、情感态度四个方面目标有机结合，整体实现课程目标。也就是说，教师无论是设计、实施课堂教学方案，还是组织各类教学活动，不仅要重视学生获得知识技能，而且要激发学生的学习兴趣，调动学生学习数学的积极性，多给学生时间和空间，让学生独立思考或者合作交流感悟数学的基本思想，引导学生在参与数学活动的过程中积累基本经验，帮助学生形成认真勤奋、独立思考、自主探索、合作交流、质疑反思等良好的学习习惯。

2. 重视学生在学习活动中的主体地位

有效的数学教学活动是教师的教和学生学的统一，应体现以学生为本的理念，促进学生的全面发展。首先，教师应牢固树立学生是学习主体的意识，要善于激发、调动学生积极参与学习活动，使学生在经历学习活动的过程中不断得到发展。其次，教师应为学生的发展提供良好的环境和条件，要充分发挥教师作为学生学习活动的组织者、引导者、合作者的作用。教师的组织作用体现在两个方面：一是教师应当准确把握教学内容的数学实质和学生的实际情况，确定合理的教学目标，设计出好的教学方案；二是在教学活动中，教师要选择恰当的教学方式，因势利导，适时调控，努力营造师生互动、生生互动、生动活泼的课堂氛围，形成有效的学习活动。教师的引导作用体现在：通过恰当的问题，或者准确、清晰、富有启发性的讲授，引导学生积极思考、求知求真，激发学生的好奇心、求知欲；通过恰当的归纳和示范，使学生理解知识、掌握技能、积累经验、感悟思想；能关注学生的差异，用不同层次的问题或教学手段，引导每一个学生都能积极参与学习活动，提高教学活动的针对性和有效性。教师与学生的合作作用体现在：教师以平等、尊重的态度鼓励学生积极参与教学活动，启发学生共同探索，与学生一起感受成功和挫折、分享发现和成果。最后，要处理好学生主体地位和教师主导作用的关系。好的教学活动，应当是学生主体地位和教师主导作用的和谐统一。因为，学生主体地位的真正落实，依赖于教师主导作用的有效发挥；反过来，有效发挥教师主导作用的标志是学生能够真正成为学习的主体，得到全面的发展。

3. 注重学生对基础知识、基本技能的理解和掌握

"知识技能"既是学生发展的基础性目标，又是落实"数学思考、问题解决、情感态度"目标的载体。

数学知识的教学，要注重学生对所学知识的理解，体会数学知识之间的关联。

数学知识的教学，要注重知识的生长点与延伸点。

在基本技能的教学中，不仅要使学生掌握技能操作的程序和步骤，还要使学生理解程序和步骤的道理。

4. 感悟数学思想，积累数学活动经验

5. 关注学生情感态度的发展

怎样引导学生积极参与教学过程？

怎样组织学生探究新知，鼓励学生创新？

怎样引导学生喜欢数学，感受数学的价值、数学的魅力？

怎样让学生体验成功的喜悦，增强学生的自信心？

怎样组织引导学生与同伴合作交流？

怎样培养学生良好的学习习惯？

怎样培养学生、锻炼学生克服困难的意志？

怎样培养学生自己的事情自己做的意识及责任心？

6. 合理把握"综合与实践"的实施（见 26 页 "'综合与实践' 教学建议" 部分）

7. 教学中应注意的几个关系

面向全体学生与关注学生个体差异的关系、"预设"与"生成"的关系、合情推理与演绎推理的关系、使用现代信息技术与教学手段多样化的关系。

第七节　不同课程内容的教学建议

1. "数的运算"教学建议

（1）处理好算理直观与算法抽象的关系。要充分利用现实情境、直观图、学生已有的知识基础等帮助学生理解算理，在理解算理的基础上引导学生掌握算法。

（2）处理好算法多样化与算法优化的关系。教师在教学中既要关注学生的个性，启发学生算法多样化，也要想办法通过不同的方法，让学生理解道理，使学生更有效地进行数学学习。

（3）处理好技能训练与思维训练的关系。要避免单纯的、机械的做题量的积累，要注重帮助学生积累经验、发展思维。

（4）注重计算与日常生活及解决问题的联系。学习计算最终为解决问题服务，要让学生体会到计算方法的实际价值。

（5）解决问题的策略。

1）画图的策略。画图比较直观，通过画图能够把一些抽象的数学问题具体化、复杂的问题简单化。

画图可以画：线段图、示意图、集合图等。

2）列表尝试。列表也叫列举信息的策略；尝试的策略可以先猜一猜，猜测的结果应该是比较合理的，要把猜测的结果放回到问题中进行调整。

多数情况下两种策略同时使用，如解决"鸡兔同笼"问题。

3）模拟操作。通过探索性的动手操作活动，模拟问题情境，从而获得问题解决的策略。

4）逆推。也叫还原，从反面去思考，从问题的结果一步步地反面去思考。

2. "问题解决"的教学建议

（1）要培养学生在理解运算意义的基础上，学会分析数量关系。

（2）注重恰当选择解决问题的策略。

（3）鼓励学生主动发现问题、提出问题的意识，提高学生问题解决的能力。

（4）反思问题解决的过程与策略，逐步形成评价与反思的意识。

（5）尝试用方程的方法解决实际问题。

3. "图形与几何"教学建议

（1）使学生体会建立统一度量单位的重要性。

（2）使学生理解与把握度量单位的实际意义，对测量结果有很好的感悟。

（3）在具体的问题情境中恰当地选择度量单位、工具和方法进行测量。

（4）重视估测及其简单应用。

（5）帮助学生在图形测量活动中感悟数学思想，了解掌握测量的基本方法，积累数学活动经验，通过开展观察、操作、想象等活动使学生经历学习过程，从而发展学生的空间观念。

4. "统计与概率"教学建议

（1）发展学生的应用意识，感受统计的价值。

（2）教师要重视统计，并把发展学生的数据分析观念的培养作为重要的教学目标。

（3）切忌将统计的学习处理成单纯数字计算和绘图技能。

5. "综合与实践"教学建议

综合与实践的教学实施基本上有以下几个环节：

（1）选一选、问一问。选择恰当的问题，引导学生理解题意。

（2）想一想、议一议、说一说。解决问题之前，留给学生思考、交流的时间和空间。

（3）试一试、做一做。放手让学生参与，组织好学生之间的合作，照顾到每一个学生，培养学生学习数学的好习惯和兴趣。

（4）讲一讲、评一评。既要关注结果，也要关注过程。要鼓励学生交流展现思考过程、交流收获体会，表现创造才能，体现合作结果，感悟数学的价值，培养学生对数学学习的兴趣。

6. 教学建议

（1）确定研究问题要适合学生。解决问题或者来自教材，或者由教师和学生自主开发。要关注取自生活实践的真实问题，如个人成长、家庭、学校、社会生活等方面。要注意实施过程的操作。

（2）设计与操作实施要利于学生。

（3）成果交流与反思要益于学生。

7. 课程目标对数学术语进行了解释

《义务教育数学课程标准》（2011版）使用"了解（认识）、理解、掌握、运用"等术语表述学习活动结果目标的不同水平，使用"经历（感受）、体验（体会）、探索"等术语表述学习活动过程目标的不同程度。这些词的基本含义如下：

了解：从具体事例中知道或举例说明对象的有关特征；根据对象的特征，从具体情境中辨认或者举例说明对象。

理解：描述对象的特征和由来，阐述此对象与相关对象之间的区别和联系。

掌握：在理解的基础上，能把对象用于新的情境。

运用：综合使用已掌握的对象，选择或创造适当的方法解决问题。

经历（感受）：在特定的数学活动中，获得一些感性认识。

体验（体会）：参与特定的数学活动，主动认识或验证对象的特征，获得经验。

探索：独立或与他人合作参与特定的数学活动，理解或提出问题，寻求解决问题的思路，发现对象的特征及其与相关对象的区别和联系，获得理性认识。

几点说明：

（1）在《义务教育数学课程标准》（2011版）中，为了更好地表述对内容的要求程度，使用了某些同类词。为了更好地理解这些同类词所表达的要求程度，我们将这些词与《义务教育数学课程标准》（2011版）规定的上述术语之间的关系加以说明，并提供相应的实例。

1）了解的同类词有：认识和欣赏、知道、能说出、初步认识、能辨认、会识别。实例如下：

认识和欣赏自然界和现实生活中的轴对称图形。

知道三角形的内心和外心。

会识别同位角、内错角、同旁内角。

2）理解的同类词有：能用、会用、会使用、初步理解、能找出、能选择、能读懂、能解释、能进行分析、尝试初步预测、确定、能够作出、能判断。实例如下：

- 会用长方形、正方形、三角形、平行四边形或圆拼图。
- 能用符号和词语来描述万以内数的大小。
- 能找出 10 以内两个自然数的公倍数和最小公倍数。
- 能根据展开图判断和制作实物模型。

3）体验的同类词有：通过观察、操作。实例如下：

- 通过观察、操作，认识平行四边形、梯形和圆，会用圆规画圆，知道扇形。

（2）在《义务教育数学课程标准》（2011 版）中，为了更好地表述要求程度的差异，运用了一些程度副词。

例如，直观地了解、初步理解等。实例如下：

- 直观地了解平面上两条直线（不重合，下同）之间的关系：相交与不相交。
- 进一步体验分析问题和解决问题的过程，发展相应的能力。

（3）对于《义务教育数学课程标准》（2011 版）中，文字表述能清晰表达对内容要求程度的，这里不一一列举。例如，"能计算三位数的加减法，一位数乘三位数、两位数乘两位数的乘法，三位数除以一位数的除法。会进行简单的四则混合运算（两步）"属于"掌握"要求的范畴。

第四章 《义务教育数学课程标准》（2011版）十个数学核心概念解读和《高中数学课程标准》（2017版）六大数学核心素养概述

第一节 《义务教育数学课程标准》（2011版）十个数学核心概念总论

　　教师要认真理解《义务教育数学课程标准》（2011版）十个数学核心概念，在数学课程中，应当注重发展学生的数感、符号意识、空间观念、几何直观、数据分析观念、运算能力、推理能力和模型思想。为了适应时代发展对人才培养的需要，数学课程还要特别注重发展学生的应用意识和创新意识。课程标准提出了"数感""符号意识"等核心概念。为什么提出这些核心概念？

　　首先，核心概念是课程目标的支点，起着沟通课程目标与具体数学内容之间联系的作用。我们知道，课程标准设计了"知识技能""数学思考""问题解决""情感态度"四个方面的培养目标，同时选择编排了大量的数学知识，如数的知识、运算的知识、图形的知识、测量的知识、统计和概率的知识、解决问题的知识等。这些知识又各有许多具体的内容，如数的知识就有整数、小数、分数，其中的整数知识有数字符号、计数方法、数的顺序、数之间的大小关系、用数表示和交流等。再如测量的知识包括长度、面积、体积（容积）的意义，常用的长度单位、面积单位、体积（容积）单位，常用的测量工具和测量方法，基本图形的周长、面积、体积的计算公式等。如何把比较宏观的培养目标与众多十分具体的数学知识有组织地联系起来？核心概念就起这方面的作用。在中小学数学课程这个结构里，"核心概念"介于课程目标与众多具体数学内容之间，是课程目标的落脚点。课程目标通过有关的核心概念得到比较清楚的描述，也通过相关核心概念的教学和形成得以实现。例如，课程标准关于"数学思考"方面的培养目标是如下表述的，这样的叙述指出了"数学思考"的培养应该往什么方向去落实，也使"数学思考"的培养目标具有可行性和可操作性。

- 建立数感、符号意识和空间观念，初步形成几何直观和运算能力，发展形象思维与抽象思维。
- 体会统计方法的意义，发展数据分析意识，感受随机现象。
- 在参与观察、实验、猜想、证明、综合实践等数学活动中，发展合情推理和演绎推理的能力，清晰地表达自己的想法。

● 学会独立思考，体会数学的基本思想和思维方式。

其次，核心概念起着统领众多具体数学内容，导向其教育价值的作用。课程标准提出的核心概念，有些和"数与代数"领域的内容联系密切，有些和"图形与几何"领域的内容联系密切，有些和"统计与概率"领域的内容联系密切，有些和"综合与实践"领域的内容联系密切。围绕每一个核心概念都有许多具体的数学内容，通过这些数学内容的教学才能在学生头脑里形成核心概念，使学生形成必要的核心概念是数学教学的重要任务，也是有效的数学教学的归宿。核心概念起着统领具体数学内容及其教学的作用，使众多数学知识之间不是割裂的，每个数学知识不是孤立的，而是相互联系、相互作用、相互影响的。课程标准提出核心概念，一方面指出了某个核心概念需要哪些数学知识，另一方面指出了这些数学知识的教学应该形成核心概念，成为学生的意识与能力。例如"数感"主要和"数与代数"领域里的"数的认识""数的运算"以及"数量关系"有着联系，课程标准指出："数感主要是指关于数与数量、数量关系、运算结果估计等方面的感悟。"学生的数感是他们认数学习和计算学习中的智慧结晶，是他们经常接触并领悟常见数量关系的经验升化。数感的形成使数的知识、运算的知识、数量关系的知识转化成个体的数学素养。特别要培养小学生的数感，小学生的数感主要表现在：能够用数刻画客观对象的量的多少或大小，能够估计客观对象有多大、有多少；能够估计运算的结果大约是多少，能够评价笔算或计算器计算结果的合理性；能够用常见数量关系描述实际问题里的数学内容，能够体会到常见数量关系里的简单函数关系。数感就这样把与"认数"和"计算"有关的教学内容有机组织起来了，教学数及其运算的知识应该归结到培养和形成数感的上面。再如，课程标准指出"符号意识主要是指能够理解并且运用符号表示数、数量关系和变化规律；知道使用符号可以进行运算和推理，得到的结论具有一般性"。小学数学里有数字符号 0~9，运算符号＋、－、×、÷，关系符号＞、＜、＝，字母符号 h 表示形体的高、S 表示图形的面积（有时表示路程）、V 表示立体的体积（有时表示速度）……，这些都是人们约定俗成、共同使用的符号。人们学习数学、应用数学时，还可以使用个体的符号，如用一横、一竖或者一个"√"表示一个物体，用字母 A、B、C 分别表示某些对象等。符号具有简单明了、使用方便等优点，学习数学离不开它。小学数学初步培养学生的符号意识，让他们知道并使用人类已经共同使用的一些符号，用符号表示运算律、求积公式、常见数量关系；鼓励学生用自己设定的符号进行记录，开展统计活动，不仅方便交流与表达，还体会到符号的价值。"符号意识"就这样把用字母表示数（数量关系或运算规律）、对含有字母式子的运算、方程以及解决实际问题等数学内容组织起来，有效解决众多知识相互割裂、过于分散的现象，并且给予它们明确的教学方向。又如，空间观念主要是指根据物体特征抽象出几何图形，根据几何图形想象出所描述的实际物体；想象出物体的方位和相互之间的位置关系；描述图形的运动和变化；依据语言的描述画出图形等。空间形式是数学的研究对象，客观世界存在着各种各样、大大小小的物体，物体在运动变化，物体之间相互联系。这些内容反映在人的头脑里，形成的有关概念、模型，产生的想象、引发的形象思维，就是个体的空间观念。小学数学教学许多基本的形体知识，学生应该形成初步的空间观念。

中小学生的空间观念一般表现为：头脑里有常见平面图形和立体图形的数学模型，知道这些形体的名称、形状、结构特点，看到某个物体能够想到其数学模型和数学名称，想到某个模型或者听到某个名称，能够在身边找到相应的物体；从正面、侧面和上面观察某个简单的物体，能够用分别看到的图形表示这个物体的形状与结构；能够想象出简单几何体的表面展开图，能够根据表面展开图想象出几何体；能够把稍复杂的组合形体分解成若干简单形体；能够数学地描述物体的运动方式以及所在位置。

可见，核心概念不是指某一个或某几个具体的数学知识，而是许多相关数学知识的概括提升；核心概念不是另外教学的数学内容，而是蕴含在相关数学知识的教学之中的上位概念。

正如课程标准修订组核心成员、东北师范大学教授马云鹏所说的："核心概念体现数学内容的本质。"核心概念本质上体现了数学的基本思想，反映了数学内容的本质特征以及数学思维方式。数学内容的四个方面都以十个核心概念中的一个或几个为统领，学生对这些核心概念的体验与把握是对这些内容的真正理解和掌握的标志。

《义务教育课程标准》（实验稿）提出六个核心概念，分别是"数感""符号感""空间观念""统计观念""应用意识""推理能力"。《义务教育数学课程标准》（2011版）提出十个核心概念，分别是"数感""符号意识""空间观念""几何直观""数据分析观念""运算能力""推理能力""模型思想""应用意识""创新意识"。把课程标准修改前后的核心概念比一比，可以看到：新增加了四个——"运算能力""几何直观""模型思想""创新意识"；较大改动了三个——"数据分析意识""推理能力""应用意识"；另外三个——"数感""符号意识""空间观念"——的修改不大。

第二节 在教学中落实十个数学核心概念

一、数感

目前，国内有关"数感"的系统研究不多，关于"数感"方面的专著更是少之又少，本书的出版在某种程度上弥补了这方面的缺失。本书将会进一步启发每一位教师对"数感"教学的深入思考，并为广大一线教师的"数感"教学提供极具价值的理论和实践参考。

1. 数感概念综述

课程标准指出：数感主要是指关于数与数量、数量关系、运算结果估计等方面的感悟。建立数感有助于学生理解现实生活中数的意义，理解或表述具体情境中的数量关系。

"数感"主要和"数与代数"领域里的"数的认识""数的运算"以及"数量关系"有着联系。学生的数感是他们认数学习和计算学习中的智慧结晶，是他们经常接触并领悟常见数量关系的经验升华。数感的形成使数的知识、运算的知识、数量关系的知识转化成个体的数学素养。小学生的数感主要表现在：能够用数刻画客观对象的量的多少或大小，能够估计客观对象有多大、有多少；能够估计运算的结果大约是多少，能够评价笔算或计算器计算结果的合理性；能够用常见数量关系描述实际问题里的数学内容，能够体会到常见数量关系里的简单函数关系。数感就这样把与"认数"和"计算"有关的教学内容有机组织起来了，教学数及其运算的知识应该归结到培养和形成数感的上面。新一轮小学数学课程改革把"数感"的形成与发展作为学校数学课程改革的主要目标之一。本书论述了"数感"的萌发、形成与发展及其意义，并从几个方面详细论述了"数感"的应用及其重要作用，即计数和认识数字、数学符号、加减运算、乘除运算、笔算、分数、小数和百分数等。本书还详细介绍了教师应如何选择并运用恰当的教学方法来教授"数感"。

2. 数感的培养

经过调研，部分初中生、高中生甚至大学生数感都不强，不能估算一定的长度、面积、体积等，数感应该从小培养。

（1）理解数的概念，培养数感。在理解数概念中培养学生的数感。熟练地数出数量在 20 以内的物体的个数，会区分几个和第几个，掌握数的顺序和大小，掌握 10 以内各数的组成，会读、写 0～20 各数。对于数概念，教材提出了明确目标，而且是首要目标。数概念是数学概念中的一个最重要的成分，数概念的掌握表明了小学生理解数和算术的本质，从一个侧面反映了思维力的发展水平，标志着真正意义上的数学学习的开始。因此，教师应该重视让学生理解数概念。

（2）联系生活，获得数感。数学知识来源于生活，又应用于生活。数学家华罗庚曾经说过："宇宙之大，粒子之微，火箭之速，化工之巧，地球之变，日用之繁，无处不用数学。"这是对数学与生活的精彩描述。数学教学必须从学生熟悉的生活情景和感兴趣的事物出发，使他们有更多的机会从周围熟悉的事物中学习数学和理解数学，体会到数学就在身边，感受到数学的趣味和作用，体验到数学的魅力。例如，教学 10 以内数的认识时，对"1 个物体"应多提供学生生活实际中熟悉的材料，如一块饼、一个人、一张桌子、一条船……；在社会实践过程中，感受 1 千米、10 千米的路程；到储蓄所存款、取款，观看利率表，来感受 1%、2%、4%利息的估算；到超市去看看、称称、估估各类蔬菜、肉类的重量；分发作业本感受平均分等。这些活动深受学生喜爱，它不仅可以启蒙数感，还能培养学生"亲近数学"的行为，使数学学习充满乐趣，让学生在"亲数学"的行为中体会数感。我们培养学生的数感，从书本联系到生活，让学生用数学的眼光去观察认识周围事物，用数学的概念与语言去反映和描述社会生活中的问题，让学生感觉到数学就在身边，生活中处处有数学。让学生感受数的意义，体会用数来表示和交流的作用，初步建立数感。

（3）动手操作，体验数感。著名心理学家皮亚杰说："儿童的思维是从动作开始的，切断动作与思维的联系，思维就不能得到发展。"动手实践是一种特殊的认知活动，在这一动态的认知活动中，它既满足了中小学生好奇、好动、好表现等心理特点，又可以集中注意，激发动机，使学生在自己的创造中亲身体验成功的喜悦，达到真正的理解。动手实践活动就是学生学习过程的战线，也是学生主动发展的自由天地，注重动手实践的数学课堂将成为学生探索的乐园、创新的摇篮。数感的培养离不开动手实践。例如在讲米、分米、毫米时，不仅让学生知道它们的换算关系，还要让学生亲自测量，体验米、分米、毫米究竟有多长，让学生亲自体验，如步行 100 米、500 米、1000 米的长度，同时还要让学生感知面积、体积的数感，例如在教学"梯形的面积计算"时，先复习三角形的面积公式及推导过程，然后让学生用剪刀和梯形纸分组动手操作，互相讨论。先后得出几种不同的方法；有把两个完全一样的梯形拼成一个平行四边形；有把一个梯形沿对角线剪成两个三角形；有把一个梯形剪成一个平行四边形和一个三角形；还有通过割补法把一个梯形拼成一个三角形。最后让学生合作讨论，归纳出梯形的面积公式。经常鼓励学生进行长度、面积、体积、个数、时间等的估算，这样，把数感培养落实到具体的操作活动中，可使学生加深对数学知识的理解，建立起良好的数感。学生既获取了知识，又发挥自己的主体意识，培养了自己的创新意识。在每一段认数的教学中，都要教学数的基数含义、数的顺序、数的大小比较、数的序数含义、数的组成等内容。在教学中注意要多让学生摆一摆，让学生在动手操作中体会知识的形成过程，让学生在亲身体验中建立数感。

（4）合作学习，交流数感。我们培养学生的数感，一定要加强合作交流，感知数感，在教学 10 以内的认识和加减法中，分组交流让学生数教室的物体的个数，说自己几岁了、家里有几口人、自己在哪个班、家里的门牌号码、电话号码（电话号码数感的培养，比如电话号码为 13956668888，教师边读，学生边听边记，按照生活习惯教师应该读作：1395，3 个 6，4 个 8，学生第一遍很可能把 3 个 6 首先写 "3"，4 个 8，首先写 "4"；3 和 4 只是分别验证 6 和 8 的个数，不能写出来。如果经常这样训练，就不会出现这样的错误)、汽车的号码等。通过交流学习，让学生感受数的意义，体会用数来表示和交流的作用，初步建立数感。

（5）观察思考，感知数感。观察是一种有目的、有计划、有积极思维参与的比较持久的感知活动，它是思维的门户。任何一个数学问题都包含一定的数学条件和关系，要想解决它，就必须依据问题的具体特征，对问题进行深入、细致、透彻的观察，然后认真分析，透过表面现象考察其本质，才能对问题有灵敏的感觉、感受和感知的能力，并能做出迅速准确的反应。例如教学 "积的变化规律"时，可按以下步骤。先让学生口算并出示题目：$16 \times 2 = 32$，$16 \times 20 = 320$，$16 \times 200 = 3200$，$16 \times 2000 = 32000$。然后引导观察：仔细观察上面四个算式，你发现了什么？（一个因数不变，另一个因数变了，积也发生变化）把第二个算式和第一个算式相比较，第二个因数是怎么变的？积是怎么变的呢？你还能从哪些算式的比较中得出这个结论？如果把第三个算式和第一个算式比，你又能发现什么？第四个算式与第一个算式比呢？这样从上向下观察，你能发现什么规律？如果从下向上观察呢？从而很顺利地得出积的变化规律。以上教学从整体到部分，由部分又回到整体，从上向下，从下向上，由表及里地引导学生观察，将静态的、结论性的数学转化为动态的、探索性的数学活动，使学生有充分的机会从事数学活动，帮助学生在自主探索的过程中体验数学的意义和作用，从而优化数感。

（6）科学训练提升数感。数学基础知识在智能发展过程中始终起着奠基和主导作用，没有知识，就无法形成数感；反之，数感越健全，知识也就越扎实，而且知识更易活化。因此，课堂教学应在加强基础知识教学的同时，扩充和加深练习内容。因为，必要的科学性的练习是学生形成数感的重要途径。例如，在讲授复杂的倍数应用题后，设计如下一组题：①甲乙两人做零件，甲比乙的 2 倍少 3 个，甲做 15 个，乙做多少个？②甲乙两人做零件，甲比乙的 2 倍多 3 个，甲做 15 个，乙做多少个？③甲乙两人做零件，甲比乙的 2 倍多 3 个，乙做 30 个，甲做多少个？④甲乙两人做零件，甲比乙的 2 倍多 3 个，两人共做 54 个，甲乙各做多少个？⑤甲乙两人做零件，甲比乙的 2 倍少 3 个，两人共做 48 个，甲乙各做多少个？⑥甲乙两人做零件，甲比乙的 2 倍少 3 个，乙比甲少 13 个，甲、乙各做多少个？这一组题看上去很相似，但解题方法却发生了变化，必须仔细思考进行审题，这对训练学生良好的数感有益处。经常将相同、相似和相异的数学内容放在一起，让学生细心地比比、看看、想想，领悟其中的联系与区别，在比较中加深对易混知识的辨别能力。"冰冻三尺非一日之寒，水滴石穿非一日之功"，数感也绝非一朝一夕形成的，作为教师，我们要认真吸收新课程理念，要努力钻研教材，创造性地运用教材所提供的素材巧妙设计教学环节，在课堂教学中潜移默化地培养学生的数感。

（7）拓展运用，升华数感。教师讲时间，讲时、分、秒，我们通常会觉得时间是最无情、最客观的。但数学中讲的时间，不是时间本身，而是计时的单位和方式，是人类发明的一种计量方式。如果我们在数学教学中只讲 1 小时等于 60 分钟，1 分钟等于 60 秒，要求学生识记这样的换算公式，认识钟表上的时间，只是在时间概念的表层开展的教学。如果进一步，在课堂上引导学生去感觉：1 分钟有多长，60 秒可以做哪些事，如可以写几个字，可以读几行书，我们唱一首歌要用几分钟，上一层楼的台阶要几分钟，从家到学校要几分钟，那么，学生所学的时间概念，就会成为他生活中的一个尺度，可以用来计量他的生活，帮助他安排生活内容。如此，这个数学知识就成了他生活中的管理性要素，他不仅有了时间的数学知识，也有了时间的生活感甚至生命感，这会影响到他行动的迟缓与紧迫，生活的从容与匆忙。这样的数学教学，就起到了规范生活甚至生命意义的作用，因而具有了价值和意义。

总之数感的培养要从小开始，培养学生的数感的过程是循序渐进的，作为教师要长期把培养学生数感作为自己的教学目标。学生的数感得到了建立、发展和强化，学生的数学素养也会随之提高。

二、符号意识

1. 符号意识概念综述

（1）课程标准指出：符号意识主要是指能够理解并且运用符号表示数、数量关系和变化规律；知道使用符号可以进行运算和推理，得到的结论具有一般性。建立符号意识有助于学生理解符号的使用是数学表达和进行数学思考的重要形式。

（2）符号是传播文化与数学思想的媒体，世界各国都有各自的语言——汉语、英语、德语、法语……，但数学符号可以世界通用，全世界的人只要受过初等教育都认识下列符号语言，不需翻译：$2+3=5$；$(a+b)^2=a^2+2ab+b^2$；$\triangle ABC \backsim \triangle DEF$……。

（3）"数学符号是数学文献中用以表示数学概念、数学关系等的记号。"数学符号包括几何符号、代数符号、运算符号、集合符号、特殊符号、推理符号、数量符号、关系符号、结合符号、性质符号、省略符号、排列组合符号、离散数学符号等，各有各的表示。

（4）为了让学生更容易理解数学符号，本书认为数学符号是用来表示数学概念、定义、定理、公式、数量（式）间的关系及其运算与推理，从而更方便解决实际问题所用到的符号。"数学符号简洁、抽象、准确、清晰，具有简约思维、提高效率、便于交流的功能。建立'符号意识'，有助于学生理解符号的意义并进行数学思考。在解决问题中，使学生经历符号化的过程。"

2. 培养数学符号意识的意义

"符号意识作为重要的学习内容，建立符号意识有助于学生理解符号的使用是数学表达和进行数学思考的重要形式。"因此，数学课程的一个重要任务就是使学生习得数学符号的意义和使用符号解决数学和数学以外的问题的能力，发展学生的符号意识。

3. 数学符号意识培养在教学中存在的问题

"在教学过程中应尽可能减少外部认知负荷，注意学习材料的呈现方式和教学设计水平有关，呈现形式越合理，越符合学习者的认知水平，学习者的信息加工的干扰因素越少，外在负荷就越低，有利于学习。"学生在没有主动建构数学符号的意义的情况下初学数学符号时，要特别注意书写数学符号顺序，体现数学的逻辑性，否则会增加学生的负荷，数学家罗素说："什么是数学？数学就是符号加逻辑。"说明数学符号有一定逻辑性；现在教师教学甚至教科书对数学符号的书写顺序也采用了汉字从左自右的顺序，造成学生对数学符号、知识理解困难，缺乏逻辑。因此学生初学时数学教师一定要按照数学逻辑结构书写数学符号，引导学生主动建构，初步形成数感和空间观念，感受符号和几何直观的作用，落实课标中"情感态度方面主动参与数学学习活动；在他人的鼓励和引导下，体验克服困难、解决问题的过程，相信自己能够学好数学；初步养成乐于思考、勇于质疑、实事求是等良好品质"的要求后采用了汉字的从左自右的顺序，避免学生对数学符号不理解，造成学生对数学符号产生厌倦，增加学生负荷。

（1）学生在学习加法时，教学生运用加法符号"+"时，比如"3 与 2 的和"列数学算式时不应该按从左自右的顺序书写 3+2，应该先写 3 与 2，再写中间的"+"。同理其他几种运算也应该这样，以培养学生的数学逻辑思维。一般的老师均是按照从左自右的顺序书写 3+2。

（2）在学习分数时，应该先写分子、分母，最后写分数线，一般的老师均是按照分数线、分母、分子的顺序书写，缺乏逻辑性。

（3）在学习百分数时，让学生真正弄懂百分数的同时，明确百分数的书写顺序，比如 82%。按照逻辑顺序应该是先写%，再写 82，不应该是先写 82，再写%。

（4）在学习二次根式时，给出二次根式符号 $\sqrt{\ }$，在表示 2 的平方根时，按照逻辑顺序应该先写 2，再写 $\sqrt{\ }$，最后写±，得到 $\pm\sqrt{2}$，即 $2 \to \sqrt{\ } \to \pm$ 的顺序。

（5）在学习绝对值符号时，应该先写数或表示数的字母（或代数式），再写绝对值符号，比如求-5 的绝对值的书写顺序，应该是先写-5，再写绝对值符号，

即$-5\rightarrow\|$。

（6）在学习三角函数时，定义正弦、余弦、正切、余切、正割、余割等时，它们各自的比值应该确定角度α的大小，强调比值与角度α的对应关系。对于α有$\dfrac{EF}{EB}=\dfrac{AC}{AB}=\cdots\cdots$（$EF\perp BC$，$AC\perp BC$）（图4-1）。

黑板上书写顺序：$\alpha\rightarrow\dfrac{EF}{EB}=\dfrac{AC}{AB}\rightarrow$在$\alpha$前面写上$\sin$，最后再写"="号。展示出：$\sin\alpha=\dfrac{EF}{EB}=\dfrac{AC}{AB}$，最后给出正弦函数的意义。根据逻辑书写顺序让学生明确三角函数的形成过程。所以教学时在黑板上板书的顺序应该先从右自左书写，即$\dfrac{a}{c}\rightarrow\alpha\rightarrow\sin\rightarrow=$；得到完整的正弦函数的数学表达式$\sin\alpha=\dfrac{a}{c}$，让学生明确比值随着角度$\alpha$的变化而变化，确定而确定，确定的比值就称为角度$\alpha$四个三角函数，这样让学生真正地主动建构三角函数的意义，同时避免学困生把$\sin\alpha$理解成$\sin\cdot\alpha$的错误。讲清楚$\sin$是一个符号，表示在直角三角形中α所对的边与斜边的比值，犹如绝对值符号。这样学生较容易理解三角函数的概念，降低了教学难度，从而减轻学生负荷；对对数函数、指数函数、幂函数的书写顺序也是一样的，让学生真正弄懂函数的三个要素，进一步理解函数的概念和性质，从而更好地利用函数解决实际问题。

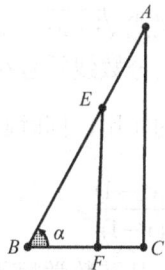

图4-1

（7）在学习镶嵌（铺地砖建模），书写求和符号时，$\sum\limits_{i=1}^{n}\dfrac{(n_i-2)\cdot180}{n_i}m_i=360$，顺序应该是$(n_i-2)\cdot180\rightarrow$分数线$\rightarrow n_i\rightarrow m_i\rightarrow\sum\rightarrow i=1\rightarrow n\rightarrow360\rightarrow=$。这个书写过程让学困生回忆多边形的内角和公式、正多边的每个内角和相等的性质、不同多边形铺成无缝隙地面的内角和为360°等知识，培养学生较强的逻辑思维。

（8）在初学某些乘法公式时，也要注意书写顺序，如在学习和的完全平方公式时，其书写顺序为$(a+b)^2=a^2+2ab+b^2$，右边的书写顺序为a^2、b^2、$+$、$2ab$，这与语言文字"两数和的完全平方等于两数的平方和再加上两数积的两倍"相一致。

4. 数学符号意识的培养

培养学生主动建构数学符号逻辑认知意识，"突出知识的形成过程。课程内容的组织要重视过程，处理好过程与结果的关系；课程内容的呈现应注意层次性和多样性。符号意识是将实际问题转化为数学模型问题的基础。"培养学生符号书写逻辑顺序是突出知识的形成过程的一种表象。

（1）让学生进一步明确数学符号的真正含义。

"任何符号都包括两个方面，即符号形式与符号内容，符号内容暗含在符号形式中。"比如 $\sqrt{1-3x}$，它的符号形式是二次根式，它的内容是两个非负性：二次根式 $\sqrt{1-3x} \geq 0$，被开方数 $1-3x \geq 0$。这两个内容均含在二次根式 $\sqrt{1-3x}$ 形式中；分数线符号在小学时是"÷"的作用，在初中学了分式后分数线不仅起着除号的作用，同时起着括号的作用，比如 $(x^2-1) \div (x+1)$，在写分式 $\dfrac{x^2-1}{x-1}$ 时，不能写成 $\dfrac{(x^2-1)}{(x-1)}$。

从某数学师范专业大一学生中调研中得出，某些数学定理用字母表示时教师教学中没有对其字母——类似全等三角形的判定 SSS、SAS、ASA、AAS、HL 等字母——的意义进行解释：SAS 是"Side（边）Angle（角）Side"的简写；HL 是"Hypotenuse（斜边）Leg（直边）"简写，学生只能死记硬背公式。

对中小学生来说运用符号不是一件很容易的事，这是因为符号化有一个具体－表象－抽象－符号化的过程，为此，必须加强数学符号的教学，逐步培养中小学生数学符号逻辑思维能力。

（2）在教学中注重有关数学符号材料的呈现方式及数学符号学习的探究过程。

教学中特别要注重有关数学符号材料的呈现方式及数学符号的探究过程，"工作记忆负荷不仅受学生活动的影响，还受材料的内在本质材料呈现形式的影响"。比如在呈现"一只青蛙四条腿，两只青蛙八条腿，三只青蛙十二条腿，问十只青蛙几条腿？"时，应该以诗词的方式呈现，这样学生容易理解。

一只青蛙四条腿，

两只青蛙八条腿，

三只青蛙十二条腿，

……

问十只青蛙几条腿？

同时特别注重数学符号的探究过程，英国著名教育家豪森（A. G. Howson）指出："没有必要引入任何符号或缩写，除非学生自己已经深深感受到这样做的必要性，以致他们自己提出这个方面的建议，或至少当老师提供给他们时他们能够充分体会到它的优越性。"因此在教学中引入数学符号，注重探究过程，让学生真正能感受到引入数学符号的必要。比如小学生在学习用字母表示数时，从特殊到一般进行探究，在上述例子中引导学生进一步探究：n 只青蛙几条腿？一条直线有一个点有两条射线，两个点有几条射线？n 点有几条射线？如果改为线段呢？应该列出表格，引导学生探究。在学习 $a^m \cdot a^n = a^{m+n}$ 时要让学生明确乘方的意义，将乘方改为乘法，由不完全归纳法猜出同底幂的乘法公式后，再由 $a^m = a \times a \times a \times \cdots \times a$（$m$ 个 a 相乘）的乘法和乘方互相转化进行严密的逻辑证明。

青蛙的只数	腿的条数
1	4
2	8
……	……
n	？

直线（或线段）上的点数	射线（或线段）的条数
1	2（0）
2	4（1）
3	6（3）
……	……
n	？（？）

注：利用表格形式进行探究降低学生外在认知负荷。

（3）鼓励学生利用模型思想中的数学符号解决生活中的实际问题。

要鼓励学生习惯使用数学符号解决生活实际问题，提高效率，特别是数学建模的有关问题，使用数学符号尤为重要。"模型思想的建立是学生体会和理解数学与外部世界联系的基本途径。建立和求解模型的过程包括：从现实生活或具体情境中抽象出数学问题，用数学符号建立方程、不等式、函数等表示数学问题中的数量关系和变化规律，求出结果并讨论结果的意义。这些内容的学习有助于学生初步形成模型思想，提高学习数学的兴趣和应用意识。"

（4）通过练习强化数学符号的使用，进一步强化数学符号的意义。

"尽量避免让学生机械地练习和记忆，而增加实际背景、探索过程、几何解释等，以帮助学生理解。"如在进行异分母分数相加、减时必须利用分数的基本性质转化为同分母分数加减；在进行二次根式的加、减运算时一定要让学生弄清二次根式的加、减的实质，只有同类二次根式才能加、减，如只有在同一个分数单位时才能进行分数的加减；在几何、三角证明时多使用 "=>" 代表数学符号 "∵ ∴"，更加简捷，有的学生写为 "∵=>"。进行类比教学，同时要尽量避免学生出错，学生在受到加法对乘法的分配或单项式乘以多项式 $a(b+c)=ab+ac$ 的前抑制的影响将出现 $\sin(\alpha+\beta)=\sin\alpha+\sin\beta$ 的错误，受到加法 $2+3=5$ 的前抑制的影响将出现 $\sqrt{2}+\sqrt{3}=\sqrt{5}$ 的错误。有同学认为：有一次投篮，小张先投了两个球，进了一个；后来小张又投了三个，又进了一个。小张第一次进球的概率是 $\frac{1}{2}$，第二次进球的概率是 $\frac{1}{3}$，而总的进球的概率是 $\frac{2}{5}$，这不说明 $\frac{1}{2}+\frac{1}{3}=\frac{2}{5}$ 吗？是因为前后的分数单位不一样，所以不能这样相加，故应该通过练习强化数学符号的正确使用。

（5）教学中要循序渐进地培养学生的数学符号意识，避免盲目数学符号的扩大化教学。

教学中一定要遵循小学生和初中学生的认知规律，避免盲目数学符号的扩大化教学。比如学习绝对值符号后，不能即时出现 $|a|=\begin{cases} a & (a>0) \\ 0 & (a=0) \\ -a & (a<0) \end{cases}$，让学生强化训练；在学生熟练掌握有理数绝对值的运算方法后在单元小结时再出现 $|a|=\begin{cases} a & (a>0) \\ 0 & (a=0) \\ -a & (a<0) \end{cases}$，不要将自己的理解程度与学生的理解程度等同，要引导学生去感受和主动建构。"教学观体现在教师是学生意义建构的帮助者和促进者，而不是知识的传授者和灌输者；学习观体现在学生是信息加工的主体，是意义建构的主动者，而不是外部刺激的接收者。"

因此，教师在初次教学数学符号时一定要仔细进行教学设计，注重数学知识的逻辑结构，根据逻辑结构确定数学符号的书写顺序，让学生进一步建构认知顺序，减少学生外在认知负荷，激发学生学习数学的兴趣，提高数学教育教学效果。

三、空间观念

1. 空间观念概念综述

课程标准指出：空间观念主要是指根据物体特征抽象出几何图形，根据几何图形想象出所描述的实际物体；想象出物体的方位和相互之间的位置关系；描述图形的运动和变化；依据语言描述图形等。进行几何体与其三视图、展开图之间的转化；能根据条件作出立体图形或画出图形；能从较复杂的图形中分解出基本的图形，并能分析其中的基本元素及其关系；能采用适当的方式描述物体间的位置关系；能运用图形形象地描述问题，利用直观来进行思考。

2. 空间观念的培养

（1）借助操作实践，培养学生的空间观念。

借助操作进行比较、分析与综合，从而抽象出事物本质，获得对概念、法则及关系的理解，并找出解决问题的策略，这是培养学生空间观念的重要途径。在"空间与图形"教学中，让学生从具体事物的感知出发，通过摸一摸、比一比、量一量、画一画、折一折、剪一剪、摆一摆等操作活动，或者通过观察、实验、猜测、验证、想象等途径，有效地发展学生的空间观念，培养学生的探索精神，使学生获得清晰、深刻的空间表象，再逐步抽象出几何形体的特征，从而发展空间观念。例如，在学习"长方体和正方体的认识"前，教师在课前给学生布置任务，每人设计一个长方体。全班学生回家后纷纷行动起来，用纸壳、图画纸、废烟盒等材料，仿照长方体制作起来，有不懂的地方家长辅助制作。学生在亲手制作的过程中，学到了很多知识。上课时非常投入，情绪高涨，思路开阔，原本感到很难理解的知识，学生却对答如流，还向老师提出许多超出本节内容且富有挑战性的问题，这样使学生在游泳中学会游泳，在做数学中学会数学。再如，学习"圆柱体的侧面积计算"时，教师让学生观察圆柱体的模型，先看整体，再分析圆柱体的各个组成部分，接着让学生动手操作，拿一张长方形的硬纸卷成桶，即为圆柱的侧面，再把侧面展开。这样反复两次，让学生在操作中观察、思考：展开的长方形的面积与圆柱体的侧面积有什么关系？长相当于圆柱体的什么？宽相当于圆柱体的什么？学生在有了丰富的感性认识的基础上，得出圆柱体的侧面积等于底面周长乘高就水到渠成了，空间观念也得到了发展。又如，学习"长方体和正方体的认识"时，教师让每位学生准备一个马铃薯和一把小刀，先让学生在马铃薯旁边切上一刀，然后让学生摸摸切过的地方有什么感觉，学生回答是平的（叫面）。接着让学生把面朝下，在马铃薯旁边切上一刀，然后让学生摸两个面相交的地方有什么感觉，学生回答是一条线（叫棱）。然后教师继续让学生把切出的面朝下，依次切出两个面，再在马铃薯两端各切一刀，得出三条棱相交的一点叫顶点。这样一个完整的长方体就展现在学生面前，让学生观察有几个面、几条棱、几个顶点，再闭上眼睛想一想，使长方体6个面、12条棱、8个顶点的特征深深印在学生的头脑中，培养了学生的空间想象能力。如何将一个平面图形折成一个长方体，或将一个长方体展成一个平面图形，在此基础上可以解决：一个虫子从三边棱长分别为3、4、5的长方体盒子的一个顶点沿表面爬到体对角线的另一个顶点的最短路线的问题。

分析：引导学生亲自画一画，如图4-2所示，设$AB=5$，$BB_1=3$，$BC=4$。

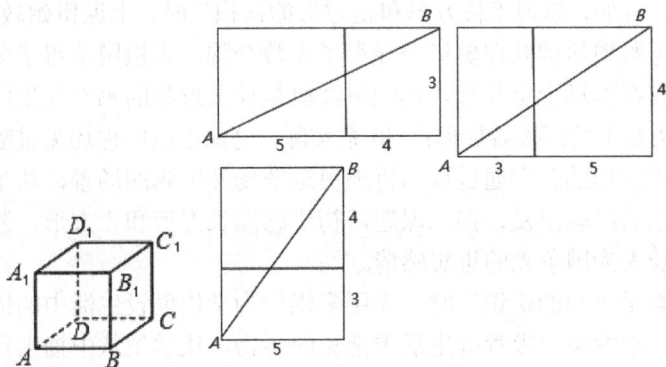

图 4-2

可将长方体盒子展开，有三种展开方式：

第一种展开方式：前面+右面，即将平面 BB_1C_1C 旋转到与平面 A_1ABB_1 共面时可得长方形 A_1ACC_1，连接 AC_1，则 $AC_1=\sqrt{(5+4)^2+3^2}=\sqrt{90}=3\sqrt{10}$。这种情况即为 AC_1 最短路线。第二种展开方式：左面+上面，即将平面 ADD_1A_1 旋转到与平面 $A_1B_1C_1D_1$ 共面时可得长方形 AB_1C_1D，连接 AC_1，则 $AC_1=\sqrt{(3+5)^2+4^2}=\sqrt{80}=4\sqrt{5}$。这种情况即为 AC_1 最短路线。第三种展开方式：前面+上面，即将平面 $A_1B_1C_1D_{11}$ 旋转到与平面 A_1ABB_1 共面时可得长方形 ABC_1D_1，连接 AC_1，则 $AC_1=\sqrt{(3+4)^2+5^2}=\sqrt{74}$，这种情况即为 AC_1 最短路线。比较以上三种情况，第三种展开方式为最短，即按照第三种展开方式的路线爬为最短。

变式：一个虫子从三边棱长分别为 a、b、c 的长方体盒子的一个顶点沿表面爬到体对角线的另一个顶点的最短路线的问题（中学生）。

略析：按照以上三种方式展开，得出三种情况下的最短距离：

$$L_1=\sqrt{(a+b)^2+c^2}，L_2=\sqrt{(a+c)^2+b^2}，L_3=\sqrt{(b+c)^2+a^2}$$

再取三个中的最小值，即 $L=\min\{L_1,L_2,L_3\}$。

此例通过画一画，将空间图形转化为平面图形，培养学生空间想象力。

（2）联系生活，培养学生的空间观念。

课程标准强调："数学教学活动必须建立在学生的认知发展水平和已有的知识经验基础之上。"现实生活中丰富的原型是发展学生空间观念的宝贵资源，教师要善于运用学生已有的生活经验组织教学。

学生在学习几何知识时，首先是联系生活中熟悉的实际事物。例如，在学习"圆的认识"时，由于学生已经有了较丰富的生活经验，学生才能列举出钟面、方向盘、车轮、圆桌面、硬币面、碗口、太阳、纽扣等圆形物体，对他们认识圆有很大帮助。再如，学习"长方形和正方形的认识"时，上课伊始教师谈话："同学们，我国无数奥运健儿在奥运会夺得了无数金牌，为祖国争得了荣誉，使得我们的五星红旗在赛场上空升起，你知道红旗是什么形状的吗？（生回答师板书：长方形和正方形）教师接着提问："联系实际，说说生活中你还见过哪些物体的面是长方形或正方形的？"通过谈话再现奥运赛场升国旗的场景，从学生熟悉的情境和已有的生活经验出发，揭示课题，初步感知长方形和正方形，激发学生从小努力学习、长大为国争光的思想感情。

比如在教学"角的认识"时，先用多媒体为学生创设生活中的情境，出示主题图、剪子、水龙头、吸管等生活中常见的事物，让学生从中抽出角的图形，随着学生的回答并用红色标识出来，为学生初步认识角建立表象。当学生对角有了充分的认识之后，再让学生找一找生活中哪些的物体表面上有角，让学生经历了从生活中抽象出图形并应用于生活中的过程。比如在学习圆柱体的展开图时，联系修建蒙古包所需材料面积等。这样的教学为学生建立起数学知识与生活的联系，让学生从自己所熟悉的事物中去感受数学，培养空间观念。

（3）引导学生观察，建立空间观念。

观察是一种有目的、有顺序、持久的视觉活动，在几何知识学习中起到重要作用，是小学生获得初步空间观念的主要途径之一。在观察中，学生逐步获得有关几何形体的表象，建立正确的几何概念，从而形成良好的空间观念。例如，在教学"观察物体"一课，让学生选取自己喜爱的玩具去观察，这样能激发学生的学习热情，唤起学生的生活经验，学生在轻松愉悦的数学活动中初步体会到不同角度观察到物体的形状可能是不同的，辨认简单物体从正面、侧面、上面所观察到的形状，发展学生空间观念。又如，在学习"面积和面积单位"时，要引导学生联系生活的实际，多举学生日常生活中熟悉的事物，要着重引导学生观察这些实物的面，如黑板面、课桌面、课本封面、文具盒的面、墙面、地面等。为了加深对"表面"的认识，还可以让学生亲自用刀剖开萝卜的纵面或横截面并摸一摸。通过多种感官的协同活动，使具体事物的形象在头脑中得到全面的反映，在此基础上再引入"物体的表面"的意义。这样，学生对"物体的表面"这个概念就能有比较正确和清晰的理解，为进一步概括面积的意义打下了坚实的基础。再如，在学习"长方体和正方体的体积"时，教师设计如下实验，建立体积的概念：在一个底部留有一个小孔的铁盒中装满橡皮泥，再把一个长方体木块塞入橡皮泥中，盖紧盒盖，盒中的一些橡皮泥就从底部的小孔中挤出；在一个盛满水的容器中放入一个铁块，水就会溢出来。引导学生观察上述实验得出：物体占有空间。在此基础上引导学生观察橡皮、文具盒、书包，问哪一个物体所占空间大？进而得出：物体所占空间的大小叫作物体的体积。这样，学生通过观察、感知，不但理解了体积的概念，而且建立了初步的空间观念。

（4）进行大胆想象，发展空间观念。

爱因斯坦曾经说过："想象比知识更重要，因为知识是有限的，而想象力概括世界的一切。"想象是思维的翅膀，往往和观察、实验、思考等活动结合起来。例如，一个物体，从不同角度观察，就有不同的形状。学生从不同角度观察一个水壶，先把自己看到的画下来，然后同学之间进行交流，猜一猜某幅画是谁画的，他坐在哪个位置。这样通过让学生观察、想象、绘制和比较在不同位置上的物体或实物模型，从而发展学生的空间观念。教学中还要鼓励学生大胆想象，让他们充分表现出自己的发明、创造。有一道练习题：大正三角形的面积是小正三角形面积的几倍？学生按常规思维，无论是将大正三角形进行分割，还是将小正三角形进行拼补，都难以奏效。若学生打破常规思维，进行合理的想象，将小正三角形旋转 180°，并不影响问题的本身，结果却一目了然。这样引导学生大胆地想象，把图形变一变，突破空间观念定势，问题的解决收到了事半功倍的效果。

四、几何直观

1. 几何直观概念综述

几何直观主要是指利用图形描述和分析问题。借助几何直观可以把复杂的数学问题变得简明、形象，有助于探索解决问题的思路，预测结果。几何直观可以帮助学生直观地理解数学，在整个数学学习过程中都发挥着重要作用。几何直观可以看成"数形结合"的手段与方法。"数形结合"是一种数学思想方法，指利用代数里的模型来抽象地表示几何图形的本质内容，利用几何图形来形象直观地表示代数里的关系。数学是抽象的，儿童喜欢具体形象的思维，几何直观经常能够解决抽象与形象之间的矛盾。数学教学往往会利用简单的图形来表示比较抽象的数学问题或数量关系，如用线段图表示相差关系和倍数关系，用线段图表示相遇问题的已知、未知和数量关系，用简单图形表示田地面积的变化等，这些都十分有助于学生理解题意、找到问题的解法。几何直观是人们理解复杂的数学问题，探索其解法的手段，是人们解决问题时经常采用的策略。课程标准提出几何直观，不仅教师要充分利用这个手段教学数学知识，还应该培养学生自己运用几何直观的习惯和能力。要联系实例让学生体会什么是几何直观，感受几何直观对解决问题的积极作用；要指导学生画图，初步学会几何直观；要鼓励学生经常运用几何直观，逐步成为个体解决问题的策略之一。

2. 几何直观能力的培养

实际上在我们现实生活中没有真正数学中的几何图形，因为数学中的几何图形是特殊化、抽象化的图形，数学中的几何图形是由点、线、面、体构成的，数学中的点、线、面规定是点无大小、线无粗细、面无厚薄，而我们现实生活中的图形都有大小、粗细、厚薄。我们可以将生活中的图形特殊化，抽象化成数学图形进行教学研究，解决生活中的实际问题，即从数学的角度看现象、用数学的思维思考问题、用数学的方法解决问题，这就是数学化及数学学科的重要性。

（1）关注学生的生活经验，提供丰富的感性材料。

数学生活化，生活数学化，我们生活中有很多的图形抽象成数学图形，从学生熟悉的生活经验中提取感性材料，在讲三角形两边之和大于第三边时，借助于校园道路进行讲解，学生对道路非常熟悉，可以直观感知三角形两边之和大于第三边，如果有草坪，学生利用最短连线践踏草坪，还可以渗透德育教育。

（2）注重实际活动，突出探究过程。

突出探究过程主要是让学生主动建构知识的形成过程、来龙去脉，例如在小学五年级探究平行四边形的面积时，引导学生运用割补法将平行四边形转化为等积的长方形。让学生得出"平行四边形的边长与长方形的长相等，该边长平行四边形的高与长方形的宽相等"的结论。这样推出平行四边形面积公式，学生明确了知识的形成过程，主动建构，不会忘记，即使忘记了也知道按照推理的方法推导出来（图4-6）。

1）变已知（图4-3）：

图4-3

2）找联系（图4-4）：

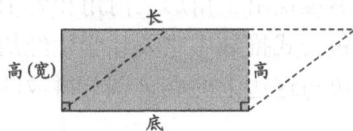

图4-4

3）推结论（图4-5）：

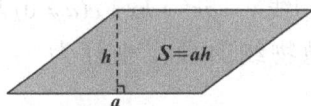

图4-5

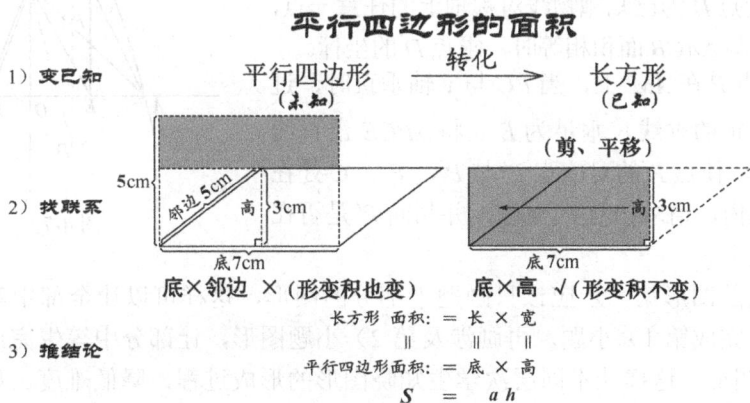

图4-6　板书设计

（3）有足够的时间和空间让学生独立思考、动手操作、合作交流。

《义务教育数学课程标准》（2011版）指出：学生学习应当是一个生动活泼的、

主动的和富有个性的过程。除接受学习外，动手实践、自主探索与合作交流同样是学习数学的重要方式。学生应当有足够的时间和空间经历观察、实验、猜测、计算、推理、验证等活动过程。教师教学应该以学生的认知发展水平和已有的经验为基础，面向全体学生，注重启发学生和因材施教。教师要发挥主导作用，处理好讲授与学生自主学习的关系，引导学生独立思考、主动探索、合作交流，使学生理解和掌握基本的数学知识与技能、数学思想和方法，获得基本的数学活动经验。

例如，人教版小学四年级教材中推导三角形三内角和时，要让学生分组动手操作：将三角形三个内角亲自剪下来拼成一个角，再利用量角器教学度量后进行交流，于是得出三角形三内角和为180°的结论，并在初中推导三角形三内角和定理时，由小学的实验拼一个平角过程启发过一个顶点作三角形一边的平行线构造平角，利用平行线的性质不难推出三角形三内角和为180°。

在上例平行四边形面积公式推导中也要让学生经历剪、拼的实验动手操作的过程，并对平行四边形的边与这边上的高分别与拼成的长方形的长、宽的关系进行交流与思考。

（4）注重图形的形成过程。

注重几何直观图形的形成过程是学生主动建构的最佳途径。

例：如图 4.7 所示，抛物线 $y = ax^2 + bx + c(a \neq 0)$ 与 x 轴交于 A、B 两点，与 y 轴交于点 $C(0,3)$，且此抛物线的顶点坐标为 $M(-1,4)$。

1）求此抛物线的解析式。

2）设点 D 为已知抛物线对称轴上的任意一点，当 $\triangle ACD$ 与 $\triangle ACB$ 面积相等时，求点 D 的坐标。

3）点 P 在 AM 上，当 PC 与 y 轴垂直时，过点 P 作 x 轴的垂线，垂足为 E，将 $\triangle PCE$ 沿直线 CE 翻折，使点 P 的对应点 P' 与 P、E、C 处在同一平面内，请求出点 P' 坐标，并判断 P' 是否在该抛物线上。

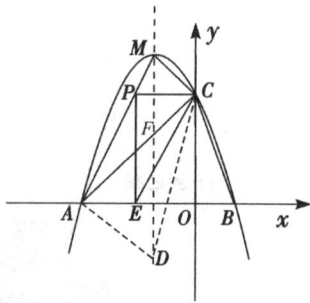

图 4-7

此例的图形第一步应该只画题干部分的图形，这样可以让全部中等生和部分学困生完成第 1）小题，再画涉及第 2）小题图形，让部分中等生完成后再画 3）小题图形，这样让不同层次学生知晓图形的形成过程，降低难度。如果开始就展示整个图形，就会增加学困生甚至部分中等生的学习难度，让他们失去学习的信心。

（5）运用多媒体信息技术辅助教学。

运用多媒体信息技术展示几何模型可以让学生直接接触到几何的知识，直观而有效。多媒体技术给学生展示丰富多彩的图形世界，提供直观的演示和展示，可以表现图形的直观变化，以解决学生的几何直观由直观到抽象的演进过程，扩大其空间视野。例如在教学"圆柱的认识"时，教师可以直接出示薯片包装盒、水杯等实物，给学生强烈的视觉冲击，使基本特征映入眼帘，一览无遗。

五、数据分析观念

1. 数据分析观念综述

数据分析观念包括：了解在现实生活中有许多问题应当先做调查研究，收集数据，通过分析作出判断，体会数据中蕴含着信息；了解对于同样的数据可以有多种分析的方法，需要根据问题的背景选择合适的方法；通过数据分析体验随机性，一方面对于同样的事情每次收集到的数据可能不同，另一方面只要有足够的数据就可能从中发现规律，通过提出问题，调查，收集、整理、分析数据，最后作出决策。

进入新课程教学以来，中小学数学的统计教学发生了很大的变化。从过去以制作统计图表为主要教学内容，变成以统计活动为主要教学内容，提出"数据分析观念"要促进统计教学的进一步改革。首先，统计是人们认识现象、解决问题的一种重要方法。如果要了解一个单位的员工年龄结构和文化程度结构，就可以就这两个内容进行统计；要了解物价的情况以及对人们生活的影响，需要进行有关的统计；要了解儿童的体质状况和生活方式的变化，也可以通过统计……其次，统计总是围绕数据而进行的，统计的主要活动是关于数据的活动，统计过程一般是"收集和整理数据、分析和利用数据"的过程。统计结果一方面有其客观性，另一方面有其局限性。统计结果的客观性，是指数据都是真实的，一般是经过调查得到的；统计结论是根据实实在在的数据得出的。人们常说"没有调查就没有发言权""用数据说明问题"，都是肯定了数据的客观性。统计结果的局限性，是因为分析数据要在现实的背景下进行，同一组数据，在不同的背景下会表达出不同的意思，引起人们不同的思考。例如某所学校对教师的课堂教学水平进行了调查，随堂听课的优课率15%、良好课率50%、合格课率25%、较差课率10%。这组数据如果与该校过去的课堂教学水平比，可能看到有了明显进步；如果与所在地区各学校的整体课堂教学水平比，可以看到该学校处于什么位置上；如果与其他高水平学校比，可以看出还存在的差距。这是同一组数据在不同背景下，反映出不同的信息。离开了现实背景的数据并不能说明什么问题。另外，数据还是随机的，需要有足够的数据才能比较客观地反映出事实或规律。例如评价一位教师的课堂教学水平，如果只考察他的一堂课，往往会有片面性。如果考察几堂甚至几十堂课，得出的评价就会客观一些；如果对这位教师教学各类知识的课堂分别进行充分的考察，得出的评价就更加可信。

统计教学的目的在于培养学生的数据分析意识与能力，具体些说，一要学生关注数据、重视数据，体会到数据不是枯燥的数字，而是蕴含着丰富内容的信息；二要学生收集信息，通过整理获得有用的数据，并用适当的统计图表呈现数据，直观反映出数据特征；三要学生对数据进行深入的分析，用数据解释事实、判断是非、预测未来。

2. 数据分析观念的培养

（1）善于提取有效的生活素材，帮助学生树立统计意识。

1）要以具有趣味性的实例提高统计兴趣。对于中小学生来说，学习最需要的是兴趣，怎样才能提高兴趣，应该让学生感受到学习过程是快乐的、轻松的，有意思的，那样才有不断探索的欲望。例如，调查本班同学最喜欢去哪里春游，统计去植物园、动物园、游乐园、森林公园、河滨公园的人数，又比如统计本班同学最喜欢什么动物，制成统计表，这样的情境能激发学生的兴趣，让学生经历数据收集、处理的过程，体会统计的作用，掌握统计的方法，培养学生的统计观念。

2）调查内容的真实性，获得真实感。教学中，让学生调查的内容要比较真实，就是生活中普遍遇到的一些事情，要具有一定的实践性。例如，一年一度的"六一"儿童节及"五四"青年节到了，老师安排张三同学为全班同学每人买一瓶奶茶，并且要符合每个同学的口味。张三同学在买奶茶的过程中，为了做到符合每个同学的口味，自觉地从统计的角度中进行调查并制订采购计划。又比如，几个同学正在统计一个路口 10 分钟内所通过的各种交通工具的数量，为了统计的真实性和准确性，不得不站在路口 10 分钟，才能统计出面包车、大巴车、小轿车、摩托车经过的数量，通过这样的调查，体会调查要有一定的真实性，而且能在社会生活中体验统计的重要性。

（2）注意留足学生自主学习空间，让学生经历统计过程。

1）注重新、旧知识的联系。在学习新知识时，可以复习相关的旧知识，通过对比，发现相同点和不同点，从而达到对新知识的认识。例如，在学习"复式条形统计图"时，先出示某地区城镇人口条形统计图，然后再出示某地区乡村人口条形统计图，接着提出"你能把上页两个统计图合成一个条形统计图吗？让学生在对比中认识新的统计图，体会新、旧知识之间的联系，进一步建立数据分析观念，这样就自然地引出了复式条形统计图。再比如，教学"折线统计图"时，先呈现"2017 年绵阳市月平均气温情况"的条形统计图。师：同学们可以了解到哪些信息？生：有的月平均气温高，有的月平均气温低，有的月平均气温却一样。师：哪个月变化很大？高了几摄氏度？学生很明白地说出数量的多少与增减变化。如果我们告知学生条形统计图反映增减变化情况，学生可能不以为然，再呈现

"2017 年绵阳市月平均气温变化情况"折线统计图，学生通过旧知识与新知识的对比，发现条形统计图变成折线统计图，横轴、纵轴都没变。只是把一条一条都缩成最上面的点，然后又把点连成一条线。这样的教学，能够使学生通过旧知识学习新知识。

2）创设一定的难度，发展学生的思维空间。提出一定难度的问题，这样的问题学生通过自身的努力思考成功地解决，能获得一定的成就感，体会成功的喜悦。例如"妈妈记录了李四同学 0～10 岁的身高，根据下表中的数据绘制折线统计图"提出"说一说你发现了什么"这样的问题引起学生深入思考，调动探索问题的兴趣，发展学生的思维。再比如，本周图书借阅情况统计表，表中的信息是童话 11人，漫画 18 人，儿歌 9 人，其他 8 人，提出"图书室要新买一批图书，你有什么建议？"这种问题，这种情况下就得根据借阅什么书的人数最多，从而作出判断，提高了中小学学生思维性。

（3）重视开展组织调查实践活动，培养学生数据分析能力。

能力是学生通过自主活动在实践中获得的，而不能通过教师讲授得到，让学生自己调查，收集数据，将知识应用于实践，从实践中得到能力的提升，比如，在"从本班同学中选两位同学分别担任班长与团支书"教学时，用投票的方法来决定谁当选，每个学生就把选定的同学写在纸条上，然后在黑板上用"正"字统计，最后进行汇总收集出数据并进行整理，制成统计表，组织汇报，最后教师评价。通过调查活动，可以让学生发现问题、解决问题、数据统计分析能力得到锻炼和提升。

（4）加强利用自主探索的学习形式，提升学生动手操作的能力。

自主探索、动手操作是学习数学的重要形式，在统计学习中同样适用。比如绘制条形统计图、折线统计图、扇形统计图等，在教学中，可以组织学生讨论并明确画统计图的基本标准。如果学生意见不一致，可以根据意见的不同把学生分组，各自画出统计图后比较出注意点，最后总结出画图的方法，达到所绘制图形"美观""规范"的效果。在这里，要给足学生独立思考和自主探索的时间与空间，可以借助多媒体展示画图的过程。在自主探索中尽量发掘每一个学生的潜能，使学生在合作交流中互相促进，共同发展，不断提高学生的操作技巧、技能。

（5）让学生在现实情景中体会数据分析对决策的影响。

通过对班上同学教学统计有多少同学参加暑期社会实践，便于作出社会实践活动的决策及设计活动方案。国家在统计人口年龄时，发现老龄化严重，面临养老问题，于是作出决策，放开二胎政策。总之，统计在我们的生活中应用广泛，在小学阶段要重视培养学生的统计意识，从学生实际出发，让学生自主探索、动手实践，多动脑，主动参与活动，从活动中获得知识，体会成功的喜悦。教法多种多样，但是统计的重要性是不变的，还需要教师进一步努力，不断探索，总结教学经验，提高自己的教学水平，为学生将来的数学学习打下坚实的基础。

六、运算能力

1. 运算能力概念综述

运算能力主要是指能够根据法则和运算律正确地进行运算的能力。培养运算能力有助于学生理解运算的算理，寻求合理简洁的运算途径解决问题。

2. 运算能力的培养

运算是数学的"童子功"，重视运算能力是我国中小学数学教学的优秀传统，我国学生的运算能力受到世界瞩目。培养运算能力有助于学生理解运算的算理，寻求合理简洁的运算途径解决问题，有关运算的知识主要是四则计算的意义、法则，四则混合运算顺序，运算律和运算性质等。有关运算教学的要求是学生获得重要的计算知识，能够正确、熟练、合理、灵活地应用运算知识，解决相应的问题，包括计算题和实际问题。

进入新课程教学以来，数学教学的内容发生了很大变化，增加了许多十分有意义的数学知识，如图形的运动、图形的位置、数据统计活动、事件发生的可能性、探索规律和实践活动等。有关计算的教学内容也有很大变动，一是精简了大数目的计算，整数加、减法一般不超过三位数，整数乘、除法只到三位数乘或除以两位数；二是重视口算、加强估算；三是使用计算器进行较烦琐的计算。而且，用于计算教学的时间比过去少了。所以，培养学生的运算能力是数学教学面临的一个课题。

学生的运算能力一般表现为：能够选择恰当的计算形式解决问题，做到可以口算就口算，需要笔算就笔算，不要精确得数就估算，遇到大数目的计算就使用计算器；追求计算结果正确，有及时检验得数的习惯，能够采用合适的方法进行验算并随时纠正计算错误；有简便运算的意识，能够根据具体情况，合理而灵活地利用运算律或运算性质，提高计算效率。

课程标准重新提出运算能力，是对数学教学的要求。计算毕竟是数学内容的一部分，是常用的数学活动之一，是学习和应用其他数学知识不可缺少的工具。既不能因为增加了许多其他数学内容而忽视计算教学，也不能以传统的计算教学来要求和衡量新课程的计算教学。

学生的计算应该达到适当的速度要求。课程标准提出：20 以内加减法和表内乘除法口算，8～10 题/min；百以内加减法和一位数乘除两位数口算，3～4 题/min；两位数和三位数加减法笔算，2～3 题/min；一位数乘除两位数和三位数笔算，两位数乘两位数笔算，1～2 题/min。这些速度要求，是大多数学生经过适量练习就能够达到的，不会耗费过量的教学资源，而影响其他数学内容的教学。这些速度要求，能够基本满足继续学习数学和解决实际问题的需要。这些速度水平，一旦形成，就能够维持，不会有过大的衰退。

（1）加强学生对算法和算理的理解。

1）在计算教学中，算理与算法是两个不可或缺的关键。算理是对算法的解释，是理解算法的前提，算法是对算理的总结与提炼，它们是相互联系、有机统一的整体。透彻理解算理和熟练掌握算法是提高学生计算能力的重要保证。那么什么叫作算理和算法呢？算理是指计算的原理或者道理，它有两层含义。一是列式的依据，即某一问题为什么要用加法而不能用减法，这是根据所求问题与条件的关系确定的。例如表示两部分的数量合在一起，需要用加法计算，而表示总数量中去掉一部分，则用减法计算。正因为有这些依据，从而构成了加、减、乘、除四则运算。二是运算的依据，即每一步的运算都有其内在的道理。例如"68+7"，为什么"7"一定要与"8"相加，这是数字符号所含的意义不同。算法是指计算的方法，如计算"68+7"，先要列出竖式，然后个位对齐进行计算。因此在教学时，教师应以清晰的理论指导学生理解算理，在理解算理的基础上掌握计算方法，最后形成计算技能。

2）算理与算法之间的关系。算理就是计算过程中的道理，是指计算过程中的思维方式，解决为什么这样算的问题。算法就是计算的方法，主要是指计算的法则，就是简约了复杂的思维过程，添加了人为规定后的程式化的操作步骤，解决如何算得方便、准确的问题。例如，计算 $\frac{2}{7}+\frac{3}{7}$ 时，就是根据数的组成进行演算的：$\frac{2}{7}$ 是由 2 个 $\frac{1}{7}$ 组成的，$\frac{3}{7}$ 是由 3 个 $\frac{1}{7}$ 组成的，所以把 2 个 $\frac{1}{7}$ 与 3 个 $\frac{1}{7}$ 相加得 5 个 $\frac{1}{7}$，也就是 $\frac{5}{7}$，这就是算理。当学生进行了一定量的练习以后，发现了计算的规律：分子和分子相加的和作为分子，分母不变，这就是学生感悟算理的过程。最后概括出普遍适用的计算法则：同分母分数相加，分母不变，分子相加。异分母的分数和分式的加减类似，这就是算法。

从上面的分析可以看出，算理与算法有这些关系：算理是客观存在的规律，算法是人为规定的操作方法；算理为计算提供了正确的思维方式，保证了计算的合理性和正确性，算法为计算提供了快捷的操作方法，提高了计算的速度；算理是算法的理论依据，算法是算理的提炼和概括，它们是相辅相成的。

3）正确把握算理与算法的关系。理解了算理和算法之间的关系，在教学中，如何让学生既充分理解算理的过程，又感悟出算法，也就是教学中怎样实现算理与算法的平衡？下面以"乘法笔算"的教学进行一些探讨：

例：一共有 5 盒水彩笔，每盒 12 支，一共有多少支水彩笔？

学生自主列式：$12×5$，可以体现学生在潜意识中知道算理：5 个 12 相加。

A．引导研究，理解算理。

学生只有理解了算理，才能"创造"出计算的方法，正确地计算，所以计算教学必须从算理开始。教学时要着重帮助学生应用已有的知识领悟计算的道理。所以首先让学生主动探索算理：

算法 1：$12+12+12+12+12=60$

算法 2：$2×5=10$，$10×5=50$，$10+50=60$

由此可以看到，学生已经知道 $12×5$ 的算理实际就是 5 个 2 和 5 个 10 的和，因此教师引导学生：根据算理能不能把上面三个式子合并成一个竖式？从而引出乘法的原始竖式：

$$
\begin{array}{r}
12 \\
\times\quad 5 \\
\hline
10 \quad\cdots\cdots 2×5 \\
50 \quad\cdots\cdots 10×5 \\
\hline
60
\end{array}
$$

再让全体学生读过程，加深对算理的理解。然后要求学生用原始的竖式进行练习，让学生在习题中充分理解二位数乘一位数的算理。

比如要让小学毕业生真正理解零为什么不能作除数、让初中毕业生理解圆周率的计算道理和计算方法。

分母为什么不为零？在给数学专业本专科生上数学教法课时如果问到这个问题，全部同学可能都会回答：因为零做分母没有意义，规定零不能做分母。根本没有弄清楚分母不为零的真正原因：设 $\frac{b}{a}=c$，则 $b=ac$。当 $a=0$ 且 $b=0$ 时，c 为任意数；当 $a=0$ 且 $b≠0$ 时，c 为不存在。也就是说 $\frac{0}{0}$ 可以为任意数，$\frac{b}{0}$（$b≠0$）不存在，为了体现数学的唯一性和严谨性，因此规定分母不为零，因此要让学生真正明确分母不为零的真正含义，不能只知道"零做分母没有意义，规定零不能做分母"。

如图 4-8 所示，当 $n=6$ 时，$\frac{P_6}{D}=\frac{6R}{2R}=3$，所以古代有周三径一的说法，也就是用正六边形的周长近似代替圆的周长。

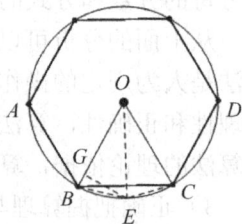

图 4-8

当 $n=12$ 时，$GE = \frac{1}{2}R$，$OG = \frac{\sqrt{3}}{2}R$，$BG = \left(1 - \frac{\sqrt{3}}{2}\right)R$。边长 $a_{12} = BE = \sqrt{GE^2 + BG^2} = \sqrt{2 - \sqrt{3}}R \approx 0.5177R$。所以 $\frac{P_{12}}{D} = \frac{12 \times a_{12}}{2R} \approx \frac{12 \times 0.517R}{2R} \approx 3.102$，这样当 $n=24$、48、128、……、$6k$、……，无限用正 $6k$ 边形去割圆，可以计算正 $6n$ 边形的周长与该圆的直径之比趋于一个定值 3.1415926……，这就是刘徽的割圆术，因此作为教师既要让学生理解圆周率的来历，又要讲请这段数学文化的发展史——刘徽的割圆术。

刘徽割圆术：

■ 从正六边形开始，逐步求边长与面积。

■ 递推法。设边数为 $6 \cdot 2^n$ 的正多边形边长为 a_n，如图 4-9 所示。

$$AC^2 = AD^2 + DC^2 = AD^2 + (OC - OD)^2$$

$$a_{n+1} = \sqrt{\left(\frac{a_n}{2}\right)^2 + \left(1 - \sqrt{1 - \left(\frac{a_n}{2}\right)^2}\right)^2}$$

$$= \sqrt{2 - \sqrt{4 - a_n^2}}$$

图 4-9

相应正多边形面积 $S_{n+1} = \frac{1}{2}OC \times AD = \frac{1}{2} \cdot \frac{a_n}{2} = \frac{a_n}{4}$

得到 $\pi \approx 6 \cdot 2^{n+1} \cdot S_{n+1} = 3 \cdot 2^n a_n$

（刘徽计算到 96 边形面积，得到 $\pi \approx 3.141$）

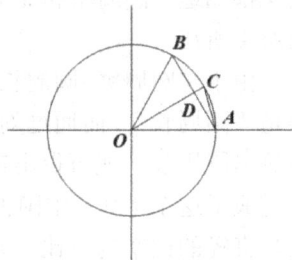

"割圆术"，是用圆内接正多边形的面积去无限逼近圆面积并以此求取圆周率的方法。"圆，一中同长也。"意思是说：圆只有一个中心，圆周上每一点到中心的距离相等。早在我国先秦时期，《墨经》上就已经给出了圆的这个定义，而公元前 11 世纪，我国西周时期数学家商高也曾与周公讨论过圆与方的关系。认识了圆，人们也就开始了有关圆的种种计算，特别是计算圆的面积。我国古代数学经典《九章算术》在第一章"方田"中写到"半周半径相乘得积步"，也就是我们现在所熟悉的公式。

为了证明这个公式，我国魏晋时期数学家刘徽于公元 263 年撰写《九章算术注》，在这一公式后面写了一篇 1800 余字的注记，这篇注记就是数学史上著名的"割圆术"。它是以"圆内接正多边形的面积"来无限逼近"圆面积"。刘徽形容他的"割圆术"时说："割之弥细，所失弥少，割之又割，以至于不可割，则与圆合体，而无所失矣。"即通过圆内接正多边形细割圆，并使正多边形的周长无限接近圆的周长，进而来求得较为精确的圆周率。刘徽发明"割圆术"是为了求"圆周率"。那么圆周率究竟是指什么呢？它其实就是指"圆周长与该圆直径的比率"。很幸运，这是个不变的"常数"！我们借助它可以进行关于圆和球体的各种计算。如果没有它，那么我们对圆和球体等将束手无策。同样，圆周率数值的"准确性"也直接关乎计算的准确性和精确度。这就是人类为什么要求圆周率，而且要求得准的原因。根据"圆周长/圆直径=圆周率"，那么圆周长=圆直径×圆周率=2×半径×圆周率（这就是我们熟悉的圆周长=$2\pi r$ 的来由）。因此"圆周长公式"根本就不用背的，只要有小学知识，知道"圆周率的含义"，就可自行推导计算。也许大家都知道"圆周率和 π"，但它的"含义及作用"往往被忽略，这也就是割圆术的意义所在。

由于"圆周率=圆周长/圆直径"，其中"直径"是直的，好测量；难精确计算的是"圆周长"。而通过刘徽的"割圆术"，这个难题解决了。只要认真、耐心地精算出圆周长，就可得出较为精确的"圆周率"了。众所周知，在中国祖冲之最先完成了这个工作。中国古代从先秦时期开始，一直是取"周三径一"（即圆周周长与直径的比率为三比一）的数值来进行有关圆的计算。但用这个数值进行计算的结果，往往误差很大。正如刘徽所说，用"周三径一"计算出来的圆周长，实际上不是圆的周长而是圆内接正六边形的周长，其数值要比实际的圆周长小得多。东汉的张衡不满足于这个结果，他从研究圆与它的外切正方形的关系着手得到圆周率（图 4-10）。这个数值比"周三径一"要好些，但刘徽认为其计算出来的圆周长必然要大于实际的圆周长，也不精确。刘徽以极限思想为指导，提出用"割圆术"来求圆周率，既大胆创新，又严密论证，从而为圆周率的计算指出了一条科学的道路。

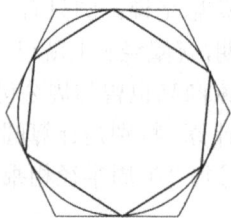

图 4-10

在刘徽看来，既然用"周三径一"计算出来的圆周长实际上是圆内接正六边形的周长，与圆周长相差很多；那么我们可以在圆内接正六边形把圆周等分为六条弧的基础上，再继续等分，把每段弧再分割为二，作出一个圆内接正十二边形，这个正十二边形的周长不就要比正六边形的周长更接近圆周了吗？如果把圆周再继续分割，作成一个圆内接正二十四边形，那么这个正二十四边形的周长必然又比正十二边形的周长更接近圆周。这就表明，越是把圆周分割得细，误差就越少，其内接正多边形的周长就越是接近圆周。如此不断地分割下去，一直到圆周无法再分割为止，也就是到了圆内接正多边形的边数无限多的时候，它的周长就与圆周"合体"而完全一致了。

按照这样的思路，刘徽把圆内接正多边形的面积一直算到了正 3072 边形，并由此而求得了圆周率为 3.1415 和 3.1416 这两个近似数值。这个结果是当时世界上圆周率计算的最精确的数据。刘徽对自己创造的这个"割圆术"新方法非常自信，把它推广到有关圆形计算的各个方面，从而使汉代以来的数学发展大大向前推进了一步。到了南北朝时期，祖冲之在刘徽的这一基础上继续努力，终于使圆周率精确到了小数点以后的第七位。在西方，这个成绩是由法国数学家韦达于 1593 年取得的，比祖冲之晚了一千一百多年。祖冲之还求得了圆周率的两个分数值，一个是"约率"，另一个是"密率"，"密率"在西方是由德国的奥托和荷兰的安东尼兹在 16 世纪末才得到的，都比祖冲之晚了一千一百年。刘徽所创立的"割圆术"新方法对中国古代数学发展的重大贡献，历史是永远不会忘记的。

利用圆内接或外切正多边形，求圆周率近似值的方法，其原理是当正多边形的边数增加时，它的边长和逐渐逼近圆周。早在公元前 5 世纪，古希腊学者安蒂丰为了研究化圆为方问题就设计了一种方法：先作一个圆内接正四边形，以此为基础作一个圆内接正八边形，再逐次加倍其边数，得到正 16 边形、正 32 边形等，直至正多边形的边长小到恰与它们各自所在的圆周部分重合，他认为就可以完成化圆为方问题。到公元前 3 世纪，古希腊科学家阿基米德在《论球和圆柱》一书中利用穷竭法建立起这样的命题：只要边数足够多，圆外切正多边形的面积与内接正多边形的面积之差可以任意小。阿基米德又在《圆的度量》一书中利用正多边形割圆的方法得到圆面积与外切正方形面积之比为 11:14，即取圆周率等于 22/7。公元 263 年，中国数学家刘徽在《九章算术注》中提出"割圆"之说，他从圆内接正六边形开始，每次把边数加倍，直至圆内接正 96 边形，算得圆周率为 3.14 或 157/50，后人称之为徽率。书中还记载了圆周率更精确的值 3927/1250（等于 3.1416）。刘徽断言："割之弥细，所失弥少，割之又割，以至于不可割，则与圆合体，而无所失矣。"其思想与古希腊穷竭法不谋而合。割圆术在圆周率计算史上曾长期使用。1610 年德国数学家柯伦用 2^{62} 边形将圆周率计算到小数点后 35 位。1630 年，格林贝尔格利用改进的方法计算到小数点后 39 位，成为割圆术计算圆周率的最好结果。分析方法发明后逐渐取代了割圆术，但割圆术作为计算圆周率最早的科学方法一直为人们所称道。

在证明这个圆面积公式的时候有两个重要思想，一个就是我们现在所讲的极限思想，一个是无穷小分割思想。他把与圆周合体的这个正多边形，就是不可再割的这个正多边形，进行无穷小分割，再分割成无穷多个以圆心为顶点，以多边形每边为底的无穷多个小等腰三角形，这个底乘半径为小三角形面积的两倍，把所有这些底乘半径加起来，应该是圆面积的两倍，就是说圆周长乘半径等于两个圆面积。所以一个圆面积等于半周乘半径，因此刘徽说故半周乘半径而为圆幂。他的原话就是："以一面乘半径，觚而裁之，每辄自倍。故以半周乘半径而为圆幂。"最后完全证明了圆面积公式，证明了圆面积公式，也就证明了"周三径一"的不精确。随着圆面积公式的证明，刘徽也创造出了求圆周率精确近似值的科学程序。在刘徽之前，古希腊数学家阿基米德也曾研究过求解圆周率的问题。

刘徽处魏、蜀、吴三国割据之时，在这个时候中国的社会、政治、经济发生了极大的变化，特别是思想界，文人学士们互相进行辩难，在当时称为辩难之风，一帮文人学士聚到一块，一个正方一个反方，提出一个命题来大家互相辩论，在辩论的时候人们就要研究讨论关于辩论的技术、思维的规律，所以在这一阶段人们的思想相对解放，这时人们对思维规律研究特别发达，有人认为这时人们的抽象思维能力远远超过春秋战国。刘徽在《九章算术注》的自序中表明，把探究数学的根源作为自己从事数学研究的最高任务。他注《九章算术》的宗旨就是"析理以辞，解体用图"。"析理"就是当时学者们互相辩难的代名词。刘徽通过析数学之理，建立了中国传统数学的理论体系。众所周知，古希腊数学取得了非常高的成就，建立了严密的演绎体系。然而，刘徽的 "割圆术"却在人类历史上首次将极限和无穷小分割引入数学证明，成为人类文明史中不朽的篇章。

B. 应用算理，"创造"算法。

算理是乘法的一个内在规律，但计算时不仅思维强度大，而且计算的速度很慢，要提高计算效率，就需要找计算的普遍规律，提炼出一个简单的计算方法，概括出计算法则。所以在学生对算理有一定理解的基础上，引导学生对计算过程进行反思，启发学生再思考，对算理进行提炼和"创造"，从而对以上的竖式进行简化：

$$
\begin{array}{r}
12 \\
\times\ \ 5 \\
\hline
60
\end{array}
$$

C. 观察比较，归纳方法。

当学生比较熟练地进行竖式计算后，通过算理和算法对比的板书，帮助他们理解从算理到算法的过渡，同时要求学生把原来用算理竖式做的习题，用简单的笔算再做一次，实现让学生自己动手，感受从算理到算法的过程，最后再引导学生对竖式计算的过程进行观察、反思：这些乘法的竖式计算都是怎么算的？分几个步骤？从而归纳出两位数乘一位数的计算法则：先用一位乘数乘两位数的个位，积的末尾写在个位上；再用一位乘数乘两位数的十位，积的末尾写在十位上。这时的计算就不再思考每一步的算理，只要按照这样的步骤进行演算，就能得到计算的结果，速度大大加快。

本节课对于算理的引出，算理到算法的过渡是比较自然的，同一道习题，分别用算理竖式和算法竖式做，达到以下两个作用，一是让学生对算理的理解后，推导出算法；二是让学生感悟了算法，从而在以后的练习中对算法的利用更加灵活。对于算理，可能部分学困生还不能很好的理解，所以教师利用连加竖式的方法：

$$
\begin{array}{r}
12 \\
12 \\
12 \\
12 \\
+\ \ 12 \\
\hline
60
\end{array}
$$

能让学生更直观地看到先算 5 个 2，再算 5 个 10，这样就更能帮助他们理解算理了，也更自然地过渡到乘法竖式。

D. 算理和算法今后的教学方式。

今后，在计算教学的过程中，以思维为主线，以算理为先导，以创造为契机，学生不但理解了算理，而且创造出了简便的计算方法，并归纳出计算的法则，实现了算理与算法的和谐统一。

（2）加强学生口算训练。

当前，中小学生计算能力下降是不争的事实。中小学生数学能力的两极分化是从计算能力的分化开始的，计算能力的下降是从口算能力下降开始的。一切计算都离不开口算，进行口算训练不仅是为了提高计算能力，更重要的是还能发展学生的思维能力，增强数感，培养学生思维的灵活性、敏捷性、准确性，提高反应能力和意志力。

口算训练"五结合"：

1）视算与听算相结合。一是由于视算容易产生用笔算的方法口算，即口算笔算化（加、减、乘法口算一般从高位算起，与读数、写数顺序一致，而笔算一般从低位算起，如：72+27、97×5），因此视算与听算相结合。二是一般先视算（看算式直接说或写得数），再听算（听算式直接说或写得数）。三是简单的听算、稍难的视算。

2）群练与个练相结合。一是课内宜用群练，课外宜用个练，群练为主，个练为辅。二是群练每天一练，采取视算、听算；时间 3～5 分钟，题量 20～30 道，题目可以用自编的统一口算卡纸。三是训练面要大。全班同学人人参与，现场限时独立完成，集中评阅，及时反馈。一般少用或不用指名口答或"开火车"。四是个练要落实时间要求（记下口算时间，没有时间约束的口算是难以提高口算能力）、内容、方式（家长与孩子合作，同桌间互练互评）。

3）慢练与快练相结合。一是慢练要求出题速度较慢，重在追求口算的正确率。二是快练要求出题速度较快（加快出示口算卡片的速度，缩短口算时间，限时不限题量，缩短听算报题间隔时间），重在追求口算的速度。三是先慢练，后快练，先求正确率，后求速度。四是口算追求又对又快。

4）定时与定量两练相结合。一是定时练是规定练习的时间，比谁算对的题目多。二是定量练，就是规定练习的题量，比谁算对题目用的时间少，要求要计时或报时。三是遵循循序渐进的原则。

5）提高技能与培养习惯相结合。提高技能三练。一是对比练习。容易混淆的口算题对比练习。例如 9+8，8+9，25−7，27−5 等。二是反复练习。经常出错的口算题反复练。三是经常练习。例如每天 2 分钟口算"口头"群练（全班齐练或同桌互练），每周一次口算"笔头"训练（全班齐练）。

培养口算习惯的"四步"：一看，看清每个数和运算符号；二想，想口算方法（一般方法还是简便方法）；三算，算对算快；四说，声音清晰、表达完整。

（3）重视培养学生估算能力。

课程标准中明确指出了在计算教学中应该加强口算、重视估算、鼓励算法多样化，可见，估算在计算教学中的地位，发展学生的估算能力，让学生拥有良好的数感，具有很重要的价值。

估算作为计算教学的一个重要内容，贯穿在计算教学的各个环节中，它的呈现方式也日趋"生活化"，很多时候要正确判断是否要用估算来解决。我们通过改编教材中的习题，使学生产生估算的需求，有效地将估算融于问题解决中。通过教学也使学生明白在现实生活中，只有当不需要很精确地算出结果时，才会去估算。

在新课程下的计算教学中，由于学习方式的改革、教材体系的变化，必然会导致一系列新的问题出现，涉及有效性的因素还有很多，因此，如何提高计算教学的有效性始终是课堂教学所追求的方向。

1）估算的作用：一是估算能对计算结果进行预测或检验。估算与笔算互相支撑、相互验证（例如：25×21，生1：500；生2：45；生3：525，师引导学生用估算的方法来判断）。二是生活中应用最便捷、最广泛的是估算，估算能帮助学生解决生活中的实际问题，在教学中也要注意估算的实用价值，而不是为了估算而估算，比如估计自己的教室多少平方米、自己学校多少同学，又比如三年级上册

"多位数乘一位数"第 70 页中例 2 "每张门票 8 元，29 个同学参观，带 250 元够吗？"这个题虽没有出现"大约"两字，却有很大的估算需要，学生通过比较两种方法后会发现，采用估算方法更简便。三是估算能提高学生解决问题的效率。例如"学校阶梯教室有 300 个座位，如果全校 29 个班，估算平均每班派多少同学听讲座？"四是估算能培养学生的估算能力（估算意识、估算技能、运用估算解决实际问题的能力），增强数感。

2）估算的实际情况：精确计算算理容易理解，方法指向性明确，容易掌握，思维含量低，练得多，正确率高。估算，学生练得少，估算意识不强，估算时要"转弯"，方法灵活，思维步骤多，程序多，估算方法不同，估算结果有可能不同，对学生来说，宁可选择笔算，也不愿意估算。

3）估算的方法：四舍五入法、大估法、小估法、大小估法。

例：小明的房间平面图是一个长方形，长 5.2 米，宽 2.8 米。估一估房间占地面积有多大。

生 1：$5.2 \times 2.8 \approx 5 \times 3 = 15$（平方米）

（四舍五入法）

生 2：$5.2 \times 2.8 \approx 5 \times 2 = 10$（平方米）

（最小值估法）

生 3：$5.2 \times 2.8 \approx 5 \times 2.8 = 14$（平方米）

（小估法）

生 4：$5.2 \times 2.8 \approx 6 \times 3 = 18$（平方米）

（最大值估法）

生 5：$5.2 \times 2.8 \approx 5.2 \times 3 = 15.6$（平方米）

（大估法）

生 6：$5.2 \times 2.8 \approx 6 \times 2 = 12$（平方米）

（大小估法）

估算方法的教学不能单一化、标准化，不能将估算结果的精准性作为评价估算方法优劣的唯一标准，要关注估算策略的多样、灵活、合理、简便、快速。

4）估算的教学模式：

第一步：引导学生探索不同的估算方法（只要合理就给予肯定），感受各种估算的独特价值。

第二步：分享交流，比较与鉴别，找出合理的估算方法。

第三步：概括小结，积累估算经验。

（4）重视学生笔算能力。

1）笔算教与学普遍存在的现象：一是过度强调情境导入，忽视了新旧知识的衔接复习铺垫（一概不创设情境和滥用情境都是片面的）。二是过度强调算法多样化，忽视了算法的优化（课堂上多样化的算法"满天飞"，课后最优算法依然不会）。三是过度强调问题解决，忽视了不要量的训练（张嘴能说会道，动笔错漏百出）。四是教材编排跳跃性大，间隔期长，计算技能难以形成（前面学，后面忘）。

2）笔算教学的几个敏感问题：一是如何处理创设情境与复习铺垫的关系。本书的观点：计算教学中当情境不能以理驭法时，可以不要情境，找准新旧知识的联结点，在此复习铺垫，开门见山提出问题，出示例题，实现知识的正迁移，例如"三位数乘两位数的笔算乘法"。当计算教学中离开情境的支撑，计算就失去意义，如估算教学；或需要情境理解算理、掌握算法时，此时情境必不可少，如计算教学起始课中的"一位数乘（除）两三位数笔算""乘法的初步认识""除法的初步认识"等。二是如何处理算理理解与算法掌握的关系。本书的观点：只有充分重视算理，寓理入法，方能使学生"知其然"又"知其所以然"，学生才能掌握算法，形成技能。三是如何处理算法多样化与算法优化的问题。本书的观点：不要刻意追求算法多样化，甚至引导学生寻求"低层次算法"，必须坚持算法的优化，不要对学生说："你喜欢什么样的方法，就用什么样的方法计算。"四是如何处理教材编排跳跃性大，间隔期长，计算技能难以形成。本书的观点：计算技能（计算的正确、迅速、合理、灵活）的形成，离不开扎实、有效的持续训练，经常性的适量练习。例如在非"数与代数"领域教学时，坚持每天适量的口算和计算训练。五是计算方法（法则）要不要归纳。本书的观点：要归纳，因为计算方法（法则）是前人从实践经验中总结提炼的精华，具有普遍使用价值。根据教学内容需要，选择适当时机，采用适当的方法引导学生进行必要归纳。

3）培养学生笔算的方法：

一是计算教学重在主动建构。心理学家皮亚杰认为：个体的认知发展是在认知不平衡时通过"同化"与"顺应"两种方式来达到认知平衡的，认知不平衡有助于学生建构自己的知识体系。同化指的是将外部环境中的有关信息吸收进来并结合到已有的认知结构中，即个体把外界刺激所提供的信息整合到自己原有认知结构中的过程。顺应指的是外部环境发生变化，而原有认知结构无法同化新环境提供的信息时所引起的认知结构发生重组与改造的过程。学生在学习新知之前，头脑中并非一片空白，而是具有不同的认知结构，学生总是试图以这种原有的认知结构来同化或顺应，实现对新知的理解和掌握。例如学生在刚上完一年级时没有学习乘法，而教师在布置暑假作业时就叫学生背九九乘法口诀表，结果学生背了又忘记，记了又忘，这样学生在没有主动建构的情况下，也就是没有明确算理与算法时，知识难以理解和消化，教师应该先让学生明确乘法的意义，比如在试卷上写出：

2×3=2+2+2=＿＿＿＿＿＿＿＿，　2×4=2+2+2+2=＿＿＿＿＿＿＿＿。

9×9=9+9+9+9+9+9+9+9+9=＿＿＿＿＿＿＿＿。

然后再罗列出九九乘法表，这样学生很容易理解，会进行主动建构。

二是计算教学关键在以理驭法。依托直观，感悟算理算法：动手操作，探索计算过程与结果（动作思维）。竖式计算，引导学生观察思考，建立表象（形象思维）。促成内化，学生想竖式计算的方法和步骤并概括（抽象思维）。凭借迁移，理解算理算法：计算教学中绝大部分教学内容可以建立在学生原有的知识和经验基础上，遵循"同化"和"顺应"的认知规律，实现从旧知到新知的迁移，从新知识到旧知识的转化。运用比较，明确算理算法；引导归纳，深化算理算法。

例：1. 你能用竖式计算 154÷28 吗？你是如何确定商的？

2. 你会验算 154÷28 的结果是否正确吗？先尝试解决，再小组交流汇报展示。

3. 说说非整十数的两位数除三位数与已经学过的整十数的两位数除三位数计算有什么联系与区别。

三是贵在用活教材和生成资源。要充分利用教材例子进行深化、变式，加强数形结合思想方法的训练，初步感知运算律。抽象运算律，建立模型。形如 $a×(b+c)=a×b+c$ 的错误分析：等式 $a×(b+c)=a×b+a×c$ 两边运算符号及数的个数不对等。注重对结果的分析，忽视了"分配"的阐述。乘法分配律命名不合理，隐去了分配律中加法运算，建议叫乘法对加法（减法）的分配律或乘加（乘减）分配律。乘法分配律是先按照乘法的意义把乘法变成加法，然后运用加法的交换律和结合律把数重新配对，这个过程叫作"分配"。

例：75×3+25×3

　　=75+75+75+25+25+25

　　=(75+25)+(75+25)+(75+25)

　　=(75+25)×3

　　=300

四是计算教学难在练习的持之以恒。"五练一记"：视算听算天天练；巩固新知当堂练；掌握法则重点练；容易混淆对比练；易错习题反复练；熟记（熟记乘法口诀，熟记 1/2、1/4、3/4、1/5、2/5、3/5、4/5、1/8、3/8、5/8、7/8、1/10、1/20、1/25、1/50 等分数、小数和百分数的互化结果，熟记乘积是整百、整千的算式，如 25×4=100，25×8=200，125×8=1000 等）。

4）正确理解几种运算的关系。口算既是笔算、估算、简算的基础，也是计算教学的重要组成部分。笔算需建立在口算的基础上才能进行正确计算，笔算也能促进口算能力的进一步提高。估算实际上就是一种无须获得精确结果的口算，它更是对口算、笔算的一种验证，而简算又是优化的体现。

例：利用几种算法计算：$46×9=$

估算：$40×9=360$　$50×9=450$　$360\sim450$

简算：$46×10=460$　$460-46=414$

口算：$40×9=360$　$6×9=54$　$360+54=414$

笔算：　　46

　　　　$×59$

　　　　414

面对多种算法，教师向学生提出："你能看懂哪种算法？"从而促进学生对每种算法进行算理上的解读。在理解算理时，教师并不是平均用力，而是"抓大放小"，重点探讨了笔算方法及算理，从而做到了有机渗透，有主有从。

（4）培养学生良好的计算学习习惯。

认真审题认真演算耐心检验，做到"一看、二想、三算、四查、五写"。

一看：看清每个数和运算符号，做到不看错、不抄错。

二想：想计算方法（一般方法还是简便方法）和计算顺序。

三算：养成仔细计算、书写规范、打草稿的习惯。

四查：一查每一步有没有算错，二查得数有没有抄错。通过验算或检验来查计算是否有误。

五写：书写工整，格式规范。

计算题，审清题，打草稿，算对题，做一题，查一题，看看有没有做错题。

（5）培养学生一题多解、一题多变的运算技能和技巧。

一题多解、一题多变的训练能提升学生的运算能力和技巧，提高课堂效益和学习效率。

例：我国古代有这样一道题"一百馒头一百僧，大僧三个便无争，小僧三人分一个，大小和尚共几人？"

思路分析：

方法一：分组法。

大和尚 1 人吃 3 馍

小和尚 3 人吃 1 馍

一个大和尚和三个小和尚 4 个和尚正好吃 4 个馒头，现有 100 人，每 4 人一组，可分 $100÷（3+1）=25$（组），大和尚有 $25×1=25$（人），小和尚有 $25×3=75$（人）或 $100-25=75$（人）。

方法二：假设法。

假设这 100 人都是大和尚，那么应吃馍 $100×3=300$（个），比实际多吃了

300–100=200（个），为什么会多出呢？因为把其中的小和尚当成大和尚了，现在调整回去，每次把 4 个小和尚换成 4 个大和尚，所吃馒就多了 3×3–1=8（个），所以这多出的 200 馒，需要换 200÷8=25（次），所以换成大和尚的小和尚人数为 25×3=75（人），大和尚人数是 100–75=25（人）。

方法三：方程法。

解：设有大和尚 X 人，则有小和尚（100–X）人

等量关系式：大和尚人数×每人吃馒数+小和尚人数×每人吃馒数=100

列出方程：$3X+(100-X)\times\dfrac{1}{3}=100$

$$9X+(100-X)=300$$

$$8X=200$$

$$X=25$$

小和尚有 100–X=100–25=75（人）

例：原来四人小组的平均分是 80 分，加入一人后，平均成绩提高了 2 分，新加入的同学成绩是多少分？

思路分析

方法一：先算出 4 人总分 80×4=320（分），再算出 5 人总分(80+2)×5=410（分），用 5 人总分减去 4 人总分 410–320=90（分）就是新加入同学的成绩。

方法二：4 人加入 1 人就是 5 人，每人提高 2 分，5 人就多出了 5×2=10（分），这多出的 10 分就是新加入同学给的，所以新加入同学的成绩是 80+10=90（分）。

方法三：原来 4 人每人高 2 分，4 人就多了 4×2=8（分），这 8 分是新加入同学给的，现在每人的平均分是 80+2=82（分），加上多出的 8 分 82+8=90（分）就是新加入同学的成绩。

例：在一根 100 厘米的绳子上，由左至右每隔 6 厘米染一个红点，同时，由右至左每隔 5 厘米染一个红点，然后沿红点处将绳子逐段剪开，那么长度是 4 厘米的绳子有几段？

思路分析：由于 5 能被 100 整除，所以每隔 5 厘米的红点从右往左染或从左往右染都相同，又由于 5 与 6 的最小公倍数是 30，而每 30 厘米中有 2 段 4 厘米的短绳，，那么由 100÷30=3……10，从左至右 30×3=90（厘米）的绳子可剪 3×2=6（段）4 厘米长的短绳，余下 10 厘米还可剪 1 段 4 厘米长的短绳，所以共有 6+1=7（段）。

例：小象对大象说："妈妈，我到您这么大时，您就 30 岁了！"大象对小象说："我像你这么大时，你才只有 3 岁呢。"问大小象现在各多少岁？

思路分析：从小象的话中可知，大象的年龄+它们的年龄差=30（岁）；从大

象的话可知，小象的年龄−它们的年龄差=3（岁）。

因此小象从 3 岁开始，加上它们的年龄差就是小象现在的年龄，再加上一个年龄差就是大象现在的年龄，再加一个年龄差就是 30 岁，所以(30−3)就是 3 个年龄差，求出年龄差，就能求出大小象的年龄了。

小象现在年龄为(30−3)÷3+3=12（岁），大象现在年龄为(30−3)÷3+12=21（岁）。

例：根据（−1,0），（3,0），（1,−5）三点求出二次函数的解析式。

此例也可探求出几种解法，不必写出详解过程，简写为：

解法 1：设 $y = ax^2 + bx + c$，由题意将三点坐标分别代入其中，分别求出 a、b、c 即可。

解法 2：分析可知（1,−5）为其顶点，有 $-\dfrac{b}{2a} = 1$，又 $\dfrac{4ac-b^2}{4a} = -5$，得出 a、b、c 即可。

解法 3：∵（−1,0），（3,0）关于直线 $x = 1$ 对称，则（1,−5）为顶点，可设 $y = a(x-1)^2 - 5$，又过（3,0），故可得 a。

解法 4：由题意设 $y = a(x+1)(x-3)$，又过（1,−5），得 a 即可。

解法 5：由题意得：−1，3 为方程 $ax^2 + bx + c = 0$ 的两根，则 $-1+3 = -\dfrac{b}{a}$，$-1 \times 3 = \dfrac{c}{a}$，又过（1,−5），∵ $a+b+c = 0$，得出 a、b、c。

例：若 x_1，x_2（$x_1 < x_2$）是方程 $(x-a)(x-b)=1$（$a<b$）的两个根，则实数 x_1，x_2，a，b 的大小关系为（ ）。

　　A．$x_1 < x_2 < a < b$　　　　　　　　B．$x_1 < a < x_2 < b$

　　C．$x_1 < a < b < x_2$　　　　　　　　D．$a < x_1 < b < x_2$

略解：

方法一：利用特殊值法。令 $a=0$，$b=1$，求得原方程 $(x-a)(x-b)=1$ 的两根分别为 $x_1 = \dfrac{1-\sqrt{5}}{2}$，$x_2 = \dfrac{1+\sqrt{5}}{2}$，因此可得 C 答案正确。

方法二：利用构造法：令 $y_1=(x-a)(x-b)$，$y_2=1$，在同一个笛卡尔平面直角坐标系中画出这两个函数，函数 $y_1=(x-a)(x-b)$ 与 x 轴交点的横坐标从左自右分别是 a、b，函数 $y_1=(x-a)(x-b)$ 与 $y_2=1$ 两个交点的横坐标从左自右分别是 x_1、x_2，因此可得 C 答案正确。

例：如图 4-11 所示，在等腰直角三角形 ABC 中，$AB=1$，$\angle A = 90°$，点 E 为腰 AC 的中点，点 F 在底边 BC 上，且 $FE \perp BE$，求 $\triangle CEF$ 的面积。

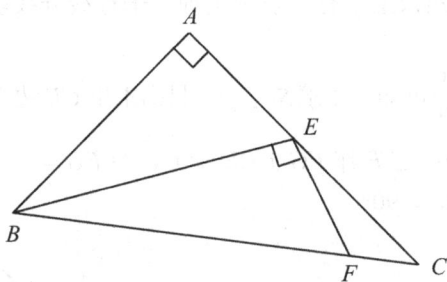

图 4-11

探求 1　由 $FE \perp BE$，$\angle A = 90°$，寻求 BE 边上的高，造成 $AM \parallel EF$，又可利用射影定理，于是可得：

解法1：（图4-12）过 A 作 $AG \parallel EF$ 交 BC 于 G，交 BE 于 M

$\because AG \parallel EF\ EF \perp BE$

$\therefore AM \perp BE$

$\because \angle BAE = 90°$

$\therefore AB^2 = BM \cdot BE$

$AE^2 = BM \cdot BE$

$\therefore \dfrac{AB^2}{AE^2} = \dfrac{BM}{ME}$

$\because AB = 1, AE = \dfrac{1}{2}$

$\therefore \dfrac{BM}{ME} = 4$

$\because AG \parallel EF$

$\therefore \dfrac{BG}{GF} = \dfrac{BM}{BE}$　$\therefore \dfrac{BG}{GF} = 4$

$\because AG \parallel EF$，$AE = CE$　$\therefore GF = CF$

$\therefore CF = \dfrac{1}{4} BG$　$\therefore CF = \dfrac{1}{6} BC$

又 $\because \dfrac{S_{\triangle BEC}}{S_{\triangle EFC}} = \dfrac{BC}{CF}$

又 $\because S_{\triangle BEC} = S_{\triangle ABC} - S_{\triangle ABE} = \dfrac{1}{2} - \dfrac{1}{4} = \dfrac{1}{4}$

$\therefore S_{\triangle EFC} = \dfrac{1}{6} S_{\triangle ABC} = \dfrac{1}{24}$

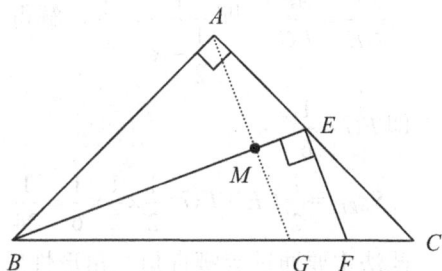

图 4-12

此解法所运用的知识主要有：射影定理、平行线分线段成比例定理、三角形面积的有关性质。

探求 2　由 $CE = \dfrac{1}{2}$ 可知，要求 $S_{\triangle EFC}$，只需求出 CE 边上的高即可，于是可得：

解法 2（图 4-13）：过 F 作 $FG \perp CE$ 于 G，令 $FG = x$，

$\because \angle C = 45°$ $\angle FGC = 90°$

$\therefore CG = FG = x$

$\because CE = AE = \dfrac{1}{2}$

$\therefore EG = \dfrac{1}{2} - x$

$\because \angle ABE = \angle CEF$ $\angle A = \angle EGF$

$\therefore \triangle ABE \backsim \triangle GEF$

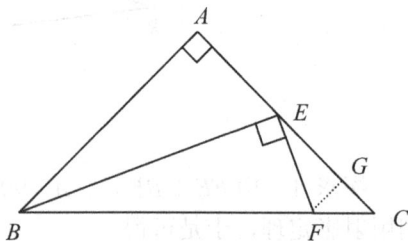

图 4-13

$\therefore \dfrac{AB}{GE} = \dfrac{AE}{FG}$，即 $\dfrac{1}{\dfrac{1}{2} - x} = \dfrac{\dfrac{1}{2}}{x}$，解得 $x = 6$

即 $FG = \dfrac{1}{6}$

$\therefore S_{\triangle EFC} = \dfrac{1}{2} CE \times FG = \dfrac{1}{2} \times \dfrac{1}{2} \times \dfrac{1}{6} = \dfrac{1}{24}$

此法主要通过等腰直角三角形性质、相似三角形的判定与性质、分式方程等知识加以解决，此问题直接利用面积法解决。

探求 3　再次构造与 $\triangle ABE$ 相似的三角形求解。因 Rt$\triangle ABE$ 三边可知，并且 $AB : AE = 2 : 1$，$\angle ABE = \angle CEF$，这样将 EC 放入直角三角形中，于是可得：

解法 3（图 4-14）：过 C 作 $CG \perp EF$ 于 G，交 EF 的延长线于 G

$\because \angle A = \angle BEF = 90°$

$\therefore \angle 1 = \angle 2$

又 $\because \angle A = \angle G = 90°$

$\therefore \triangle ABE \backsim \triangle GEC$

$\therefore \dfrac{AB}{GE} = \dfrac{AE}{GC}$ $\therefore \dfrac{GE}{GC} = \dfrac{AB}{AE} = \dfrac{1}{\dfrac{1}{2}} = 2$

$\therefore GE = 2GC$

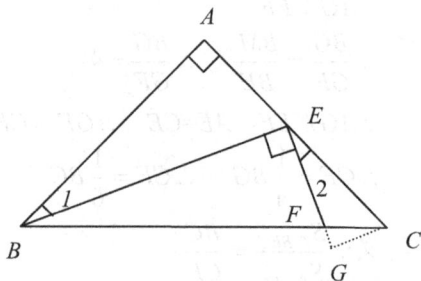

图 4-14

又 $\because GC^2 + GE^2 = EC^2$ $EC = \dfrac{1}{2}$

$\therefore GC = \dfrac{\sqrt{5}}{10}$ $CE = \dfrac{\sqrt{5}}{5}$

$\therefore BE \perp EG$, $CG \perp EG$

$\therefore BE /\!/ GC$ $\therefore \dfrac{EF}{FG} = \dfrac{BE}{GC} = \dfrac{\dfrac{\sqrt{5}}{2}}{\dfrac{\sqrt{5}}{10}} = 5$

$\therefore S_{\triangle EFC} = \dfrac{5}{6} S_{\triangle EGC}$

$\because S_{\triangle EGC} = \dfrac{1}{2} GC \times GE = \dfrac{1}{2} \times \dfrac{\sqrt{5}}{5} \times \dfrac{\sqrt{5}}{10} = \dfrac{1}{20}$

$\therefore S_{\triangle EFC} = \dfrac{5}{6} \times \dfrac{1}{20} = \dfrac{1}{24}$

探求 4 与探求 3 类似寻求与 Rt$\triangle ABE$ 的相似三角形，只是作辅助线稍有不同，并且运用内角平分线性质定理求解，于是可得：

解法 4（图 4-15）：过 C 作 $CG \perp CE$ 交 EF 的延长线于 G，由解法 3 得：

$\because \triangle ABE \backsim \triangle GEC$

$\therefore \dfrac{AB}{CE} = \dfrac{AE}{CG}$

$\therefore \dfrac{CE}{CG} = \dfrac{AB}{AE} = 2$

$\because \angle ECF = 45°$, $\angle ECG = 90°$

CF 平分 $\angle ECG$

$\therefore \dfrac{CE}{CG} = \dfrac{EF}{FG}$

$\therefore \dfrac{EF}{EG} = 2$ 即 $\dfrac{EF}{EG} = \dfrac{2}{3}$ $\therefore \dfrac{S_{\triangle EFC}}{S_{\triangle EGC}} = \dfrac{2}{3}$

$\because \dfrac{CE}{CG} = 2$, $CE = \dfrac{1}{2}$ $\therefore CE = \dfrac{1}{4}$

$\therefore S_{\triangle ECG} = \dfrac{1}{2} EC \times CG = \dfrac{1}{2} \times \dfrac{1}{2} \times \dfrac{1}{4} = \dfrac{1}{16}$

$\therefore S_{\triangle EFC} = \dfrac{2}{3} S_{\triangle EGC} = \dfrac{2}{3} \times \dfrac{1}{16} = \dfrac{1}{24}$

此图不变，又可得：

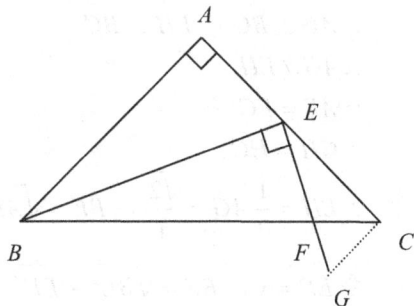

图 4-15

解法 5：$\because \dfrac{S_{\triangle CGE}}{S_{\triangle ABE}} = \left(\dfrac{CE}{AB}\right)^2 = \dfrac{1}{4}$

$\therefore S_{\triangle CGE} = \dfrac{1}{4} S_{\triangle ABE} = \dfrac{1}{4} \times \dfrac{1}{2} \times 1 \times \dfrac{1}{2} = \dfrac{1}{16}$

$\because \dfrac{S_{\triangle CEF}}{S_{\triangle CGF}} = \dfrac{CE}{CG} = 2$

$\therefore \dfrac{S_{\triangle CEF}}{S_{\triangle EGC}} = \dfrac{2}{3}$

$\therefore S_{\triangle CEF} = \dfrac{2}{3} S_{\triangle CGE} = \dfrac{2}{3} \times \dfrac{1}{16} = \dfrac{1}{24}$

探求 5 由 Rt$\triangle ABC$ 是等腰直角三角形，可探求出作斜边上的高，由于 $\triangle BEF$ 为 Rt$\triangle$，作其斜边上的高，且两条高平行，E 为 AC 之中点，于是可得：

解法 6（图 4-16）：分别过 E、A 作 $EH \perp BC$ 于 H，$AG \perp BC$ 于 G

$\because AB = AC = 1$，$\angle A = 90°$，$AG \perp BC$

$\therefore BC = \sqrt{2}$，$AG = \dfrac{\sqrt{2}}{2}$

$\therefore AG \perp BC$，$EH \perp BC$

$\therefore AG \parallel EH$

$\because AE = EC$

$\therefore GH = HC$

$\therefore EH = \dfrac{1}{2} AG = \dfrac{\sqrt{2}}{4}$，$BE = \sqrt{AB^2 + AE^2} = \dfrac{\sqrt{5}}{2}$

令 $EF = x$，$BF = \sqrt{BE^2 + EF^2} = \sqrt{\dfrac{5}{4} + x^2}$

又$\because BE \times EF = BF \times EH$

$\therefore \dfrac{\sqrt{5}}{2} x = \sqrt{\dfrac{5}{4} + x^2} \times \dfrac{\sqrt{2}}{4}$

解得 $x = \dfrac{\sqrt{5}}{6}$，即 $EF = \dfrac{\sqrt{5}}{6}$

$\therefore S_{\triangle BEF} = \dfrac{1}{2} BE \times EF = \dfrac{1}{2} \times \dfrac{\sqrt{5}}{2} \times \dfrac{\sqrt{5}}{6} = \dfrac{5}{24}$

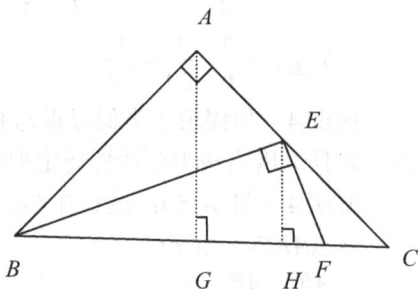

图 4-16

$$\therefore S_{\triangle CEF} = S_{\triangle BEC} - S_{\triangle BEF} = \frac{1}{2}S_{\triangle ABC} - \frac{5}{24} = \frac{1}{2} \times \frac{1}{2} \times 1 \times 1 - \frac{5}{24} = \frac{1}{24}$$

另解由 $x = \dfrac{\sqrt{5}}{6}$，即 $EF = \dfrac{\sqrt{5}}{6}$，可得 $BF = \dfrac{5}{6}\sqrt{2}$，又 $\because BC = \sqrt{2}$

$$\therefore CF = \frac{1}{6}BC$$

$$\therefore S_{\triangle EFC} = \frac{1}{6}S_{\triangle BEC} = \frac{1}{6} \times \frac{1}{4} = \frac{1}{24}$$

此解法主要通过数形结合，运用勾股定理、根式方程、三角形面积、平行判定定理等知识加以解决。

探求 6（图 4-17） 将直角 $\angle BEF$ 平移，使 $\angle BEF$ 平移后与直角 $\angle A$ 造成两个相等的视角。利用共圆的有关知识求解，或造成两个三角形相似，利用相似的知识求解，于是可得：

解法 7：过 C 作 $CG // EF$ 交 BE 的延长线于 G

$\because EF \perp BG$，$CG // EF$

$\therefore CG \perp BG \quad \therefore \angle G = 90°$，又 $\because \angle A = 90°$

$\therefore A$、G、C、B 四点共圆

$$\therefore BE \times EG = AE \times EC = \frac{1}{4} \quad \because BE = \frac{\sqrt{5}}{2}$$

$$\therefore EG = \frac{\sqrt{5}}{10} \quad \therefore \frac{EG}{BE} = \frac{1}{5}$$

$$\because CG // EF \quad \therefore \frac{BF}{FC} = \frac{BE}{EG} = 5$$

$$\therefore CF = \frac{1}{6}BC$$

$$\therefore S_{\triangle EFC} = \frac{1}{6}S_{\triangle BEC} = \frac{1}{6} \times \frac{1}{2} \times S_{\triangle ABC} = \frac{1}{6} \times \frac{1}{2} \times \frac{1}{2} = \frac{1}{24}$$

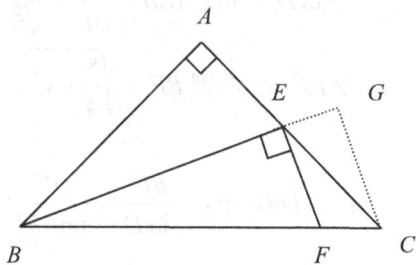

图 4-17

（若利用相似知识可得 $\triangle ABE \backsim \triangle GCE \quad \therefore BE \cdot EG = AE \cdot EC$，下同上法）

以上方法所利用知识主要有：四点共圆的判定、相交弦定理、勾股定理、平行线分线段成比例、相似三角形判定与性质等知识。

探求 7　将 BE、AF 作为两个三角形的高。由射影定理等知识求解，于是可得：

解法 8（图 4-18）：设 FE 与 BA 的延长线相交于点 D

$\because \angle BED = 90°$，$AE \perp BD$

$\therefore BE^2 = AB \times BD \therefore AB = 1, BE = \dfrac{\sqrt{5}}{2}$

$\therefore BD = \dfrac{\sqrt{5}}{4}$

$\because \angle BED = 90 \therefore DE = \sqrt{BD^2 - BE^2} = \dfrac{\sqrt{5}}{4}$

$\therefore \sin D = \sin \angle AEB = \dfrac{AB}{BE} = \dfrac{2}{\sqrt{5}}$

令 $EF = x$，则 $BF = \sqrt{\dfrac{5}{4} + x^2}$

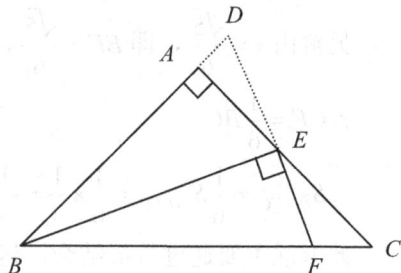

图 4-18

在 $\triangle DBF$ 中，$\dfrac{BF}{\sin D} = \dfrac{DF}{\sin 45°}$，即 $\dfrac{\sqrt{\dfrac{5}{4}+x^2}}{\dfrac{2}{\sqrt{5}}} = \dfrac{\dfrac{\sqrt{5}}{4}+x}{\dfrac{\sqrt{2}}{2}}$

解得此方程得 $x_1 = \dfrac{\sqrt{5}}{6}$ $x_2 = -\dfrac{3}{2}\sqrt{5}$ （舍去）

即 $EF = \dfrac{\sqrt{5}}{6}$

$\therefore S_{\triangle BEF} = \dfrac{1}{2} BE \times EF = \dfrac{5}{24}$

又 $\because S_{\triangle BEC} = \dfrac{1}{2} S_{\triangle ABC} = \dfrac{1}{4}$

$\therefore S_{\triangle EFC} = \dfrac{1}{4} - \dfrac{5}{24} = \dfrac{1}{24}$

探求 8 由于 E 为 AC 的中点，$\angle A = 90°$，$AB = AC$，则过 E 作 AB 的平行线进行探求，于是可得：

解法 9（图 4-19）：过 E 作 $EG /\!/ AB$ 交 BC 于 G

令 $\angle ABE = \angle \alpha, \angle GEF = \angle \beta$

在 Rt$\triangle BAE$ 中：$\tan \alpha = \dfrac{AE}{AB} = \dfrac{1}{2}$

$\because \angle CEF + \angle AEB = \angle \alpha + \angle AEB = 90°$

$\therefore \angle CEF = \angle \alpha$

$\because EG /\!/ AB$，$\angle A = 90°$

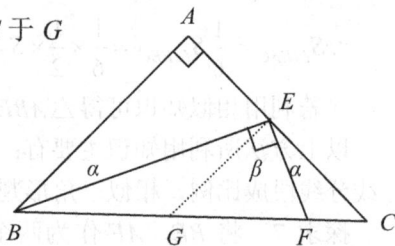

图 4-19

$\therefore \angle GEC = 90° \quad \therefore \angle \alpha + \angle \beta = 90°$

$\therefore \sin \beta = \cos \alpha$

$\because EG /\!/ AB，\quad AE = CE$

$\therefore CG = BG = \dfrac{BC}{2} = \dfrac{\sqrt{2}}{2}，\ 令 FC = x$

$\therefore GF = \dfrac{\sqrt{2}}{2} - x$

在 $\triangle EFC$ 中：$\dfrac{CF}{\sin \alpha} = \dfrac{EF}{\sin 45°}$

在 $\triangle EGF$ 中：$\dfrac{GF}{\sin \beta} = \dfrac{EF}{\sin 45°}$

$\therefore \dfrac{x}{\sin \alpha} = \dfrac{\dfrac{\sqrt{2}}{2} - x}{\sin \beta}$

$\therefore \dfrac{x}{\dfrac{\sqrt{2}}{2} - x} = \dfrac{\sin \alpha}{\sin \beta} = \dfrac{\sin \alpha}{\cos \alpha} = \tan \alpha = \dfrac{1}{2}$

解得 $x = \dfrac{\sqrt{2}}{6}$，即 $CF = \dfrac{\sqrt{2}}{6}$

$\therefore S_{\triangle ECF} = \dfrac{1}{2} EC \times CF \times \sin C = \dfrac{1}{2} \times \dfrac{1}{2} \times \dfrac{\sqrt{2}}{6} \times \sin 45° = \dfrac{1}{24}$

又由图 4-19 可得到

解法 10：$\dfrac{S_{\triangle EGF}}{S_{\triangle EFC}} = \dfrac{\dfrac{1}{2} EG \cdot EF \cdot \sin \beta}{\dfrac{1}{2} EC \cdot EF \cdot \sin \alpha} = \dfrac{\sin \beta}{\sin \alpha} = \dfrac{\cos \alpha}{\sin \alpha} = \cot \alpha = 2$

$\therefore S_{\triangle EFC} = \dfrac{1}{3} S_{\triangle EGC}$

又 $\because \dfrac{S_{\triangle EGC}}{S_{\triangle ABC}} = \dfrac{1}{4} \quad S_{\triangle ABC} = \dfrac{1}{2}$

$\therefore S_{\triangle EGC} = \dfrac{1}{8}$

$\therefore S_{\triangle EFC} = \dfrac{1}{24}$

此两种解法主要运用平行线等分线段定理、三角函数、正弦定理及面积公式等知识。

点评：上例主要引导学生从中位线、比例线段、等腰直角三角形、相似形、全等形、射影定理、勾股定理等基本图形、基本性质方面判定并加以探索，得出多解，巩固强化了相关知识，开阔了学生的思维。

例：计算$(-1)^{10}\times2+(-2)^3\div4$。

解：原式$=1\times2+(-8)\div4=2+(-2)=0$。

点评：先算乘方，再算乘除，后算加减，注意底数和指数。

演变

变式1：$-1^{10}\times2+(-2)^3\times4$（答案：$-4$）。

变式2：因为$-1^{10}\times2+(-2)^3\times4=(-1^{10}\times1+(-2)^3\times2)\times2$，所以若用$a$表示任意一个数，那么$-1^{10}\times1a+(-2)^3\times2a$等于什么？（答案：$-17a$）

变式3：已知$(-1)^{10}a+(-2)^3\div4=0$，则$a=$＿＿＿＿＿。（答案：2）

变式4：请用运算符号×、÷、+组合$(-1)^{10}$、2、$(-2)^3$、4，使其结果等于30〔答案不唯一，如$2\div(-1)^{10}+(-2)^3\times4$等〕。

例：a,b,c,x都是实数，且$a<b<c$，试求$y=|x-a|+|x-b|+|x-c|$的最小值。

解题的方法有多种，我们可以从中找出学生最好理解的解法：

方法1：用"零点分区"法，在每一段上讨论它的最小值，并进行比较分析。

方法2：把它改写成分段函数，然后画出它的图像，从中找出它的最低点。

方法3：利用绝对值不等式进行两次放缩。

方法4：先把题目作形象改造，"一条直街的a,b,c处，分别住着一位小朋友，他们要到何处集中，3人走的路的总和才最少？最小值为多少？"然后，画数轴，比较一下就会明白，当$x=b$时，最小和为点a,c间的距离，即为$|a-c|=c-a$。

例：设$0<a<m$，$0<b<m$，求证不等式：

$$\sqrt{a^2+b^2}+\sqrt{(m-a)^2+b^2}+\sqrt{a^2+(m-b)^2}+\sqrt{(m-a)^2+(m-b)^2}\geq2\sqrt{2}\,m$$

分析：要求学生抓住本质$\sqrt{a^2+b^2}$，从不同角度进行思考，联想$\sqrt{a^2+b^2}$在不同的地方有不同的意义，慢慢地学生就能展示他们才智的不同方面，此题至少有六种解法：

解法一：$\sqrt{a^2+b^2}\geq\dfrac{a+b}{\sqrt{2}}$，利用不等式进行证明。

解法二：设点$O\ (0,0)$，$P\ (a,b)$，$|OP|=\sqrt{a^2+b^2}$，利用图像法进行证明。

解法三：设$z=a+bi$，$|z|=\sqrt{a^2+b^2}$，利用复数性质进行证明。

解法四：$0<a<b<1$，令$a=\cos^2\alpha,b=\sin^2\beta$，利用三角置换进行证明。

解法五：构造四边形，当四边形面积一定时，周长最小，利用平面几何知识进行证明。

解法六：观察不等式左端的几何意义，问题可转化为证明点 $(0,0),(1,0),(0,1),(1,1)$ 与点 (a,b) 的距离之和不小于 $a=\cos^2\alpha,b=\sin^2\beta$。思维的广阔性的对立面是思维的狭隘性，这是应时刻注意防止的。

总之，一题多解、一题多变不在于多种解法的罗列，而是通过一题多解、一题多变的计算提高学生的运算能力，开拓学生思路，培养学生思维的广阔性，因而在多解、多变之后，要提高学生运算技能，掌握运算技巧并归纳出规律，要求学生通过比较各种解法，选择最容易的方法，否则会加重学生负担。

（6）运算教学的作用。

1）不仅可以帮助学生掌握各种运算方法，还可以使学生学会有序和结构性地思考，养成有条理的思维习惯。

2）使学生学会用独特的眼光去发现"数运算"中内在的一般规律，从而了解数学发现的方法和基本的思想。

3）使学生学会根据具体情境选择恰当方法进行灵活计算，从而建立判断与选择的自觉意识，形成灵活和敏捷的思维品质。

因此，数运算教学要从以确保计算结果准确无误和计算速度提高为价值取向，转变为以培养学生判断与选择的自觉意识和灵活敏捷的思维品质为价值取向。

（7）运算教学的思想方法。

1）转化思想：数学家雅诺夫斯卡亚曾经说过：解决数学知识就是把不会的转化成会的。转化思想方法是由一种形式变换成另一种形式的思想方法。小数乘法和小数除法就是转化为我们熟悉的整数乘法和整数除法来进行解答；异分母分数相加减转化为同分母进行运算，有理数的减法转化为加法，除法转化为乘法。在实际教学中，如几何的等面积变换，例如，五年级上册学习有关平行四边形面积的推导过程时，我们把未知的知识转化为已知的知识来进行探讨，就是把平行四边形的面积转化为长方形的面积，在这个转化的过程中，面积不变，只是形状发生了变化，继而通过长方形面积推导出平行四边形的面积；还有在解方程中，例如，解方程的过程利用一些等式的性质，不断把方程转化为未知数前边的系数是 1 的过程（$x=a$）；公式的变形中也常用到转化的思想方法，本书列举了很多案例已说明了几何问题转化为代数方法进行运算求解，代数问题转化几何方法进行运算求解。

2）数形结合的思想：数形结合是一个数学思想方法，包含"以形助数"和"以数辅形"两个方面，其应用大致可以分为两种情形：或者是借助形的生动和直观性来阐明数之间的联系，即以形作为手段（形既可以是直观形象的图形，也可以是具体的实物），数为目的；或者是借助于数的精确性和规范严密性来阐明形的某些属性，即以数作为手段，形作为目的。

3）归纳推理法：归纳推理法是通过"先观察→再猜测→然后验证→最后得出结论"的一种数学思想方法。

例：三位数乘一位数，积是几位数？

利用乘法分配律的从特殊到一般的验证过程，进行归纳推理。

4）类比思想：把类似的进行比较、联想，由一个数学对象已知特殊性质迁移到另一个数学对象上，从而获得另一个对象的性质方法叫类比思想。无论是学习新知识，还是利用已有知识解决新问题，如果能够把新知识和新问题与已有的相类似的知识进行类比，进而找到解决问题的方法，这样就实现了知识和方法的正迁移。因此，要引导学生在学习数学的过程中善于利用类比思想方法，提高解决问题的能力。例如在数与代数中，与整数的运算顺序和运算定律相类比，可以导出小数、分数的运算顺序和运算定律；还有根据分数的基本性质，可以导出分式的基本性质等，问题解决中数量关系相近的问题的类比（如修一座桥，已知工作总量和工作时间，求工作效率的问题。通过类比的方法，修一条公路、生产一批零件的问题等，用同样方法可以解决）；使用此方法在推导三角形的面积时，可以类比平行四边形面积的推导方法，从而使得面积的推导更加轻松易懂，也让学生体会到类比方法的好处，从而形成类比思想方法。下面知识利用类比进行区别：加法交换律－乘法交换律、加法结合律－乘法结合律、求最大公因数－求最小公倍数（短除式）、除法的商不变性质－小数的基本性质－分数的基本的性质－分式的基本性质。

（8）运算教学的误区。

1）重应用，轻计算。

2）重情境，轻实效。

3）重法则，轻算理。

4）重结果，轻过程。

5）重笔算，轻口算。

6）重多练，轻精练。

7）重"算"，轻"计"。

8）重多样化，轻优化。

9）重计算，轻估算。

10）重知识构建，轻习惯培养。

总之，纵观目前的运算教学，我们既要继承传统运算教学的扎实有效和发扬课改初期以人为本的教学理念，更要冷静思考运算教学对学生后续学习能力的培养，在传统教学与课改初期教学中总结经验，不断改善教学方法，使运算教学在算理、算法、技能这三方面得到和谐的发展和提高，真正推崇扎实有效、尊重学生个性发展的理性运算教学。

七、推理能力

1. 推理能力的综述

利用已知条件和所学数学知识，经过严密的逻辑过程推导出结论解决问题的能力。

推理能力的发展应贯穿在整个数学学习过程中。推理是数学的基本思维方式，也是人们学习和生活中经常使用的思维方式。推理一般包括合情推理和演绎推理，合情推理是从已有的事实出发，凭借经验和直觉，通过归纳和类比等推断某些结果；演绎推理是从已有的事实（包括定义、公理、定理等）和确定的规则（包括运算的定义、法则、顺序等）出发，按照逻辑推理的法则证明和计算。在解决问题的过程中，两种推理功能不同，相辅相成：合情推理用于探索思路，发现结论；演绎推理用于证明结论。从已有的判断得出新判断的思维形式叫作推理，推理是常用的思维形式，人们经常通过推理实现"由此及彼"的思考跨越。应重视小学三段论推理的培养。

数学教育历来很重视演绎推理，因为它十分严密。演绎推理是从一般到特殊的推理，它根据已有的事实，按照逻辑的规则，得出新的结论。例如，分数乘整数" $\frac{2}{15} \times 3$ "的算法就是通过演绎推理得出的。从个别例题得出分数乘整数的计算法则以后，再进行其他的分数乘整数，只要按照法则进行。这时，按已有法则进行类比计算，可以看作演绎推理。再如，认识运算律以后的简便运算，其思考是按照"因为……所以……"进行的，也是演绎推理。初中推理主要是演绎推理，经过严密的逻辑过程，在欧式几何的公理化下的推理，数学教育应该培养学生的演绎推理能力，也确实有着许多培养机会。

推理不只是演绎推理，合情推理也很常见，主要有归纳推理、类比推理。归纳推理是从特殊到一般的推理，它根据部分实际例子，形成具有普遍意义的概念或规则。例如，对中小学生来说，分数除以分数的计算法则很难通过演绎推理得出，教科书采用合情推理，鼓励学生猜想并验证，给予学生很大的自主探索空间，避免了"直接灌输"式的机械学习。再如通过对若干个长方形的研究，得出所有长方形都具有"对边相等、四个直角"的特点。通过 1~2 道两位数乘两位数的算法探索，得出计算法则。这些都是不完全归纳在小学数学教学中的具体应用。归纳推理有完全归纳和不完全归纳，小学数学里一般都是不完全归纳。类比推理是特殊到特殊的推理，它根据个案之间已经存在的一些关系，联想还会有其他的共同点或相似点。例如已经知道比与除法有联系，除法与分数有联系，于是认为比和分数也会有联系，认为比也可以写成分数的形式；已经知道除法有商不变性质，分数有此基本性质，于是认为比也有类似的性质。这些"认为"都是类比推理的结果。数学教育只重视演绎推理是不够的，合情推理也十分重要。合情推理比较开放、比较活泼，往往含有猜想、估计、预测的成分，人类的许多发明、发现都起源于合情推理。合情推理得出的估计、猜想，经过演绎推理的验证，如果是正确的，就是人们的创新。如果不正确，还可以修正或者放弃。所以说，演绎推理与合情推理的功能不同，却相辅相成，缺一不可。既然数学教育曾经忽略了合情推理，那么应该注意加强。新课程重视合情推理，并不意味着轻视演绎推理，而是在继续重视演绎推理的同时，也关注学生的合情推理能力。小学几何的推理基本上是经过实验推理的，比如在推出三角形三内角和定理时，小学时拼成一个平角，而初中是根据平行线公理和性质等进行严密的证明。因此中学是演绎推理。

心理学认为，演绎推理是必然性推理，只要推理的前提和线索正确，结果就一定正确。合情推理是或然性推理，即使前提正确，结论未必一定正确，其正确性需要证明。小学数学里的不完全归纳推理和类比推理，虽然难以进行严格的证明，但还是应该让学生充分经历两个过程：一是广泛地列举具体事例，即学生人人举例，各人举的例子不同，从众多的实例中归纳出来的结论，可靠性和说服力会强些；二是积极寻找反例，只要能够找到一个反例，就否定了原来的结论。如果实在找不到反例，才能看成正确的结论（严格地讲，还只是猜想）。

2. 推理能力的培养

推理是数学的"命根子"，说明了推理的重要性。

（1）推理能力从小培养：虽然幼儿、小学没有严密的几何证明推理，但也存在很多的逻辑推理。

例：丁丁、光光和园园三位小朋友分别出生在成都、重庆、绵阳。已知：①丁丁从未到过成都；②成都出生的小朋友不叫光光；③光光不出生在绵阳。

请问：三个小朋友各出生在哪里？

分析：引导学生从题中给出的已知条件入手进行推理，条件②和③都是关于小朋友光光的，从中可以看出光光既不出生在成都也不出生在绵阳，所以光光出生在重庆，再由条件①得出丁丁从未到过成都，所以丁丁出生在绵阳，那么只能是园园出生在成都了。这是一道简单的逻辑推理，要从小培养学生的逻辑推理能力。

例：甲、乙、丙三位老师各教语文、数学、英语课中之一。已知：①甲上课全用汉语；②英语老师是一个学生的哥哥；③丙是一位女老师，她比数学老师活泼。

问：甲、乙、丙三位老师各教什么课？

分析：题目给出了三个条件，从哪里入手进行推理是解决问题的关键，一般来讲，较为复杂的条件给出的信息较多，以此作为推理解决问题的突破口是比较好的选择。所以首先选择条件③进行推理：从条件③"丙是一位女老师，她比数学老师活泼"可以得出丙不是教数学的，而且是位女老师。

从条件②"英语老师是一个学生的哥哥"可以得出，教英语的是位男老师，所以丙教语文。

从条件①"甲上课全用汉语"可以得出甲不教英语，因为每位老师只教一门课，所以甲只能教数学，由此可以推出乙教英语。

培养幼儿及小学生还可以进行三段论推理，培养他们的逻辑推理能力，比如当今的三好学生必须是德、智、体、美、劳等各方面都优秀的学生，张三各方面都优秀，所以张三是三好生，既培养了推理能力，又渗透了德育教育。

（2）融合在教学的各个环境中。

推理能力融在整个数学知识体系中，在各学段中，安排了四个部分的课程内容："数与代数""图形与几何""统计与概率""综合与实践"。这四方面内容都含有推理。

推理能力融入四个课程内容的各个教学环境中，因为推理能力的发展应贯穿在整个数学学习过程中。我们在教学的各个环节中，无论是几何还是代数、概率、实践等都要培养学生的推理能力，《义务教育数学课程标准》（2011版）在教学中如何培养中小学生的推理能力中这样阐述推理能力："能通过观察、实验、归纳、类比等获得数学猜想，并进一步寻求证据、给出证明或举出反例；能清晰、有条理地表达自己的思考过程，做到言之有理、落笔有据；在与他人交流的过程中，能运用数学语言合乎逻辑地进行讨论和质疑。"比如小学在计算同分母的分数相加减、初中在计算分式的加减的依据是什么，进一步明确算理，这也是推理过程，前面已讲到，小学阶段一般采取不完全归纳推理和从特殊到特殊的类比推理，比如"在除法算式中，除数不能为零"，类比推出"分数的分母不能为零"和"比的后项不能为零"。复杂的类比即实质的类比，这种类比能拓宽学生的知识面，引导他们挖掘数量间隐藏着的内在联系，掌握数量间可能引起的变化规律。而中学一般依据严密的演绎推理。

（3）从联想到验证，发展学生的数学猜想能力。

鼓励学生大胆质疑和猜想是培养学习兴趣的保障。牛顿说过："没有大胆的猜想，就没有伟大的发现。"古人说的好："学起于思，思源于疑。"在教学过程中我们要鼓励学生质疑和猜想。教师的态度对学生质疑和猜想起着至关重要的作用。

猜想又是合理推理最普遍、最重要的一种，归纳也好、类比也好都包含猜想的成分。波利亚认为："说得直截了当一点，合情推理就是猜想。"传统的教学留给学生思维活动的内容和时间太少，不仅削弱了学生认知的发生过程，而且导致学生思维禁锢，不敢或不能提出猜想。这与培养学生的创新能力的时代要求是相悖的。为了发展学生的创造性思维，教师应该教给学生思维方法，鼓励学生对具体问题和具体教材进行分析，通过观察、实验、类比、归纳等手段提出猜想。这样，不仅有助于学生掌握数学知识，满足学生的求知欲望，而且使学生学会探求知识的方法。

例：求 8 和 12、18 和 27 的公因数和最大公因数。

8 和 12 的公因数有 1、2、4，最大公因数是 4；18 和 27 的公因数有 1、3、9，最大公因数是 9。

学生观察后发现："两个数的最大公因数就是这两个数的差。"

12−8=4　　27−18=9

教师反驳："这是巧合！"

例：学生猜想因为周长相等的长方形和正方形，正方形的面积大，那么，是不是棱长总和相等的长方体和正方体，正方体的体积大呢？

课后探究方式及结果：

①例证：

长方体和正方体棱长总和都是 24，长方体的长、宽、高之和为 24÷4=6，那么体积可能是 1×1×4=4 或 1×2×3=6；而正方体的棱长只能为 24÷12=2，体积只能是 2×2×2=8。

②推理

当长方体和正方体的棱长总和一定，那么长、宽、高的和就一定。三个数的差越小，积越大，而正方体的棱长相同，差为 0，所以体积大。

例：在正方形 $ABCD$ 中，点 P 是 CD 上一动点，连结 PA，分别过点 B、D 作 $BE \perp PA$、$DF \perp PA$，垂足为 E、F，如图 4-20 所示。

Ⅰ．请探究 BE、DF、EF 这三条线段长度具有怎样的数量关系。若点 P 在 DC 的延长线上（图 4-21），那么这三条线段的长度之间又具有怎样的数量关系？若点 P 在 CD 的延长线上呢（图 4-22）？请分别直接写出结论。

Ⅱ．请在Ⅰ中的三个结论中选择一个加以证明。

此例第Ⅰ小题计算根据三线段的长短关系进行猜想，于是猜想出：图 4-20 的结论是 $EF=BE-DF$，图 4-21 的结论是 $EF=DF-BE$，图 4-22 的结论是 $EF=BE+DF$。

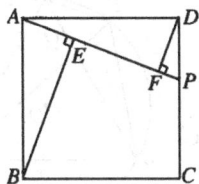 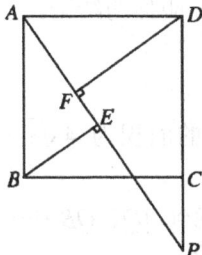 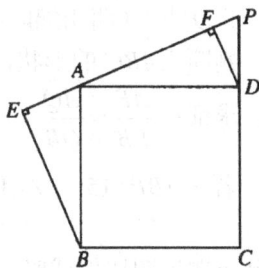

图 4-20　　　　　　　图 4-21　　　　　　　图 4-22

第 II 小题根据上面的猜想进行演绎推理证明。

（4）利用几何直观培养推理能力。

小学阶段的推理一定要借助几何直观进行推理。比如在让学生判断几何体的点、线、面的个数时，一定要展示不同的几何体，让学生在主动建构的基础上进行判断，得出结论。如果想让学生说出长方体有几个面、几条棱时，就一定要把各个面、各条棱分别展示给学生，不能让学生凭空去想象，在推平行四边形的面积时，不仅进行实验，还要利用多媒体展示平行四边形转化成等积的长方形的动画过程，让学生建构。

（5）要不断总结推理方法。

中学几何证明要不断总结推理方法。多归纳几何证明方法是培养学生推理能力的重要方法之一，"授之以鱼不如授之以渔"。

比如在证明比例式时，归纳出：

比例式题目见，相似形或平行线。

圆幂定理想一想，射影定理角平线。

第三比去替换，代数方法去试验。

分析综合相结合，掌握规律是关键。

"相似形或平行线"是指相似形、平行线中能得出相应的线段成比例。

"圆幂定理"是指相交弦定理、切割线定理、割线长定理。

"射影定理"是指直角三角形中两直角边分别是它们在斜边上的射影及斜边的比例中项、斜边上的高是它分斜边两条线段的比例中项。

"第三比"是指中间两线段的比或中间两线段的积。

"代数方法"是指通过分别计算两线段的比值，得出相等结果，从而得到四条线段成比例。

例：如图 4-23 所示，A、P、B、C 是 $\odot O$ 上的四点，$\angle APC=\angle BPC=60°$，$AB$

与 PC 交于 Q 点。（四川绵阳中考题）

Ⅰ．判断 $\triangle ABC$ 的形状，并证明你的结论。

Ⅱ．求证：$\dfrac{AP}{PB}=\dfrac{AQ}{QB}$。

Ⅲ．若 $\angle ABP=15°$，$\triangle ABC$ 的面积为 $4\sqrt{3}$，求 PC 的长。

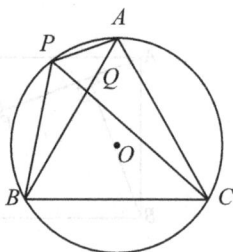

图 4-23

在Ⅱ小题证明比例式时，考虑到 AQ、QB 在一条直线上的比 $\dfrac{AQ}{QB}$，要证明比例 $\dfrac{AP}{PB}=\dfrac{AQ}{QB}$，利用上面总结的方法过点 B 作 $BG\parallel AP$ 交 PC 于 G，由平行线的性质可得比例式 $\dfrac{AP}{BG}=\dfrac{AQ}{QB}$，于是只需证明 $BG=PB$，而证明 $BG=PB$ 很容易。

在Ⅲ小题中，可以得出 $\angle PBC=75°$，$\angle BCP=45°$，则 $\angle BPC=60°$，对于内角有 $45°$、$60°$ 的三角形中，将 $45°$、$60°$ 分别放在两个直角三角形中，于是启发作辅助线：过点 B 作 $BH\perp PC$ 于 H，由正 $\triangle ABC$ 的面积为 $4\sqrt{3}$，可以得出 $BC=4$，在等腰直角三角形 BHC 中，可以求出 $BH=CH=2\sqrt{2}$，在 $Rt\triangle PBH$ 中，可以计算出 $PH=BH\times\cot 60°=\dfrac{2\sqrt{6}}{3}$，则 $PC=\dfrac{2\sqrt{6}}{3}+2\sqrt{2}$。

此题只要平时训练了几何证明方法和特殊角的计算方法，就可以很快完成。然而当年中考在给出Ⅲ小题参考答案时显得复杂，初中生不容易掌握此方法，复杂参考答案如下：

设正 $\triangle ABC$（图 4-24）的高为 h，则 $h=BC\cdot\sin 60°$。

$\because \dfrac{1}{2}BC\cdot h=4\sqrt{3}$，即 $\dfrac{1}{2}BC\cdot BC\cdot\sin 60°=4\sqrt{3}$，解得 $BC=4$。

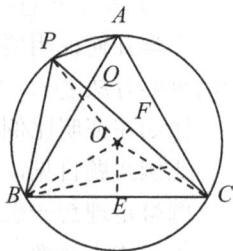

图 4-24

连接 OB，OC，OP，作 $OE\perp BC$ 于 E，

由 $\triangle ABC$ 是正三角形知 $\angle BOC=120°$，从而得 $\angle OCE=30°$，

$\therefore OC=\dfrac{CE}{\cos 30°}=\dfrac{4}{\sqrt{3}}$。

由 $\angle ABP=15°$ 得 $\angle PBC=\angle ABC+\angle ABP=75°$，于是 $\angle POC=2\angle PBC=150°$。

$\therefore \angle PCO=(180°-150°)\div 2=15°$。

如图 4-25 所示，作等腰直角 $\triangle RMN$，在直角边 RM 上取点 G，使 $\angle GNM=15°$，则 $\angle RNG=30°$，作 $GH\perp RN$，垂足为 H。设 $GH=1$，则 $\cos\angle GNM=\cos 15°=MN$。

∵在 Rt△GHN 中，NH=GN・cos30°，GH=GN・sin30°。

于是 RH=GH，MN=RN・sin45°，∴cos15°=$\dfrac{\sqrt{2}+\sqrt{6}}{4}$。

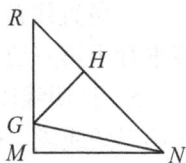

图 4-25

在图 4-23 中，作 OF⊥PC 于 E，∴PC=2FD=2OC・cos15° $=2\sqrt{2}+\dfrac{2\sqrt{6}}{3}$。

（6）初等几何证明技巧（分类归纳）。

1）证明两线段相等的方法：两全等三角形中对应边相等。同一三角形中等角对等边。等腰三角形顶角的平分线或底边的高平分底边。平行四边形的对边或对角线被交点分成的两段相等。直角三角形斜边的中点到三顶点距离相等。线段垂直平分线上任意一点到线段两端距离相等。角平分线上任一点到角的两边距离相等。过三角形一边的中点且平行于第三边的直线分第二边所成的线段相等。同圆（或等圆）中等弧所对的弦或与圆心等距的两弦或等圆心角、圆周角所对的弦相等。圆外一点引圆的两条切线的切线长相等或圆内垂直于直径的弦被直径分成的两段相等。两前项（或两后项）相等的比例式中的两后项（或两前项）相等。两圆的内（外）公切线的长相等。等于同一线段的两条线段相等。

2）证明两个角相等方法：两全等三角形的对应角相等。同一三角形中等边对等角。等腰三角形中，底边上的中线（或高）平分顶角。两条平行线的同位角、内错角或平行四边形的对角相等。同角（或等角）的余角（或补角）相等。同圆（或圆）中，等弦（或弧）所对的圆心角相等，圆周角相等，弦切角等于它所夹的弧对的圆周角。

圆外一点引圆的两条切线，圆心和这一点的连线平分两条切线的夹角。相似三角形的对应角相等。圆的内接四边形的外角等于内对角。等于同一角的两个角相等。

3）证明两条直线互相垂直的方法：等腰三角形的顶角平分线或底边的中线垂直于底边。三角形中一边的中线若等于这边一半，则这一边所对的角是直角。在一个三角形中，若有两个角互余，则第三个角是直角。邻补角的平分线互相垂直。一条直线垂直于平行线中的一条，则必垂直于另一条。两条直线相交成直角则两直线垂直。利用到一线段两端的距离相等的点在线段的垂直平分线上。利用勾股定理的逆定理。利用菱形的对角线互相垂直。在圆中平分弦（或弧）的直径垂直于弦。利用半圆上的圆周角是直角。

4）证明两直线平行的方法：垂直于同一直线的各直线平行。同位角相等，内错角相等或同旁内角互补的两直线平行。平行四边形的对边平行。三角形的中位线平行于第三边。梯形的中位线平行于两底。平行于同一直线的两直线平行。一条直线截三角形的两边（或延长线）所得的线段对应成比例，则这条直线平行于第三边。

5）证明线段的和差倍分的方法：作两条线段的和，证明与第三条线段相等。在第三条线段上截取一段等于第一条线段，证明余下部分等于第二条线段。延长短线段为其二倍，再证明它与较长的线段相等。取长线段的中点，再证其一半等于短线段。利用一些定理（三角形的中位线、含 30°的直角三角形、直角三角形斜边上的中线、三角形的重心、相似三角形的性质等）。

6）证明角的和差倍分的方法：与证明线段的和、差、倍、分思路相同。利用角平分线的定义。三角形的一个外角等于和它不相邻的两个内角的和。

7）证明线段不等的方法：同一三角形中，大角对大边。垂线段最短。三角形两边之和大于第三边，两边之差小于第三边。在两个三角形中有两边分别相等而夹角不等，则夹角大的第三边大。同圆或等圆中，弧大弦大，弦心距小。全量大于它的任何一部分。

8）证明两角不等的方法：同一三角形中，大边对大角。三角形的外角大于和它不相邻的任一内角。在两个三角形中有两边分别相等，第三边不等，第三边大的，两边的夹角也大。同圆或等圆中，弧大则圆周角、圆心角大。全量大于它的任何一部分。

9）证明比例式或等积式的方法：利用相似三角形对应线段成比例。利用内外角平分线定理。平行线截线段成比例。直角三角形中的比例中项定理即射影定理。与圆有关的比例定理——相交弦定理、切割线定理及其推论。利用比例式或等积式化得。

举例说明：

例 1　已知如图 4-26 所示：从圆外一点 P 引圆的两切线 PA、PB，切点分别为 A、B，PCD 为割线。求证：$\dfrac{AC}{AD}=\dfrac{BC}{BD}$。

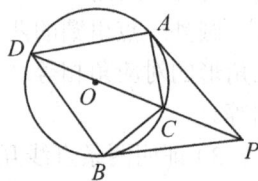

图 4-26

分析：主要利用三角形相似及第三比等知识证明。

例 2　已知如图 4-27 所示：AF 与⊙O 相切于 A 点，过 BC 上一点 D 作 AC 的平行线与 AB 交于点 E，与 AF 交于 F，与⊙O 交于 M、N 两点。

求证：$ED \cdot EF = EM \cdot EN$。

分析：主要利用三角形的相似、相交弦定理及中间比等知识证明。

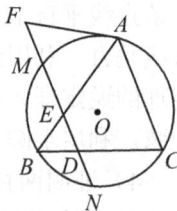

图 4-27

例 3　已知如图 4-28 所示：设 C 为线段 AB 的中点，四边形 BCDE 是以 BC 为边的正方形，以 B 为圆心，BD 为半径的圆与 AB 及延长线相交于点 H 和 K。

求证：Ⅰ．$AH \cdot AK = 2AC^2$；Ⅱ．$2CH \cdot CK = AD^2$

分析：主要利用切割线定理及射影定理等知识证明。

同时例 2 与例 3 也说明了证明在同一条直线上的线段的积相等的方法。

例 4　已知如图 4-29 所示：$\odot O_1$ 与 $\odot O_2$ 内切于 A，$\odot O_2$ 的弦 BC 切 $\odot O_1$ 于点 D，AB、AC 分别交 $\odot O_1$ 于 E、F 两点。

求证：$AE \cdot CD = AF \cdot BD$。

分析：主要利用平行线分线段成比例的性质及内角平分线的性质等知识证明。

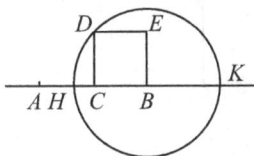

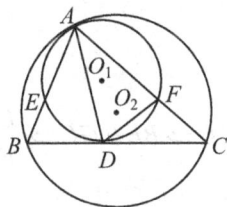

图 4-28　　　　　　　　　　　图 4-29

10）证明四点共圆的方法：对角互补的四边形的顶点共圆。外角等于内对角的四边形内接于圆。同底边等顶角的三角形的顶点共圆（顶角在底边的同侧）。同斜边的直角三角形的顶点共圆。到顶点距离相等的各点共圆。

（7）注意层次性和差异性。

首先，培养学生推理能力要注意学生的层次性，一般由易到中，再到难。在初学时，注重性质与判定的简单应用，只利用一个新知识点进行推理，在掌握"双基"后，再进行利用多个新知识点及综合知识的推理运用，千万别急于求成，包括推理的证明格式，先不要太强调证明格式，否则事倍功半，会使学生失去推理的兴趣，特别是有关几何证明的推理，多总结推理方法及技巧。

其次注意差异性，特别要注意学生的个体差异性，接受能力不强、主动建构能力薄弱的同学要求要简单些，比如在下例中：

如图 4-30 所示，A、P、B、C 是 $\odot O$ 上的四点，$\angle APC = \angle BPC = 60°$，AB 与 PC 交于 Q 点。（四川绵阳中考题）

Ⅰ．判断 $\triangle ABC$ 的形状，并证明你的结论。

Ⅱ．求证：$\dfrac{AP}{PB} = \dfrac{AQ}{QB}$。

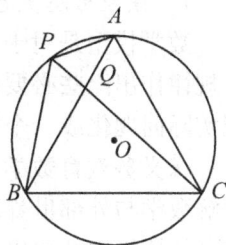

图 4-30

Ⅲ. 若∠ABP=15°，△ABC 的面积为 $4\sqrt{3}$，求 PC 的长。

学困生只要求完成Ⅰ小题，中等生再完成Ⅱ小题，学优生再完成Ⅲ小题。

在书写格式时，也可以要求学优生使用推出符号"⇒"。一般在八年级可以让学优生使用，比如前例中，利用符号"⇒"书写。

解法：过 C 作 $CG \perp EF$ 于 G，交 EF 的延长线于 G

$$\left.\begin{array}{l} \angle A = \angle BEG = \angle G \\ \angle 1 = \angle 2 \end{array}\right\} \Rightarrow \triangle ABE \backsim \triangle GEC \Rightarrow \frac{GE}{GC} = \frac{AB}{AE} = 2 \Rightarrow GE = 2GC$$

$$\left.\begin{array}{l} \angle G = 90° \Rightarrow GC^2 + GE^2 = EC^2 \\ GE = 2GC \\ EC = \dfrac{1}{2} \end{array}\right\} \Rightarrow GC = \dfrac{\sqrt{5}}{10} \quad \left.\begin{array}{l} \\ \\ \\ \\ \\ \\ \end{array}\right\}$$

$$\angle BEG = \angle G \Rightarrow BE /\!/ GC \Rightarrow \frac{EF}{FG} = \frac{BE}{GC} = \frac{\dfrac{\sqrt{5}}{2}}{\dfrac{\sqrt{5}}{10}} = 5$$

$$\Rightarrow S_{\triangle EFC} = \frac{5}{6} S_{\triangle EGC}$$

$$S_{\triangle EGC} = \frac{1}{2} \times EG \times GC = \frac{1}{2} \times \frac{\sqrt{5}}{5} \times \frac{\sqrt{5}}{10} = \frac{1}{20} \quad \left.\right\} \Rightarrow S_{\triangle EFC} = \frac{1}{24}$$

这种书写言简意赅，但这只能让学优生使用，学困生还是使用"∵""∴"，甚至"因为""所以"的推理格式。

总之，在今后的教学中，我们要注重培养学生的推理能力，让学生积极参与数学活动，体会数学知识的形成过程，让学生感悟到推理的方法和效能，提高学生的推理能力，达到事半功倍的教学效果。

八、模型思想

1. 模型思想概念综述

数学模型是对于现实世界的一个特定对象为了一特定的目的，根据特有的内在规律作出一些必要的简化假设，运用适当的数学工具，得到一个数学结构，即把实际问题化成一个数学问题。数学模型和建立数学模型简称为模型和建模。

《义务教育数学课程标准》（2011 版）指出：模型思想的建立是学生体会和理解数学与外部世界联系的基本途径。建立和求解模型的过程包括：从现实生活或具体情境中抽象出数学问题，用数学符号建立方程、不等式、函数等表示数学问题中的数量关系和变化规律，求出结果并讨论结果的意义。这些内容的学习有助于学生初步形成模型思想，提高学习数学的兴趣和应用意识。弗赖登塔尔指出："学习数学就是学习数学化。"数学化，是指从数学的角度看现象，用数学思维想问题，用数学方法解决和解释问题，建立数学模型就是数学化。

2. 建模的过程与步骤

一般分为表述、求解、还原说明等几个阶段，并且通过这些阶段完成现实对象（实际问题）到数学模型，再从数学模型回到现实对象的循环，数学建模的四个步骤为：实际问题转化为数学模型、求数学模型数学的解、数学的解检验实际问题的解、得到实际问题的解。

3. 建模能力的培养

（1）立足教材充分挖掘教材中的实践活动。

教材中有很多例子及实践活动都包含建模的思想，引导学生按照建模步骤进行建模。

（2）加强符号意识培养。

要明确符号意识的培养，因为建模需要数学符号建立关系。比如运算符号、集合符号、数量符号、关系符号、结合符号、性质符号、省略符号、排列组合符号等，都是我们建模中需要的，比如：在学镶嵌铺地砖时，用到求和符号：

$$\sum_{i-1}^{n}\frac{(n_i-2)\cdot 180}{n_i}m_i=360$$（方程模型）。

（3）明确问题实质，分析已知与未知的关系，建立数量关系及图表形式。

在教学中，我们经常可看见部分学生在解决实际问题时，往往表现为无从下手、不知所措；思维主题束缚于旧知，苦思而不得突破，在已知与未知之间的鸿沟不能跨越而徘徊不前。而解决实际问题的关键之一是将实际情况抽象转化为数学问题，即建立数学模型。要建立恰当的数学模型必须突破题意阅读关，捕捉题中的关键信息。由于应用题往往题目较长，久而久之，学生解应用题的能力得不到提高，因此越来越怕应用问题，逐渐失去解题信心，产生畏惧心理。要解决好上述问题，首先，教师应明确学生实际的认知水平，对所解决的问题把握好难度关。其次要积极引导学生主动理解题意、获取信息，重视从普通语言到数学语言的翻译过程。从实际问题抽象出数学本质的关键一步不能为学生代劳，要启发学生分析已知与未知的关系，建立数量关系及图表形式。切忌贪多求快、直接给出式子的做法。

（4）立足实际，多渠道、多层面培养学生应用意识，确立模型类型。

数学问题源于现实生活，是从生活、生产实际问题中抽象而来的。因而，在数学知识、数学方法、数学思想的传授中，应尽可能地联系生活、生产实际。数学概念多是由实际问题抽象而来，大多有其背景，因此在教学中应重视概念并从实际引入，通过实际问题抽象出数学概念，培养学生应用数学的兴趣。引入正负数概念时介绍古代人们如何用算筹进行计算的故事，引入有序数对时用去电影院看电影找座位的亲身经历，等等。此外应当补充一些有趣的实际问题，特别是对教材中没有给出的实际问题抽象概念，既加深学生对概念的理解，又培养学生对应用问题的兴趣。

1）小学数学中的模型。

数学关系式或者数学图像都是数学模型，如小学数学里一条直线上有 n 个点，求该直线上射线及线段的条数；角内有 n 条射线求角的个数；正比例关系就用关系式 $y=kx$；在直角坐标系里，用从原点（O 点）出发向右上方的射线表示；方程、不等式等都属于数学模型。小学数学里称得上数学模型的不是很多，但含有模型思想的数学内容却不少。例如从"每小时行驶的千米数×行驶的小时数＝一共行驶的千米数""每分钟走的米数×走的分钟数＝一共走的米数"等具体的数量关系式，概括出"速度×时间＝路程"，再用字母公式"$s=vt$"表示，这个过程里就有模型思想。又如从大量事实概括出"交换两个加数的位置，和不变"，并用字母式子"$a+b=b+a$"表示这条运算律，也是富有模型思想的过程。再如"方程"就是数学模型，列方程解决实际问题就是建立模型、应用模型的活动。小学数学培养模型思想，不一定要学生写出十分规范的关系式或画出十分规范的图像。让他们用自己的语言或喜欢的其他方式表示发现的数学规律、认识的数学现象，都能促进模型思想的发展。

2）初中数学模型类型。

A．构建指数模型。

例：进面馆吃拉面，拉面馆的师傅用一根很粗的面条，把两头捏合在一起拉伸，再捏合，再拉伸，反复几次，就把很粗的面条拉成了许多细的面条，如图 4-31 所示。

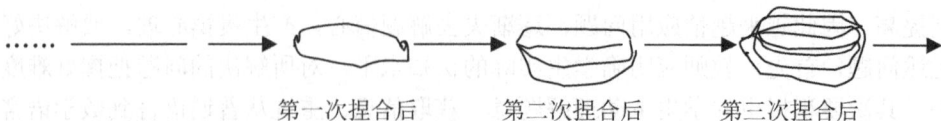

第一次捏合后　　第二次捏合后　　第三次捏合后

图 4-31

这样捏合到多少次后可拉出 128 根细面条？

模型假设：每次拉伸后对折且未拉断。

模型分析：第一次捏合后有 2 根即 2^1 根，第二次捏合后有 4 根即 2^2 根，第三次捏合后有 8 根即 2^3 根，……，第 n 次捏合后有 2^n 根。

模型构建：将原问题准确定位在"$2^n=a$，求 n"的数学模型上。

模型求解：$2^n=128$，得 $n=7$。

实际问题的解决：略。

例：美化城市，改善人们的居住环境已成为城市建设的一项重要内容，2003年城区绿地总面积为 60 公顷，当时计划到 2005 年底使城区绿地总面积为 72.6 公顷。试求两年绿地面积的年平均增长率。

模型假设：假设每年的增长率相同，并设增长率为 x。

模型构建：将原问题准确定位在"$a(1+x)^n=b$"的数学模型上。该问题为：$60(1+x)^2=72.6$。

模型求解：上问题解得 $x=0.1=10\%$。

实际问题的解决：即年平均增长率为 10%。

B. 构建方程（方程组）模型。

例：某市 20 位下岗职工在近郊承包 50 亩土地农场，这些地可种蔬菜、烟叶或小麦，种这几种农作物每亩地所需职工数和产值预测见表 4-1。

表 4-1

作物品种	每亩地所需职工数	每亩地预计产值
蔬菜	$\frac{1}{2}$	1100 元
烟叶	$\frac{1}{3}$	750 元
小麦	$\frac{1}{4}$	600 元

请设计一个种植方案，使每亩地都种上农作物，20 位职工都有工作，且使农作物预计的总产值最多。

模型分析：设用 x 亩地种蔬菜，y 亩地种烟叶，则有 $(50-x-y)$ 亩地种小麦；由表 4-1 中的信息可知，种蔬菜的人数为 $\frac{1}{2}x$ 人，种烟叶的人数为 $\frac{1}{3}y$ 人，种小麦的人数为 $\frac{1}{4}(50-x-y)$ 人；再设预计的总产值为 w 元。

模型构建：$\frac{1}{2}x+\frac{1}{3}y+\frac{1}{4}(50-x-y)=20$ 及 $w=1100x+750y+600(50-x-y)$。

模型求解：由上可得 $y=90-3x$，$w=50x+43500$。因为 $y\geq0$，所以 $90-3x\geq0$，即 $x\leq30$，所以 $0<x\leq30$ 且 x 为偶数，由一次函数的性质可知，当 $x=30$ 时，$w_{max}=45000$，这时 $y=0$，$50-x-y=20$，此时种蔬菜的人数为 15 人，种小麦的人数为 5 人。

原问题的解决：种蔬菜 30 亩，小麦 20 亩，不种烟叶，这时所有职工都有工作，且农作物预计的最大总产值为 45000 元。

　　C. 构建不等式模型。

　　例：为了落实党中央国务院"五位一体"精神，保护生态，保护长江，减少水土流失，某县决定对原有的坡荒地进行退耕还林，从 2000 年起在坡荒地上植树造林，以后每年又比上一年多植相同面积的树木改造荒地，由于每年因自然灾害、树木成活率、人为因素等的影响都有相同数量的新荒地产生；表 4-2 为 2014 年、2015 年、2016 年三年的坡荒地和植树的面积统计数据，假设坡荒地全部种上树后，不再水土流失形成新的荒地，问到哪一年可以将全县所有坡荒地全部种上树木？

表 4-2

面积	2014 年	2015 年	2016 年
每年植树的面积/亩	1000	1400	1800
植树后坡荒地的实际面积/亩	25200	24000	22400

　　模型分析：由表 4-2 中的信息可知，每年植树的面积比上一年增加 400 亩，植树后荒地的面积 2015 年比 2014 年减少 1200 亩，以后每一年均比上一年多减少 400 亩。设第 n 年荒地面积减少到小于或等于 0。

　　模型构建：$25200-\left[1200n+\dfrac{n(n-1)}{2}\times400\right]\leqslant0$

　　模型求解：将不等式化简为 $n^2+5n-125\geqslant0$，当 $n=9$ 时，能使不等式成立，n 的值最小。

　　问题解决：当 $n=9$ 时，即 2023 年可将全县所有的坡荒地全部种上树木。

　　D. 构建函数模型。

　　例：A 地有蔬菜 300 吨，B 地有蔬菜 400 吨，现要把蔬菜运往 C、D 两市；如果从 A 城运往 C、D 两市运费分别为每吨 25 元和 30 元，从 B 地运往 C、D 两市运费分别为每吨 20 元和 32 元；现已知 C 地需要 320 吨，D 地需要 380 吨。如果某个体户承包了这项运输任务，怎样的运输方案花钱最少？

　　模型分析：利用图 4-32 所示符号表示四地蔬菜运送的重量、单价等。

　　利用字母、箭头、方框图等数学符号表示的数学模型将生活中的实际问题转化为数学问题，再利用数学符号列出解析式，建立数学模型，从而求解。

　　模型求解：$y=25x+30(300-x)+20(320-x)+32(80+x)$，即 $y=7x+17960$。

　　由题意得，$x\geqslant0$，$(300-x)\geqslant0$，$(320-x)\geqslant0$，$(80+x)\geqslant0$；解得 $0\leqslant x\leqslant300$，当 $x=0$ 时，$y_{min}=17960$。

　　问题解决：即 A 地向 D 城运送 300 吨，B 地分别向 C 城、D 城各运送 320 吨、80 吨所花的运费最低。

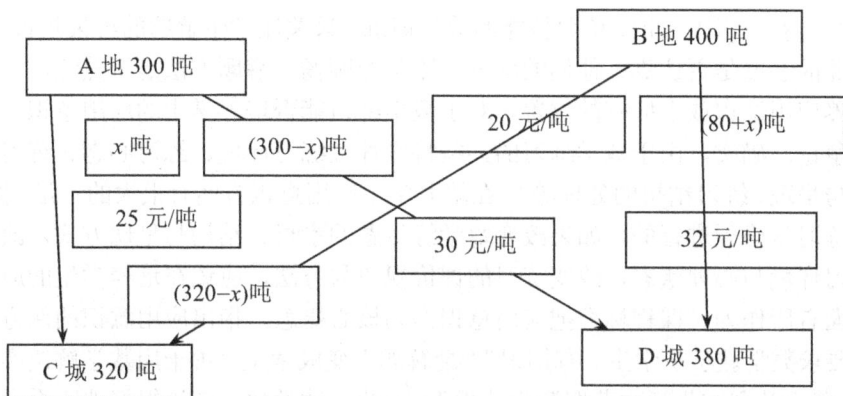

图 4-32

教师这样进行数学模型建立，就大大地降低了学生外在认知负荷。否则学生理不清头绪，思维混乱。

总之，中小学数学中建模的类型不少，比如还有相当多的图形模型，关键是如何较好地去挖掘它，以便更好地培养中学生的建模能力，从而进一步提高中小学生分析问题和解决问题的能力，更早地培养出运用数学知识和数学思维方法去解决实际问题的各类人才。

九、应用意识

1. 应用意识概述

应用意识有两个方面的含义，一方面有意识利用数学的概念、原理和方法解释现实世界中的现象，解决现实世界中问题；另一方面，认识到现实生活中蕴含着大量与数量和图形有关的问题，这些问题可以抽象成数学问题，用数学的方法予以解决。在整个数学教育的过程中都应该培养学生的应用意识，综合实践活动是培养应用意识很好的载体，人们学习数学的目的，不只是获得数学知识和技能，更是要应用数学知识、技能、思想、方法去解决日常生活、生产劳动、科学研究里的实际问题，即形成个体的数学能力。具有数学知识是形成数学能力的必要前提。但是，知识的多与少和解决问题能力的高与低不成正比，未必知识越多，能力越强。影响数学能力的因素相当多，除了数学知识与技能，应用意识也十分重要。"应用意识"更多体现在个体主动地利用自己已经掌握的数学去解决实际问题，并有取得成功的愿望与信心。如果在日常生活中，眼睛"看不到"数学，心里"想不到"数学，都是缺少应用意识的表现。学生学习数学，要完成许多数学练习题。可以这样认为，他们解答每一道数学题，都在应用数学知识解决问题。尤其是解答应用题，具有解决实际问题的意味。遗憾的是，几乎全体数学教师和学生都把数学练习看成巩固知识、培养技能的数学训练，只关注学生解题的结果是否正确、做作业的态度是否认真、他们的解题思路是否顺畅、解题方法是否熟练，并没有把培养应用意识放上应有的位置。对于数学练习能否培养学生的应用意识，曾经有过争论。确实，由于数学练习的某些特殊性（练习环境、练习心态、练习题的素材与呈现、练习结果的处理等），在培养学生应用意识方面有很大的不足。但是，数学练习是必须进行的，如果改变数学练习题的素材、结构与呈现方式，改变数学练习环境与心理状态，改变练习的评价视角与方法，应该在培养学生的应用意识方面有所作为。课程标准把应用意识作为核心概念，指出应用意识的两方面含义。要求数学教学从学生"有知识""会解题"变成学生"善于用数学解决实际问题""善于从现实生活中获取数学认识"。为此，数学教学应该很好地联系学生实际和社会现实，组织起有意义的教学素材和有价值的教学活动，特别是形成数学知识与应用数学知识的过程。让学生充分体会到"现实"既是数学的源泉，也是数学的归宿，从根本上提高数学教学和数学学习的目的性。虽然数学教学的主渠道是课堂教学，但是必要地"走出教室"，走进学生现实的生活，走进学生身边的社会，从中学习数学、体验数学，是不能少的补充。课程标准设计的"综合与实践"，是培养应用意识的教学内容。

2. 应用意识的培养

（1）重视介绍知识的来龙去脉。

数学知识的产生源于实际和数学内部的需要。比如实际中存在丰富的"具有相反意义的量"，无法用以前学过的数来表示，于是才引入"负数"，不是我们有意引入，是生活的需要，因此要列举生活中"具有相反意义的量"的事例，让学生进一步明确需要引入"负数"，同时要介绍"负数"的发展史，产生负数的根源，渗透数学史教育，我国是使用负数最早的国家，先于西方国家1000多年。

（2）用数学语言描述生活中的数学现象。

在实际生活中，用数学语言描述生活中的数学现象，比如绵阳师范学院有两个校区，分别在绵阳市两头，如果用数学语言描述：针对具有高中或大学文化的人来说，两个校区在椭圆的两个焦点上，针对高中以下文化的人来说，两个校区在圆的直径的两个端点上。用数学语言描述车费与路程的关系、油费与路程的关系、气温的变化等。

（3）让学生进一步了解数学在生活实际中的应用，体现数学的重要性。

一定要让学生清楚生活中数学的应用无处不在，小学学习认识人民币时，一定要带领学生到超市购买家庭日用品；学习统计知识时统计家里的水电气的支出，培养学生节约水电气等勤俭节约的好习惯，统计家里每周产生的垃圾量，估算全国每周产生的垃圾量，这些垃圾如果不处理会产生多大的影响，说明统计的重要性，为什么国家要坚决执行环保政策，同时进行环保意识的培养；前面讲到的模型思想的应用充分体现了数学在生活中的应用。

（4）创造应用机会，开展实践活动。

充分利用教材中的实践部分开展实践活动，不能以任何方式进行替代，例如，垃圾的统计、水电气的支出、测量顶部或底部不能直接到达的建筑物的高等都可以开展实践活动，让学生主动建构，通过实践活动培养了学生的实践能力，更重要的是体现了数学在生活中的应用。

十、创新意识

1. 创新意识概述

《义务教育数学课程标准》（2011 版）指出：创新意识的培养是现代数学教育的基本任务，应体现在数学教与学的过程之中。学生自己发现和提出问题是创新的基础；独立思考、学会思考是创新的核心；归纳概括得到猜想和规律，并加以验证，是创新的重要方法。创新意识的培养应该从义务教育阶段做起，贯穿数学教育的始终。

教育要创新，首先要拥有一批具备创新素养的教师，只有创新型的教师，才能实施创新教育，才能培养出创新型的学生。数学教师的创新素养最重要的是有引导创新意识，其核心是推崇创新、追求创新、以创新为荣。数学教师具备创新素养才能在教学中开发学生的创造潜能，培养学生的创新意识和创新能力。具有创新素养的数学教师，才能在教学中营造民主宽松的学习环境和学习氛围，培养学生学习的自信心和主动意识，鼓励独立思考、自主探究合作学习，激活想象力和创新思维。

历史告诉我们，创新精神对于振兴中华民族是十分重要的。民族的创新精神，源于其每一个成员的创新意识和创新能力。

"创新"在不同范畴有不同内容。创新的狭义含义是指创造出人类从未有的、完全崭新的成果，包括新的理论、新的作品、新的工艺、新的方法等，这些创新是对全人类的贡献。创新的广义含义是指某个群体或某个人创造出对自己而言的新认识、新发现。如果说，对于全人类的创新经常是科学家、发明家和少数优秀人才的成就，那么属于个体的创新则是每一个人的可作可为。而科学家、发明家的创新能力，也是在个体的、初步的创新意识基础上发展出来的。所以，培养学生的创新意识，既直接关系到每一个学生的精神面貌，也间接关系着若干年以后的人类新创造。

2. 创新意识的培养

（1）落实"四基"。

认真落实基础知识、基本技能、基本数学思想及基本数学实践活动。扎实做好"双基"的落实，在此基础上提炼数学思想。一是数学抽象的思想：分类的思想、集合的思想、数形结合的思想、符号表示的思想、对称的思想、对应的思想、有限与无限的思想等。二是数学推理的思想：归纳的思想、演绎的思想、公理化的思想、转化的思想、类比的思想、逐步逼近的思想、代换的思想、特殊一般的思想等。三是数学建模的思想：简化的思想、量化的思想、函数的思想、方程的思想、优化的思想、随机的思想、抽样统计的思想等。这些思想的落实是培养学生创新能力的基础。

数学生活化，生活数学化，因此重视数学活动的开展，特别是要落实基本的数学实践活动，倡导走出教室开展数学活动，比如：小学、初中分别在学习机会、概率时，带领学生在操场上分组掷硬币，各掷 50 次，记录正面朝上（或反面朝上）的次数，收集数据再回教室进行统计累加，计算正面朝上（或反面朝上）的次数，让学生得出规律。教师不能在教室黑板上进行分析替代性实验。初中学习三角函数时，测量底部或顶部不能直接到达物体的高时，亲自带领学生分组进行测量旗杆高或楼高的实验，填写实验报告并计算，最后取平均值（表 4-3）。

表 4-3

课题	测量校内旗杆高度		
目的	运用所学数学知识及数学方法解决实际问题——测量旗杆高度		
方案	方案一	方案二	方案三
示意图			
测量工具	皮尺、测角仪	皮尺、测角仪	
测量数据	AM=1.5m，AB=10m $\angle\alpha$=30°，$\angle\beta$=60°	AM=1.5m，AB=20m $\angle\alpha$=30°，$\angle\beta$=60°	
计算过程（结果保留根号）	解：	解：	
体会	$$\bar{L}=\frac{\sum\limits_{i=1}^{n}L_i}{n}$$		

（2）培养学生"四能"：发现问题的能力、提出问题的能力、分析问题的能力、解决问题的能力。

问题是数学的"心脏"，这说明了培养学生四能的重要性和必要性。

1）认真研究课标及教材中解决实际问题内容的编排特点和学生提出问题时的心理特点。在鼓励学生提出问题时引导要根据学生的心理特点，注重个体差异性，进行分组难易的提问，特别是鼓励学困生发现、提出、分析和解决问题的信心，大力鼓励学优生发挥充分的想象能力，增强学生发现、提出、分析和解决问题信心，要包容他们的错误。

2）设计符合解决实际问题教学规律的课堂教学预案，在实施过程中善于把握生成的教学资源，探索数学"情境—问题"教学模式，例如如何解决最短路线的问题、抽屉原理的应用等。学生学习：质疑提问、自主合作探索。教师导学：启发诱导、矫正解惑、讲授、设置数学情境（观察、分析）—提出数学问题（探究、猜想）—解决数学问题（求解、反驳）—注重数学应用（学做、学用）。

3）开展以解决实际问题为主要内容的数学实践活动，构建数学实践活动课程模式。比如上面谈到的重视数学实践活动的开展以培养学生的创新能力。

4）对学生学习解决实际问题的情况作出合理评价，探索学生解决实际问题学习评价的方式。

为了让中学生在课堂课外、作业中等主动发现问题、提出问题等，都要进行鼓励评价，激发学生兴趣。

（3）培养学生"四欲"：求知欲、好奇欲、创造欲、质疑欲，提出多种解决问题的方案及最佳方法。

培养创新意识，要改变教与学的方式，使一些数学内容的教学，由教师传授变为学生探索。鼓励学生猜想、验证，实验、发现，质疑、探索，合作、交流。经常在教师的引导和组织下发现新知识、建构新认识，学生的创新意识就会得到应有的培养。

例：若 x_1，x_2（$x_1 < x_2$）是方程$(x-a)(x-b)=1$（$a < b$）的两个根，则实数 x_1，x_2，a，b 的大小关系为（　　）。

A．$x_1 < x_2 < a < b$　　　　　　　　B．$x_1 < a < x_2 < b$

C．$x_1 < a < b < x_2$　　　　　　　　D．$a < x_1 < b < x_2$

前面利用构造函数的构造方法解决此问题就是创新思想。构造方法还体现在以下例题中。

例：如果一个三角形的三边长分别为 a、b、c，那么可根据秦九韶——海仑公式 $s = \sqrt{p(p-a)(p-b)(p-c)}$ ［其中 $p = \dfrac{1}{2}(a+b+c)$］或其他方法求这个三角形的面积。试求出三边长为 $\sqrt{5}$ 、3、$2\sqrt{5}$ 的三角形的面积。

分析：将 $\sqrt{5}$ 、3、$2\sqrt{5}$ 在单位长为 1 的 2×4 的矩阵中利用勾股定理构造三角形，进而求解，如图 4-33 所示。

$AC=2\sqrt{5}$，$BC=3$，$AB=\sqrt{5}$。

则 $S_{\triangle ABC}=\dfrac{1}{2}\times BC\times AD=\dfrac{1}{2}\times 3\times 2=3$。

这样构造比利用其他方法更简便。

例：已知 $0<x<3$，求 $\sqrt{x^2+4}+\sqrt{(3-x)^2+16}$ 的最小值。

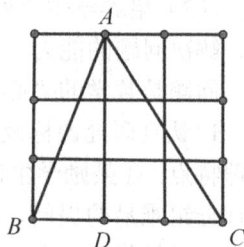
图 4-33

分析：将 $\sqrt{x^2+4}$ 构造成以 x、2 为两直角边的直角三角形的斜边。同理将 $\sqrt{(3-x)^2+16}$ 构造成以 $(3-x)$、2 为两直角边的直角三角形的斜边。

又因为 $x+(3-x)=3$。

故如图 4-34 所示构造：$AF=\sqrt{x^2+4}$，$DF=\sqrt{(3-x)^2+16}$，要使 $\sqrt{x^2+4}+\sqrt{(3-x)^2+16}$ 的值为最小，只有 A、F、D 三点共线。这时 $AD=\sqrt{6^2+3^2}=3\sqrt{5}$。即 $\sqrt{x^2+4}+\sqrt{(3-x)^2+16}$ 的最小值为 $3\sqrt{5}$。

例：已知 $2p^2-5p-1=0$，$\dfrac{1}{q^2}+\dfrac{5}{q}-2=0$，且 $p\neq q$，求 $\dfrac{1}{p}+\dfrac{1}{q}$ 的值。

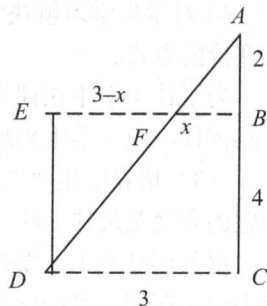
图 4-34

分析：由 $2p^2-5p-1=0$ 知 $p\neq 0$，得 $\dfrac{1}{p^2}+\dfrac{5}{p}-2=0$。由 $p\neq q$，得 $\dfrac{1}{p}\neq\dfrac{1}{q}$，则 $\dfrac{1}{p}$、$\dfrac{1}{q}$ 是方程 $x^2+5x-2=0$ 的两根，由根与系数的关系得 $\dfrac{1}{p}+\dfrac{1}{q}=-5$（当然还有其他方法）。

计算 $(10+1)(10^2+1)(10^4+1)(10^8+1)\cdots\cdots(10^{64}+1)$。

分析：根据平方差公式构造 $(10-1)(10+1)=10^2-1$，再反复利用平方差公式。故原式 $=\dfrac{1}{10-1}(10-1)(10+1)(10^2+1)(10^4+1)(10^8+1)\cdots\cdots(10^{64}+1)=\dfrac{1}{9}(10^{128}-1)=\underbrace{111\cdots\cdots111}_{128个1}$。

例：求不超过 $(\sqrt{7}+\sqrt{5})^6$ 的最大整数。

分析：构造 $x=\sqrt{7}+\sqrt{5}$，$y=\sqrt{7}-\sqrt{5}$，则 $x+y=2\sqrt{7}$，$xy=2$，$x^2+y^2=(x+y)^2-2xy=24$。所以 $x^6+y^6=(x^2+y^2)(x^4-x^2y^2+y^4)=(x^2+y^2)[(x^2+y^2)^2-3x^2y^2]=13536$，则 $x^6=13536-y^6$。又因为 $0<y=\sqrt{7}-\sqrt{5}<1$，所以 $0<y^6=(\sqrt{7}-\sqrt{5})^6<1$。故不超过 $(\sqrt{7}+\sqrt{5})^6$ 的最大整数为 13535。

例：从 1、2、3、……、10 这 10 个自然数中任取 6 个数，则至少有两个数，其中一个数是另一个数的倍数。

分析：根据"一个数是另一个数的倍数"和"任取 6 个数"。由抽屉原理将 1、2、3、……、10 这 10 个自然数按以下方法构造成五个数组：$A=\{1,2,4,8\}$，$B=\{3,6\}$，$C=\{5,10\}$，$D=\{7\}$，$E=\{9\}$，即 5 个"抽屉"。于是从这 10 个自然数中任取 6 个数，也就是从这 5 个"抽屉"中任取 6 个数，则至少有两个数在同一个抽屉里，亦即在同一类数组中，由于 D、E 两组中只含一个数，所以这两个数不可能在 D、E 两组中。因此必在 A、B、C 三组中的某一组中，而这三个数组中的任一组中所取的大数必是小数的倍数。

例：求出使 P、$P+10$、$P+14$ 都是质数的所有整数 P。

分析：根据剩余类进行构造：即把所有的正整数构造为三类：〔0〕（被 3 整除）、〔1〕（被 3 整除余 1）、〔2〕（被 3 整除余 2），即为 $3k$、$3k+1$、$3k+2$。

当 $p=3k+1$ 时，$P+14=3(k+5)$ 为合数，故 $p\neq 3k+1$。

当 $p=3k+2$ 时，$P+10=3(k+4)$ 为合数，故 $p\neq 3k+2$。

故 $p=3k$，又当 $k>1$ 时，P 为合数。故 $k=1$，即 $p=3$。

总之，构造法在数学中的应用十分广泛，作为教师要善于挖掘，更进一步培养学生的分析问题和解决问题的能力，也是对创新能力的培养。

第三节　高中数学核心素养概述

一、高中数学核心素养内容

博士生导师王尚志教授作了"关于普通高中数学课程标准修订"的专题报告，提出中国学生在数学学习中应培养好数学抽象、逻辑推理、数学建模、数学运算、直观想象、数据分析六大核心素养。在数学教学课堂中，教师把数学核心素养的锻炼视为重点教学任务。六种数学核心素养分别有不同的特征，在学生具体学习时，从发现问题阶段、质疑问题阶段，最终到处理问题阶段，各个核心素养发挥的作用也各有千秋。然而学习中要强调系统性，把六大核心素养视为一个系统，而并非是单独孤立的内容。每个素养间均是融会贯通的，例如，数学的直观设想中就涵盖着运算、推理、建模，而在推理中，又存在直观的设想、运算、探析等。数学核心素养与理论知识的理解、技能的锻炼等方面有着紧密联系，只有对其有准确的认知，才能充分提升高中学生的数学核心素养。关于六种数学核心素养前面已对逻辑推理、数学建模、数学运算、直观想象、数据分析作论述，不再阐述，现只对数学抽象进行简述。

二、数学抽象

《高中数学课程标准》（2017 版）中指出"提升学生的数学素养，引导学生会用数学眼光观察世界，会用数学思维思考世界，会用数学语言表达世界"；教学的最终目标，是要让学习者会用数学的眼光观察现实世界，会用数学的思维思考现实世界，会用数学的语言表达现实世界。而数学的眼光就是抽象，数学的思维就是推理，数学的语言就是模型。

数学抽象是数学哲学的基本概念，指抽取出同类数学对象的共同的、本质的属性或特征，舍弃其他非本质的属性或特征的思维过程。数学抽象基本上可划分为四种类型。一是弱抽象，即从原型中选取某一特征（侧面）加以抽象，使原型内涵减少，结构变弱，外延扩张，获得比原结构更广的结构，使原结构成为后者的特例，弱抽象的关键在于从数学对象的众多属性或特征中辨认出本质属性或特征，从貌似不同的同类数学对象中找出共同的东西，这种抽象思维的法则可称为"特征分离概括化法则"。二是强抽象，即通过在原型中引入新特征，使原型内涵增加，结构变强，外延收缩，获得比原结构内容更丰富的结构，使后者成为前者的特例。强抽象的关键是把一些表面上看起来互不相关的数学概念联系起来，引进某种新的关系结构，并把新出现的性质作为特征规定下来，这种抽象思维的法则可称为"关系定性特征化法则"。三是构象化抽象，即根据数学发展的逻辑上的需要，构想出不能由现实原型直接抽取的、完全理想化的数学对象，作为一种新元素添加到某种数学结构系统中去，使之具有完备性，即运算在此结构系统中畅行无阻。四是公理化抽象，即根据数学发展的需要，构想出完全理想化的新的公理（或基本法则），以排除数学悖论，使整个数学理论体系恢复和谐统一，非欧几何学平行公理、非阿基米德公理等都是公理化抽象的产物，这种抽象思维的法则可称为"公理更新和谐化法则"。

抽象是从许多事物中舍弃个别的、非本质属性，得到共同的、本质属性的思维过程，是形成概念的必要手段。最初的抽象是基于直观的，正如康德所说：人类的一切知识都是从直观开始，从那里进到概念，而以理念结束。希尔伯特非常敬佩前辈康德，在出版纪念高斯的文集时，希尔伯特把 1898－1899 年给学生授课时的讲稿编写成讲义《几何基础》，把康德的这句话作为卷首题词。

对于数学，抽象主要包括两个方面的内容：数量与数量关系、图形与图形关系。这就意味着，数学的抽象不仅仅要抽象出数学所要研究的对象，还要抽象出这些研究对象之间的关系。与研究对象的存在性相比，研究对象之间的关系更为本质。人们把现实生活中的数量抽象为数，形成自然数，并且用十个符号和数位进行表示，得到了自然数集。在现实生活中，数量关系的核心是多与少，人们又把这种关系抽象到数学内部，这就是数的大与小。后来，人们又把大小关系推演为更一般的序关系。由大小关系的度量产生了自然数的加法，由加法的逆运算产生了减法，由加法的简便运算产生了乘法，由乘法的逆运算产生了除法。因此，数的运算本质是四则运算，这些运算都是基于加法的。通过运算的实践以及对运算性质的研究，抽象出运算法则。为了保证运算结果的封闭性，就实现了数集的扩张。在本质上，数集的扩张是因为逆运算：为了减法运算的封闭，自然数集扩张为整数集；为了除法运算的封闭，整数集扩张为有理数集。数学还有第五种运算——极限运算，涉及数以及数的运算的第二次抽象。为了很好地描述极限运算，需要解决实数的运算和连续；为了很好地定义实数，需要解决无理数的定义和运算；为了清晰定义无理数，需要重新认识有理数。于是，小数形式有理数的出现，完全背离了用分数形式表达有理数的初衷。这个初衷就是：有理数是可以用整数表示的数。它表述的现实背景是：部分与整体的关系，或者，线段长度之间的比例关系。1872年，基于小数形式的有理数，康托用基本序列的方法，通过有理数列的极限定义了实数，解决了实数的运算问题；戴德金用分割的方法，通过对有理数的分割定义了实数，解决了实数的连续性问题。1889年，皮亚诺构建算术公理体系，重新定义了自然数。1908年，策梅洛给出了集合论公理体系。借助这一系列的工作，人们终于合理地解释了数和数的运算，合理地解释了微积分，构建了现代数学中关于数及其运算的理论基础。由此可见，虽然人们在很早以前就抽象出了数以及四则运算，抽象出了数与数之间的关系，甚至建立了基于极限运算的微积分，但到了20世纪初，人们才合理地解释了什么是数，以及各种关于数的运算及其法则。图形与图形关系的抽象，也经历了同数量与数量关系相似的抽象过程。现实世界中的图形都是三维的，几何学家研究的对象，诸如点、线、面等都是抽象的产物。欧几里得用揭示内涵的方法给出了点、线、面的定义，比如，点是没有部分的那种东西。但是，凡是具体的陈述就必然会出现悖论：按照这样的定义，应当如何解释两条直线相交必然交于一点呢？两条直线怎么能交到没有部分的那种东西上呢？此外，空气是没有部分的，空气是不是点呢？即便如此，欧几里得几何仍然是数学抽象的典范，支撑了数学两千多年的发展，并且成为近代物理学发展的基础，主要表现在伽利略和牛顿的工作中。随着数学研究的深入，特别是非欧几何以及实数理论的出现，人们需要更加严格地审视传统的几何学。1898 年，希尔伯特在《几何基础》这本书中，重新给出了点、线、面的定义：用大写字母 A 表示点，用小写字母 a 表示直线，用希腊字母表示平面，这完全是符号化的定义，没有任何涉及内涵的话语。那么，完全没有内涵的定义也能成为数学的研究对象吗？事实上，希尔伯特更为重要的工作在于他给出的五组公理，这五组公理限定了点、线、面之间的关系，给出了集合研究的出发点，构建了几何公理体系。希尔伯特集合公理体系的建立，完成了几何学的第二次抽象。在形式上，几何学的研究已经脱离了现实。

三、数学抽象思想的培养措施

在数学抽象核心素养的形成过程中，积累从具体到抽象的活动经验。学生能更好地理解数学概念、命题、方法和体系，能通过抽象、概括去认识、理解、把握事物的数学本质，能逐渐养成一般性思考问题的习惯，能在其他学科的学习中主动运用数学抽象的思维方式解决问题。

（1）明确抽象数学思想的内容：抽象思想派生分类思想、集合思想、数形结合思想、变中有不变思想、符号表示思想、对应思想、极限思想等。

（2）在教学中积累从具体到抽象的活动经验，激发学习兴趣，实现寓教于乐，让学生主动建构抽象数学思想。

在教学时一定要将复杂的知识简单化，抽象的知识具体、形象化，让学生对数学感兴趣，兴趣是一切行为的动力源泉。在传统教学课堂中，教师往往只注重单方面的知识灌输，忽视学生的主体地位。然而学生在学习过程中往往对于繁杂、乏味的推论、原理、概念、公式等持比较抗拒的态度，容易丧失学习的主动性与积极性，学生如果对数学没有兴趣和好奇心，教学质量和效率将会大大降低。在数学教学中，教师要积极创建有助于激发学生兴趣的合理情境，利用冲突推动认识争论，设计疑团，让学生依次进行猜想、思索、计算，以此提高学生主观能动性。在实际教学中，教师可以让学生感受到数学是富有乐趣的、可具体化的、有思想的、能亲近的、丰富多彩的。同时，教师要转变教学内容的展现形式，让学生充分体会到数学知识的重要价值。只有在这种情况下，才能从根源引发学生学习数学的兴趣，不断渗透抽象的数学思想。比如，在讲解空间几何相关知识时，教师可以运用当下新兴的多媒体技术，为学生呈现日常生活中比较普遍的几何三视图，让其在欣赏课件的过程中对三视图有更加深入的理解。在讲解几何体表面积过程中，教师可以使用一些软件实施几何体的描绘以及把几何体在平面中打开，辅助教学计算表面积，用轻巧的形式强化学生对知识的掌握和理解，集中学习精力，辅助其精确地把握几何体三视图的绘画以及表面积计算方法。另外，在复习时可以提出现实中随处可见的容器三视图描绘以及计算表面积的问题，让学生明确数学知识在实际应用中的作用。培养学生数形结合思想、符号表示思想、对应思想等，在讲函数概念时，一定要让学生明确函数的"对应说"和"关系说"两种定义，渗透对应的思想；在讲函数的周期性时渗透变中有不变的思想；在讲函数的其他性质时渗透分类讨论的思想、集合的思想等。

例：设在数列 $\{a_n\}$ 中，$a_1 = \dfrac{1}{2}$，$a_{n+1} = \dfrac{a_n}{3a_n + 4}$（$n \in \mathbf{N}^*$），求数列 $\{a_n\}$ 的通项公式。

分析：解析式 $a_{n+1} = \dfrac{a_n}{3a_n + 4}$ 看似很抽象，但将它变为倒数：$\dfrac{1}{a_{n+1}} = \dfrac{3a_n + 4}{a_n} = \dfrac{4}{a_n} + 3$。再进一步变形为 $\dfrac{1}{a_{n+1}} + 1 = 4\left(\dfrac{1}{a_n} + 1\right)$，当 $n=1$ 时，$\dfrac{1}{a_1} + 1 = 3$，所以 $\left\{\dfrac{1}{a_n} + 1\right\}$ 是首项为 3，公比为 4 的等比数列，从而有 $\dfrac{1}{a_n} + 1 = 3$，$\dfrac{1}{a_n} + 1 = 3 \times 4^{n-1}$，即

$$a_n = \dfrac{1}{3 \times 4^{n-1} - 1}。$$

例：设 $0 < a < m$，$0 < b < m$，求证不等式：

$$\sqrt{a^2 + b^2} + \sqrt{(m-a)^2 + b^2} + \sqrt{a^2 + (m-b)^2} + \sqrt{(m-a)^2 + (m-b)^2} \geq 2\sqrt{2}\, m$$

分析：此题至少有六种解法（前面已分析），其中一种将利用勾股定理、数形结合思想构造，由抽象变具体（图 4-35）。很容易解决此题，

$$\sqrt{a^2 + b^2} + \sqrt{(m-a)^2 + b^2} + \sqrt{a^2 + (m-b)^2} + \sqrt{(m-a)^2 + (m-b)^2}$$
$$= EA + ED + EC + EB \geq AD + BC = \sqrt{2}\, m + \sqrt{2}\, m = 2\sqrt{2}\, m$$

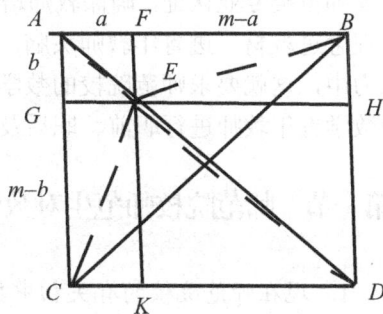

图 4-35

第五章　师范院校加强数学专业师范生的培养建议

数学素养已作为公民的基本素养写进我国《全日制义务教育数学课程标准》。特别是实施教师资格证全国统考以来，所有申请认定教师资格的人员均须参加教师资格考试。而由教育部制定并颁布的教师资格考试标准和考试大纲中明确要求：申请教师资格人员须具有从事教师职业所必备的逻辑推理和信息处理等基本能力。因此逻辑思维能力的培养也成了师范类院校学生基本素质培养的一个重要的新增因素，数学素养的培养也成为教师专业化发展的又一指挥棒。提高师范生的数学素养是新时代发展的需求。随着各行各业对数学的需求与日俱增，数学素养已成为每一个公民必需的文化素养。只有具备一定的数学素养，学会数学化的理性分析，才能灵活应对各种各样的变化，并运用数学的思维去解决实际问题。

《中共中央国务院关于全面深化新时代教师队伍建设改革的意见》中要求："实施教师教育振兴行动计划，建立以师范院校为主体、高水平非师范院校参与的中国特色师范教育体系，推进地方政府、高等学校、中小学"三位一体"协同育人。研究制定师范院校建设标准和师范类专业办学标准，重点建设一批师范教育基地，整体提升师范院校和师范专业办学水平。师范院校评估要体现师范教育特色，确保师范院校坚持以师范教育为主业，严控师范院校更名为非师范院校。开展师范类专业认证，确保教师培养质量。"因此要加快数学新课程改革，让新课程理念进教材，进青年教师头脑，最终落实到提高学生的分析问题和解决问题的能力中，这就要求师范院校的数学专业院系、基础教育部门、学校三位一体对初中数学青年教师进行职前、职后及终身培养。

第一节　师范院校师范生对数学新课程标准及数学的教材教法课的认识

1. 现在师范院校的有关初中数学的教材教法课程

在某所师范学院数学系了解学生的教材教法学习，从学生中了解到他们从理论上明确一些，但没有实际经验，应边讲边到中学实习或听课（在大四的学生实习中，有学生一味地使用探究法，比如在讲"同类项"概念时，叫学生去探究"同类项"概念，结果花了20多分钟学生未探究出来，没有抓住同类项的本质特征；

相同字母及相同字母的次数。

2. 调查结果

在某师范学院数学专业随机抽取抽 31 名大四刚实习结束的学生进行问卷调查，经统计结果为：

（1）你读过由中华人民共和国教育部制订的《全日制义务教育数学课程标准（修改稿)》吗？有何感受？有 74.2%的学生回答是未读过，16.1%的学生表示看过，9.7%的学生表示未读完。其感受为：站在学生的立场上，更人性化；变学生为主体；更具有趣味性和现实性。

（2）我国从建国以来至今进行了几次课程改革？9.7%的学生回答有 8 次；25.8%的学生回答有 3 次；6.5%的学生回答有 2 次；3.2%的学生回答有 6 次；3.2%的学生回答有 7 次；6.5%的学生回答有 5 次；不清楚的有 45.1%。

（3）你觉得这次初中数学课程的改革与以往有哪些方面的改变？22.6%的学生回答以学生为主体；19.4%的学生回答教学内容变了，更加贴进生活；22.5%的学生回答对几何方面改动大、与高中衔接等，而 35.5%的学生回答不知道、几乎没有和未答。

（4）初中数学新课程理念有哪些？你们从大一至今哪些课体现了新课程理念？25.8%的学生回答是没有体现、不清楚和未答；22.5%的学生回答在教育学、心理学、竞赛数学、教育学概论等体现了新课程理念；24.3%的学生回答与实际相关；24.2%的学生回答与现代教育技术相关；只有 3.2%的学生回答体现了"人人学有价值的数学"。

（5）你们愿意一生当数学教师吗？教高中还是初中？25.8%的学生回答无所谓；11.8%学生回答愿意教初中，因为初中压力小；25.8%的学生回答愿意教高中，因为教高中钱多；36.6%的学生回答不愿意教书，太辛苦了。

（6）刚走上工作岗位作为教师你的月薪（基本工资+奖金+其他方面）应该在多少范围内？74.2%学生回答在 1000～2000 元内；25.8%的学生回答在 2000 元以上。

（7）作为教师如果行政领导分配你加班，你要加班费吗？如果要你每小时要多少元？19.4%学生回答表示不要；80.6%的学生回答要，其中每小时 10～30 元（包括 30 元）的占 47.8%，每小时 30～50 元（不包括 30 元）的占 16.1%，工资的 2～5 倍占 16.7%。

（8）在学校利益与个人利益发生矛盾时是公而忘私还是公私兼顾？16.1%的学生回答应公而忘私，77.4%的学生回答应公私兼顾，6.5%的学生回答应具体情况具体分析。

（9）你的理想是"为数学教育事业贡献青春？""实现自我价值，得到社会承认？""尽可能多挣钱,养家糊口？"9.7%的学生回答为数学教育事业贡献青春，

70.9%的学生回答实现自我价值得到社会承认，19.4%的学生回答尽可能多挣钱，养家糊口。

第二节　师范院校对数学专业师范生的培养策略

一、高校师范院系部门加强教材教法教学改革

高校师范院系对教材教法改革进行指导，可从培养方案和教师的培养等方面进行加强。

1. 师范专业培养方案的改革

由于《中小学数学教学大纲》（2001年以前）到《数学课程标准》（2001年版实验稿）再到《数学课程标准》（2011年版修改稿）的变化，师范院校师范专业培养方案也要变化，比如将实习方式由以往的集中实习改为间隙实习与集中实习相结合，采取"实习—上课—实习—上课"的方式进行改革，不断培养学生实践能力。

2. 鼓励教材教法教师直接参与中小学教育教学教研

师范院系应率先进行改革，绵阳师范学院数理学院进行了教研室的调整，其中将原来的"基础教研室"改为"基础教育联合教研室"，由地方基础教育教研室主任亲自担任教研室主任，加强了与中小学的教学教研。培养方案请地方基础教育专家参与讨论。教材教法老师直接参与基础教育研修。

3. 鼓励教材教法教师直接到中小学教学调研

2015年6月20—21日绵阳师范学院数学与计算机科学学院（现为数理学院）教材教法教师分别奔赴四川凉山州、北川羌民自治县分别开展了为期两天的教师培训项目的培训需求调研活动。对中小学教育阶段部分中小学教师，学校校长、教导主任做了深入的访谈交流，就义务教育阶段师资队伍建设、教师专业发展中的主要问题，教师培训中存在的突出问题，以及教师最迫切需要解决的问题进行深入的调研和分析研究。并针对部分学生和部分教师发放了问卷调查表，了解学生和教师在新课改理念下的数学学习和数学教学的现状和存在的主要问题，学生需要教师开展寓教于乐的活动，喜欢活泼、和蔼、幽默的教师等。调研为我们的教材教法课改革奠定了基础，使改革更具有可操作性、针对性和实效性。

4. 鼓励教材教法教师直接到中小学任教

绵阳师范学院从2015年起选择部分教材教法教师到中小学进行为期半年的中小学教学，这是落实绵阳师范学院转型发展的举措之一。

二、师范专业院系开展师范技能培训

近年来，随着中小学教师资格证全国统考的深入实施，越来越多的非师范专业学生加入教师队伍，加之社会对教师素质的要求不断提高，师范生就业形势日趋严峻。因此，师范院校数学专业加强师范生技能的培养工作具有十分重要的意义。对师范生师范综合技能的培养模式进行了改革探究，通过分析数学专业师范技能培养过程中存在的问题和不足，提出了"教—学—实—研"的循环式培养模式，以提高学校数学专业师范生的师范综合能力以及就业竞争力，让学校数学专业师范生能顺利取得教师资格证并能胜任和适应中小学新课程教学工作。

师范技能是师范生专业素质的核心，在师范生就业中起着至关重要的作用。然而，随着师资来源的日趋多样化，以及中小学教师资格国家统一考试的逐步实施，越来越多的非师范生参加全国中小学教师资格考试，这将对师范生就业造成很大的冲击，增加师范生的就业压力。因此如何培养师范生的师范技能，有效地提高师范生的就业竞争力，使他们走上工作岗位时能胜任和适应中小学新课程教学工作，成为摆在师范院校面前的一个紧迫问题。

一直以来，国内外院校对师范技能的培养都给予了高度重视。美国、英国、韩国、德国、日本和澳大利亚等在学生师范技能方面的研究都取得了丰富的成果。我国师范院校在师范技能培养方面也做了大量的研究，例如，王新民在《师范生教学技能培养模式改革研究》中提出了"将课堂教学、实践活动与自我发展相结合构成了三位一体的教学技能培养模式"。靖晓英在《高职教师"双向循环流动"职业技能培养机制构建研究》中指出："应通过制度创新，尽快构建提升高职教师职业能力的'双向循环流动'机制，使高职生在校职业能力培养方面保持与社会一线需求的一致性，实现高职教育人才培养由'毛坯型'向'成品型'的转变，实现与社会人才需求的'零距离'对接。"黄金波在《双循环工学交替人才培养模式的研究与实践》中指出："双循环工学交替人才培养模式符合学生对职业岗位的认识规律，实现了学校、学生、企业三方利益的统一。在双循环工学交替人才培养模式中的主体是学生，以就业为导向，以岗位能力需求为核心来确定专业培养目标和课程体系，要在学生职业技能训练中突出岗位技能以及学生就业能力的培养。"龚运勤在《数学与应用数学专业（师范类）学生教学能力培养的实践与研究》中创立了"观、评、试、说、作"为主线的"五字"循环教学培养模式。

然而，以上这些研究都没有考虑"教—学—实—研"循环综合一体在师范技能培训中的应用，为此我们有必要进行研究和探索。基于此，为使数学专业学生的师范技能得到进一步提高，能更好的胜任中小学数学教育教学工作，本书提出了"循环式"师范技能培养模式。

1. "循环式"师范技能培养模式的含义

"循环式"师范技能培养模式就是在大学里通过"教—学—实—研"的模式进行培养，逐渐改进现有的"教学—实践—科研"的单一式培养模式，在学中实践和科研，让学生分别在大一至大四每年每学期都有学习、实践和科研。以数学专业为例，我们提出按照"课堂教与学—实习—课题研究（学生）—课堂教与学—实习—课题研究"的循环模式进行，培养学生的师范技能，特别是实践技能与科研技能，力争比其他院校师范生优秀，促进我校师范生的就业。

拟从数学专业学生的教材教法课的现状实际出发，采用文献法、观察法、问卷调查法和案例分析等方法对"教—学—实—研"的循环教学模式进行研究。

2. "循环式"师范技能培养模式调研中存在的问题

（1）存在的问题。随着中小学教师资格全国统考的逐步实施，非师范生的加入给师范生的就业带来了很大的冲击。虽然我校高度重视师范生师范技能的培养，并采取了很多办法，制订了培养方案，但目前还存在一些问题：

1）教师的重视程度还应加强。教法教师对中小学新课程理论和实践研究不够，数学教材教法课针对性不强，教法课仍然存在满堂灌的现象，缺乏"以教师为主导，以学生为主体"的理念，跟培养具有创新精神、适应中小学数学改革的教师理念有一定的差距。

2）培养方案需进一步改革。虽然非常重视师范培养方案，并针对培养方案组织讨论修改了多次，但在教师考核、实习、学生研究上没有做定量要求，比如虽然有集中实习，但学生在实习学校能上课的时数非常有限，实习鉴定表中的上课时数与实际上课时数相差甚远。因此需改变实习方式：分段式进行，同时增加实习经费。

3）奖惩措施进一步明确。仅从定性上制定了培养目标，还应从定量上制定目标，并在年终严格考核。

4）学生甚至教师对小学教学教法重视不够。特别是本科生，他们一进校就立足当中学教师，特别是想当高中教师，从学生试讲及毕业论文看超过 50%的学生都选择高中课题讲和做。图 5-1 为近几年用人单位在我院需求数学教师的比例图，由图 5-1 可知初中及小学教师岗位需求量高于高中数学教师，因此要加强数学专业本科学生重视义务教育的教法课的认识和教育。

（2）调研情况。为了推进数学教法模式的改革以及"循环式"师范技能培养模式的实施，对某院部分数学教育专业大二学生进行了问卷调查。调查显示，这108 名被调查的数学教育专业大二的学生目前为止上过的与中小学教学有关的主要的数学教材教法课如图 5-2 所示。

他们还分别从教师讲解、板书、PPT、中小学教学案例和教师示范作用等方

面回答了这些教材教法课是如何进行的。如图 5-3 所示，有 70%的同学认为教材
教法课能结合案例讲理论，能使用 PPT，个别资料丰富，案例多能让学生讲，有
一定的示范作用。但也有 20%的学生也提出意见或建议，主要是反映个别教材教
法课 PPT 过多或过少，以讲授占主导，学生活动、互动少，板书需工整。有的同
学还指出"理论要讲，但还不如多实践，不如把学生带到中小学去多听、多讲"。

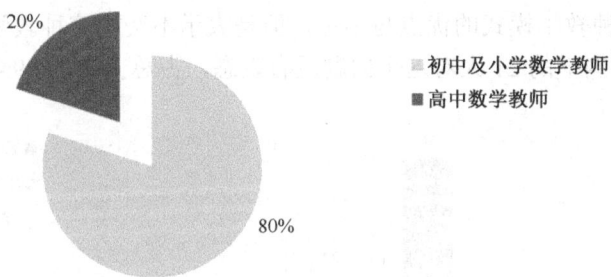

图 5-1

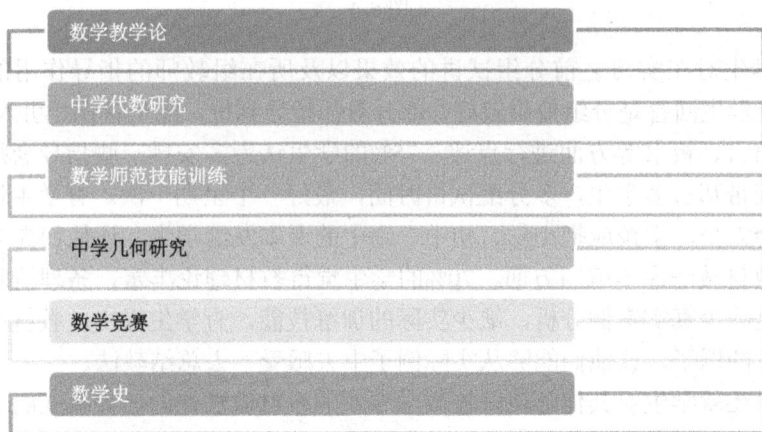

图 5-2

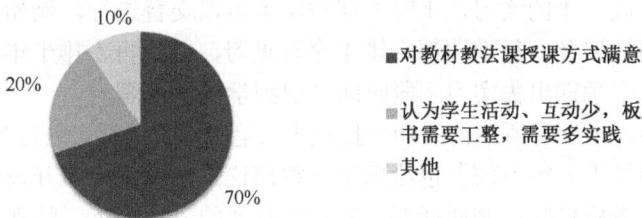

图 5-3

当提到如果一开始就按照"教—学—实—研"的循环教学模式进行师范技能培养有哪些优缺点时，从学生的回答来看，觉得用循环式教学模式进行培养的主要不足体现在：如果实践太多，会导致理论积累少。有同学就提到"没有合理分配'教—学—实—研'的循环教学模式的时间，导致学生学习师范技能没有达到预想的效果"。学生是否赞同"教—学—实—研"的循环教学模式的调查结果如图5-4 所示，68 人对这种教学模式持赞成态度，占被调查总人数的 62.96%；有 19人只回答了这种教学模式的优点与不足，但是表示不赞同这种教学模式，占总人数的 17.59%；剩下的 21 人对这个问题没有表态，占总人数的 19.45%。

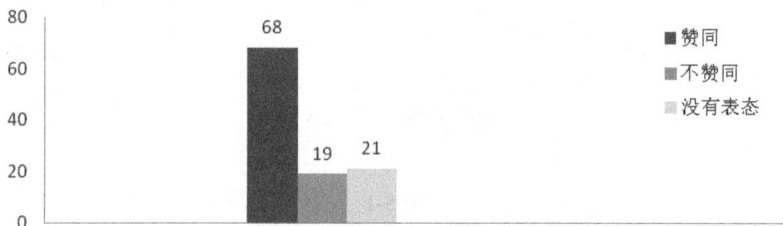

图 5-4

从学生对在实习之前分组试讲的效果以及所在组教师的指导作用的回答来看，部分学生回答是分组效果较好，部分教师指导到位，能从备课、引入、讲课、教态、语言、板书等方面进行点评，75%的学生认为多安排一些指导老师，每位老师不应带那么多学生，多分配试讲时间，最好一个星期一次。有学生认为，试讲的机会太少，学校应把小学、初中、高中的课本发给学生，让他们提前学习。

在教材教法课本编写方面，70%的学生觉得教材理论丰富，条理清晰，不足的地方是缺少真实案例分析，缺少实际的训练技能。有学生提出，教材中应该多一些实际的例子，让他们能够从实际例子中去感受、去总结教法。

同时还就学生对其他师范院校数学专业的教材教法课的培养模式的了解程度进行了调查，从学生回答看大部分学生不了解其他师范院校数学专业的教材教法课的培养模式，部分学生了解到有些师范院校先学习两学期，从大二就开始实习，直到大三，接近一年的实习，平时上课与实习可以交替进行，例如，有些师范院校试讲每学期都涉及，每学期都安排 1 个月见习，之后再安排半年实习；有些师范院校学生每个学期出去实习一段时间又回到学校学习等。

在调查中，学生对所期待的师范技能［三笔字、普通话、教材教法课、实习、科研（教师指导下）等方面］也给出了一些建议：三笔字应多开设课程进行长期监督训练，有考核机制；普通话要采取行之有效的方法训练，特别是早讲晚练落到实处，不能是应付了事，要求随时用普通话，营造讲普通话的环境；试讲时间要充足，指导教师既要专业又要高度负责；教材教法课多引导学生进行案例分析，特别是教法和学法的指导，少讲理论；每期安排一定时间实习，不能最后一年才实习，比较晚；科研需要负责任的教师进行指导，结合教法课进行科研，这样促进学生查找资料，进一步转变学风，让学生们走上工作岗位既能教学又能科研。

此外，还对四川凉山州、北川羌民自治县、泸州市古蔺县、叙永县、泸县等地进行实地调研，为教材教法课改革奠定了基础，使改革更具有可操作性、针对性和实效性。

（3）"循环式"师范技能培养模式的主要内容。师范技能培养至关重要，从大一就应该科学规划，制订好培养方案。从我们调研的实际情况来看，采取"教—学—实—研"循环综合一体的培养模式效果较好，主要从以下方面进行培养：

1）"教"的培养：主要从课堂教学技能及新课标理念方面进行培养。

A．课堂教学技能的培养。

课堂教学技能培养非常重要，特别是师范生作为中小学的准教师这方面要重点培养。它决定课堂教学效果，对于师范生的准教师培养他们"怎样吸引学生，怎样启发学生，怎样与学生交流，怎样组织学生都是一些非常基本的、常用的、促进学生参与数学教学活动的课堂教学技能"。主要从图 5-5 中的几个方面进行教学技能的培养。

B．培养学生教学理念特别是当今中小学数学新课程理念。

针对师范生对新课程的理解情况进行调查后发现，主要存在以下几个方面的问题：

a．师范生对新课程及新课程标准理解不够。特别是对新课标的理解不够。针对大三的数学师范生对新课程理解情况进行了问卷调查，调查结果如图 5-6 所示。由图 5-6 可知，有 74.2% 的学生回答是未读过，16.1% 的学生表示看过，9.7% 的学生表示未读完。这说明师范院校的学生对中学新课程及新课程标准的重视程度不够，产生的根源在于只重视大学为 60 分奋斗的必修的大学教材的理论学习，忽略了中学课程改革的要求的实效性。

b．大学对中学新课程改革重视的程度还需加强。由调查可知，师范院校对数学教材教法课只重视教材本身，很少将学生带入实际的中小学中进行新课程的实际听课、上课等实习，一般都是集中实习，很少边上教材教法课，边实习。产生的根源一方面是学校的实习经费较紧张；二是考核和考评上还是老一套，一张试卷 60 分过关，没有制订教材教法与新课程及新课程标准相统一的考核方案。为此，需要让学生进一步明确我国基础教育新课程改革的内容。

我国自改革开放以来，数学课程的目标大致经历三个主要发展阶段，从传统的"双基"到"三个方面"，进而发展成今天的"四基"。

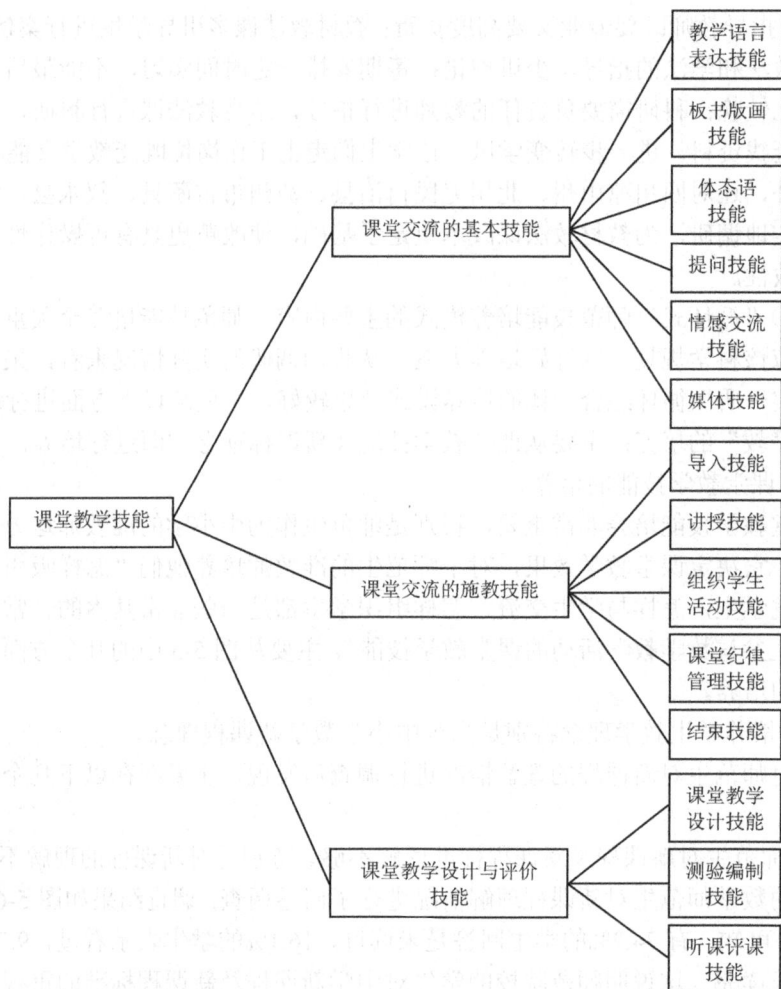

图 5-5

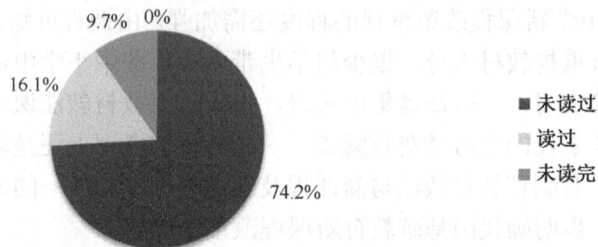

图 5-6

在这个发展过程中，数学思想作为课程目标的内容经历了一个"从无到有"以及从"基本的数学思想方法"到"数学的基本思想"的变化发展过程。要体现"以教师为主导，学生为主体"的教育教学理念。德国教育家赫尔巴特强调的以"教师"为中心学说和美国教育家杜威强调的以"儿童"为中心学说已不适应现在的教育情况，两者应该统一起来：以教师为主导，以学生为主体。

2）"学"的师范技能培养：主要对学法指导及学生自学的培养。

除了教师教的技能培养外，还要加强师范生学法的指导，在学法指导方面大学比中小学欠缺，因此作为大学教师一定要加强对学法的指导。同时管理部门也要通过定量作业、比赛加强督促学生自学，进一步加强对普通话、三笔字、简笔画的训练。

A．三笔字"学"的训练。

学生的三笔字训练非常重要，无论是教师资格证面试还是教师就业应聘，三笔字，特别是粉笔字在面试应聘中所占的权重都非常大，学生在书法老师的指导之下，要自觉加强自己三笔字的训练。每个寝室发一个小黑板、每周交五篇习字，每期举行书法比赛，充分利用数理学院学生人文素质活动室开展师范技能的训练、演讲比赛等，晚上训练 1 个小时。

B．普通话训练。

通过早讲进行普通话的训练，同学一帮一进行训练，特别对四川少数民族学生进行普通话的训练，除了教师的教以外，利用普通话较好的北方同学进行一帮一的学习训练。

C．简笔画"学"的训练。

作为师范生，简笔画是非常重要的，简笔画是利用简单的点线面符号表现物象基本特征的一种绘画形式。它简明、形象、概括。只要了解它的特点，掌握它的基本技法，寥寥数笔，一个人物、一个物体、一幅风景就会栩栩如生地展现出来。它是一种实用性很强的通俗艺术。在数学课特别是小学数学课上巧妙用简笔画，会达到事半功倍的教学效果。

说课、试讲、普通话、简笔画的"学"的训练：主要以寝室为小组进行相互学习、彼此提高。采取一帮一的方法彼此学习。定期进行检测、比赛督促学生学习。例如某院每年 3 月份进行三笔字过关验收、10 月进行试讲验收并进行赛课比赛。促使学生平时加强自学。团总支学生分会开展以师范技能训练为主题活动之一的训练和比赛，同时由高年级带领低年级学习师范技能，达到学生自己管理自己、共同提高师范技能。

3）"习"的师范技能培养。

"习"的师范技能培养主要是指试讲、见习、实习。

A. 试讲技能。

试讲技能培养非常重要。师范生进校开展试讲重要性教育，并对试讲作详细的安排，可以考虑以下几种试讲模式（图 5-7）。

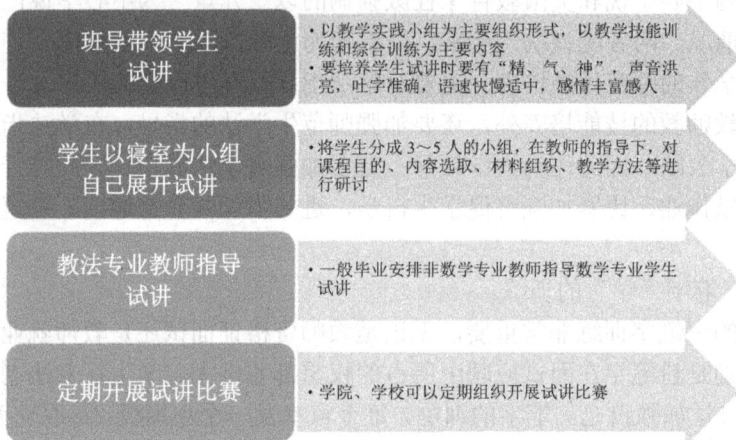

班导带领学生试讲	·以教学实践小组为主要组织形式，以教学技能训练和综合训练为主要内容 ·要培养学生试讲时要有"精、气、神"，声音洪亮，吐字准确，语速快慢适中，感情丰富感人
学生以寝室为小组自己展开试讲	·将学生分成 3～5 人的小组，在教师的指导下，对课程目的、内容选取、材料组织、教学方法等进行研讨
教法专业教师指导试讲	·一般毕业安排非数学专业教师指导数学专业学生试讲
定期开展试讲比赛	·学院、学校可以定期组织开展试讲比赛

图 5-7

B. 见习、实习的训练。

a. 见习。见习对于学生进一步掌握师范技能具有关键作用，通过见习可以了解中小学教学改革方向。目前，我们应该改变现在四年只集中实习一次的缺陷，将见习与集中实习相结合。在第一、二、三、四、五、六学期末，分别安排一周的见习，在见习的基础上加强教学教材教法理论的学习，教法教师应该带领学生见习，并做好案例笔记。见习结束后，教法教师组织学生进行教学案例分析和讨论，将实践与理论相结合，这种培养模式将使学生受益匪浅。此外，通过开展相关活动，营造师范能力竞赛氛围，唤醒学生重视师范能力的自我培养意识，为日后从事教师职业打下良好基础。

b. 加强实习训练。以实习促进就业，以就业带动教育实习是就业的基础：一是进一步加强集中实习的指导和监管。某校师范生占 50%，据调研每个二级学院只分配 1～2 名教师指导实习，难以指导到位，应该让教法教师都参与实习的指导，每位教法教师负责一个片区，跟踪检查、指导、监督。二是实习学生也应加强自身的学习。实习学生多听课、多批改作业，多收集好的案例，特别是学生作业中出错的案例，认真分析原因，并记录在案，为今后胜任教学工作奠定基础。实习小组组长认真组织同学进行教研学习，逐步培养集体备课的好习惯。三是进一步重视实习总结。实习总结不能仅停留在书面总结。应该分组进行汇报总结，甚至可以进行赛课比赛。某校一般第七学期（专科第五学期）11 月实习结束，12 月紧接就业，学生忙于就业，疏忽了实习总结工作。

4）"研"的师范技能培养。

作为一名合格的教师，走上工作岗位就必须具备研究能力。但从调研得知，新教师的研究能力十分欠缺。所以平时要根据教法课的内容、学生试讲感悟及实习总结组织学生写教研论文，"数学探究的结果以课题报告或课题论文的方式完成。课题报告包括课题名称、问题背景、对事实的观察分析、对结果的猜测、对结果的论证、合作情形、对探究结果的体会或评论、引证的文献资料等方面。

A．创新教法课形式，"创新，是数学课堂文化的灵魂"。在教法课上多引导学生为小的数学问题进行讨论、探究，培养学生探究数学问题的能力，"积极开展研究性学习，让学生提出富有挑战性的问题进行猜测、推理，解决问题，并对问题解决的过程进行反思"。最后引导学生写成论文发表共勉。

B．对教法课作业和考试方式进行改变，以小论文形式对中小学课的教法进行探究的作业和考试方式进行，现在在作业和考试方面，仍然布置学生做试题和考试题的权重非常高，超过了90%。如果不改变，学生的科研能力无法提高。

C．教法教师要引导学生写论文，为培养中小学教师写论文奠定基础，中小学教师先写数学日记－数学作文－数学经验谈－数学论文。

D．学校应该规定教法教师指导学生发表一定的论文，参与数学课题的研究，为逐步培养未来的专家型教师、双师型教师奠定基础。学生发表由指导教师指导的论文，学校应该计算科研工作量。当前的主要任务是促进学生的发展，不仅是教师自身的发展，现在的弊端是教师，特别是教法教师评职称，在培养学生师范技能方面的成就所占的权重较小，如果改变权重，就会促进教法教师与学生一起进行科研，这样学生的科研能力会大大提高。

E．重视本科生的毕业论文的指导。指导教师一定要指导学生亲自写论文，一定根据实习的感受经历来写论文。学生的论文一般缺乏支撑材料。

F．鼓励学生申报课题。在教师的指导下，学生积极投入课题研究中，学校应给予奖励措施。

G．教法老师自身多深入中小学听课，多收集案例，为引导学生研究提供素材。

H．引导学生书写发表论文，在书写论文时要坚持科学性、知识性、通俗性、实用性，语言表达要准确，符合数学语言标准。

（4）需改进的方面。师范生师范技能培养建立了整套培训学生"教－学－实－研－教－学－实－研"的循环模式，取得了一定的效果，例如，建立了高一级学生帮助低一级学生学习的互相帮助、互相学习的良好机制；建立了导师制、指导学生试讲等机制，教法教师指导学生、培养学生师范技能；建立了走出去、请进来的培养机制以及加强了实习前学生试讲机制等。虽然取得一定的成果，但还有待加强，主要体现在以下几个方面：

1）双师型教师需求。希望再引进有中小学数学经历的教师进入教法教师队伍中。指导师范技能的教师（特别试讲）参与试讲指导的有中小学数学教学经历的教师较少，甚至不是数学专业的教师也在指导数学专业学生试讲。

2）见习时间需得到进一步保障。将三笔字、简笔画等师范技能纳入授课的培养方案中，并给一定的学分。

3）进一步加强落实管理。特别是训练学生教师资格考试笔试面试工作要加强落实。

4）以"教－学－实－研－教－学－实－研"的循环模式进行培养，逐渐改进现有的"教学－实践－科研"的单一式培养模式，在学中实践和科研，让学生分别在大一至大四每年每学期都有学习、实践和科研，并建立了高一级学生指导低一级学生学习、进行师范技能训练、进行研究及创新的机制，取得了优秀成绩，还需坚持、改革、完善培养方案，落实培养方案。

三、教材教法教师加强教材教法的教学改革，提高师范生的师范技能

基础教育新课程改革教学要做到"四转变"：一由重知识传授向重学生发展转变；二由重教师"教"向重学生"学"转变；三由重结果向重过程转变；四由统一规格教育向差异性教育转变。"鼓励利用现代教育技术在增加师生互动、形象化表示数学内容等方面的优势，改进学生的数学学习方式，增进学生对数学的理解，最终提高数学教学质量"。因此我们要加强教材教法教学的改革。

（1）教材教法教师应加强学习和课程调研，通过发放调查问卷，收集学生意见或建议，不断调整自己的教法，不能只按照自己的教学计划上课，同时根据学生的出勤状况、听课状况等进行教学调整，在案例中升化教育教学理论。

（2）重视数学文化的教学。数学的概念、原理、公式、知识结构、数学方法、数学思想和数学观念所蕴含的真、善、美的客观因素和数学家的信念品质、价值判断、审美追求、思维过程等深层的创造因素，以及这些主客观因素之间的交互作用，构成了庞大的数学文化系统。

1）重视数学史的教学。数学文化离不开数学史，特别教材教法课《数学史》《初等几何研究》《数学教学论》等中利用欧几里得《几何原本》、勾股定理、圆周率等著名的数学家和重要数学概念进行数学文化的教学。因此教材教法教师要特别重视学生的数学文化教学。

2）重视从其他学科挖掘数学文化。语言是文化的载体和外壳，数学的一种文化表现形式，就是把数学融入我们的生活之中。"不管三七二十一"涉及乘法口诀，

"三下五除二就把它解决了"则是算盘口诀。"不怕一万,只怕万一"联系"小概率事件"进行思考。此外,"指数爆炸""直线上升"等已经进入日常语言。"事业坐标""人生轨迹""某项发展呈几何级数增长""反腐犹如射线只有起点没有终点"也已经运用于我们生活中。

（3）引导师范学生进行创新教学,为培养幽默风趣受学生喜爱的教师打下基础。

1）教法与学法教学变化,即上课的角色进行变换。"数学活动是师生共同参与、交往互动的过程。有效的数学教学活动是教师教与学生学的统一,学生是数学学习的主体,教师是数学学习的组织者与引导者"。因此教师上课要不断与学生进行互动,进行角色的转变。比如上"初等几何研究"教法课时一旦有几何探究就要进行角色的变化,将学生作为中小学教师,老师作为学生,由学生上台进行分析,使学生融入师生互动中,引导学生进行探究,将教法与学法融合。

2）激发学生兴趣。爱因斯坦说过,兴趣是最好的老师,新课标指出:"数学教学活动应激发学生兴趣,调动学生积极性,引发学生的数学思考,鼓励学生的创造性思维。""提高学习数学的兴趣,树立学好数学的信心,形成锲而不舍的钻研精神和科学态度。"

a. 开展一题多解,培养学生学习数学兴趣（前面已论述）。

b. 编成歇后语或对联激发学生学习数学的兴趣。两人并肩前进——平行、再见吧妈妈——分母、坦白从宽——减法、抗拒从严——加法、两牛相斗——对顶角,铁路弯道——双曲线、枯树发芽——增根、考试作弊——假分数、投币的公交车——一元一次或二元一次、老爷爷参加赛跑——祖冲之,大圆小圆同心圆心心相印,阴电阳电异性电性性吸引等。

3）改变教学模式,充分发挥学生的自主性和创造性。要充分发挥学生的自主性,让学生主动建构。建构主义的教学观和学习观认为"教师是教学的引导者,并将监控学习和探索的责任也由教师为主转向学生为主,最终要使学生达到独立学习的程度"。"教师要发挥主导作用,要处理好教师讲授和学生自主学习的关系,通过有效的措施,启发学生思考,引导学生自主探索,鼓励学生合作交流,使学生真正理解和掌握基本的数学知识与技能、数学思想和方法,得到必要的数学思维训练,获得广泛的数学活动经验。"因此"采取合作性互动的教学模式、对抗性互动模式或竞争—合作互动模式",可对不同的内容采用不同的教学和学习方式。与学生共同探究,引导学生自己进行变式,对知识进行主动建构。采取创客式教学法,培养学生的创造性,让今后的大学生自主创业,"大力发展众创空间,使众多创客脱颖而出"。

（3）注重知识形成过程教学。"课程内容既要反映社会的需要、数学学科的特征，也要符合学生的认知规律。它不仅应包括数学的结论，也应包括数学结论的形成过程和数学思想方法。"因此教材教法课要引导学生探究知识的形成过程，尽量避免满堂灌和全用 PPT 课件。"学生应当有足够的时间和空间经历观察、实验、猜测、计算、推理、验证等活动过程。"比如在探究平行四边形面积公式时要让学生真正体验猜、剪、拼、移、推及结论等过程。让学生主动建构平行四边形面积公式。再如学生在推圆周率 π 的得来时，利用刘徽的"割圆术"用正多边形割圆的方法得出圆周率 π 的近似值，引导学生用正六边形、正十二边形、正二十四形等进行推导，让学生经历圆周率 π 的形成过程。这样才能让学生真正体验数学课的教法，以体现新课程"以学生为主体，教师为主导"的理念。

（4）注重数学思想方法的教学。"数学中的基本思想是指对数学及其对象、数学概念和数学结构以及数学方法的本质性认识。""数学的三种基本思想，即抽象、推理和模型。"数学的基本思想可以演变派生出一些具有操作性的下位的数学思想，如：抽象思想、派生分类思想、集合思想、数形结合思想、变中有不变思想、符号表示思想、对应思想、极限思想等；推理思想派生出归纳思想、演绎思想、转化思想、化归思想、类比思想、逼近思想、代换思想等；建模思想派生出化简思想、量化思想、函数思想、方程思想、优化思想、随机思想等。比如在探究平行四边形面积公式的教法课上要让学生真正体验猜、剪、拼、移、推及结论等过程中体现的数形结合思想、转化思想、类比思想、符号表示思想等，因此在教材教法上要注意数学思想方法的提炼，为培养研究型教师奠定坚实的基础。

（5）强化案例教学。通过到北川和凉山州中小学调研，42%的学生表示愿意在课外多看一些数学方面的书。44.6%的学生不能将数学运用到生活中或经常把所学的数学知识应用到生活中去。因此，教材教法课多举生活中的案例进行知识的落实。

（6）规范师范技能教学。

1）板书的规范化。板书是教师上课时为帮助学生理解、掌握知识在黑板上书写的简练的文字、图形、符号等，它与教学语言有效结合，可以使学生的眼耳手配合，提高注意力，同时为学生以后走上教师岗位奠定了良好的基础。

2）板书设计的原则。

A．目标明确，重点突出。板书是为一定的教学目标服务的，偏离了教学目标的板书是毫无意义的。设计板书之前，必须认真钻研教材，明确教学目标，只有这样，设计出来的板书才能准确地展现教材内容，真正做到有的放矢。板书要从教材特点、学科特点和学生特点出发，做到因课而异、因人而异。板书要引导学生把握教学重点，全面系统地理解教学内容。因此，教师的板书要依据教学进程、教学内容的顺序与逻辑关系做到重点突出、详略得当、条理清楚、层次分明，力争在有限的课堂时间内，使学生能够纵观全课、了解全貌、抓住要领。为此，教师应根据教学要求进行周密计划和精心设计，确定好板书的内容格式，在教学时才能有条不紊地按计划进行。

B．语言正确，书写规范。这是从内容上对教师的板书提出的要求。板书的用词要恰当，语言要准确，图表要规范、线条要整齐美观。板书要让学生看得懂，引发学生思考，避免由于疏忽而造成意思混乱或错误。另外，板书是一项直观性很强的活动，教师的板书除了传授知识外，还会潜移默化地影响学生的书写习惯。因此，教师的板书应该规范、准确、整齐、美观，切忌龙飞凤舞、信手涂抹，不倒下笔，不写自造简化字，一字一句，甚至标点符号都要有所推敲。板书还应保证全体学生都看清楚，字的大小以后排学生能看清为宜。此外，在保证书写规范的同时，还应有适当的书写速度，尽量节省时间。

C．形式多样，趣味性强。好的板书设计会给学生留下鲜明深刻的印象，提供理解、回忆知识的线索。充满情趣的板书设计，好像一幅生动美丽的图画，给学生以美的享受，激起他们浓厚的学习兴趣，加深对教学内容的理解和记忆，增强思维的积极性和持续性。在课堂教学中，教师应该根据教学的具体内容和学生思维的特点，运用好板书。

D．布局合理，计划性强。板书一定要在备课时预先计划好，该写什么内容，应写在什么位置，中间可擦掉哪些，最后黑板上留有什么，都应认真考虑、周密计划。如果板面不够或为了节省时间，可以预先将提问问题、定理内容、例题、练习题、画图等写在小黑板（或多媒体课件）上，做预先辅助板书。计划性是防止板书散乱，发挥板书示范作用必须遵守的原则。

3）板书的主要类型。常见的板书类型有提纲式、表格式、线索式、关系图式、图文式等。

A．提纲式。提纲式板书，运用简洁的重点词句，分层次、按部分地列出教材的知识结构提纲或者内容提要。这类板书适用于内容比较多、结构和层次比较清楚的教学内容。提纲式板书的特点是：条理清楚、从属关系分明，给人以清晰完整的印象，便于学生对教材内容和知识体系的理解和记忆。比如在讨论小学五年级平行四边形面积公式的推导过程时，其板书设计为提纲式，如图 5-8 所示。

B．表格式。表格式板书（表 5-1）是将教学内容的要点与彼此间的联系以表格的形式呈现的一种板书。它根据教学内容可以明显分项的特点设计表格，由教师提出相应的问题，让学生思考后提炼出简要的词语填入表格，也可由教师边讲解边把关键词语填入表格，或者先把内容有目的地按一定位置书写，归纳、总结时再形成表格。这类板书能将教材多变的内容梳理成简明的框架结构，增强教学内容的整体感与透明度，同时还可以加深对事物的特征及其本质的认识。

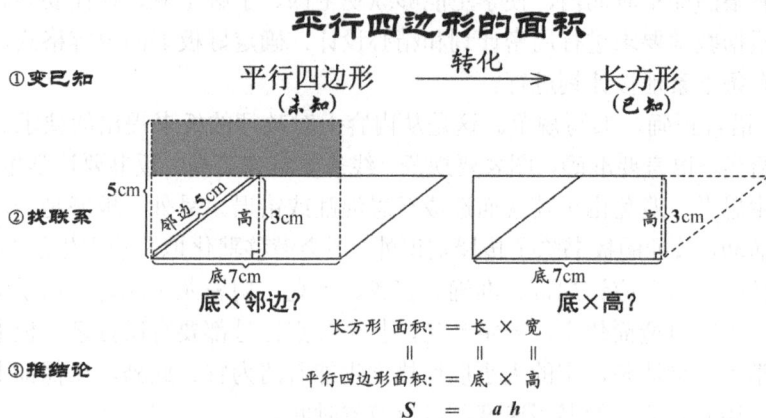

平行四边形的面积

①变已知　　　平行四边形　————转化————→　长方形
　　　　　　　　（未知）　　　　　　　　　　　　　　（已知）

②找联系

　　底7cm　　　　　　　　　　　　　　　　底7cm
　　底×邻边？　　　　　　　　　　　　　　底×高？

　　　　　　长方形　面积：＝　长　×　宽
　　　　　　　　　　　　　　‖　　　‖　　‖
③推结论　　　平行四边形面积：＝　底　×　高
　　　　　　　　　　　　　S　＝　a h

图 5-8

表 5-1

多边形				…	
	4	5	6	…	n
从一个顶点所引对角线的条数	(4-3)	(5-3)	(6-3)	…	(n-3)
三角形的个数	(4-3)+1	(5-3)+1	(6-3)+1	…	(n-3)+1
内角和	(4-2)×180°	(5-2)×180°	(6-2)×180°	…	(n-2)×180°

C. 线索式。线索式板书是围绕某一教学主线，抓住重点，运用线条和箭头等符号，把数学内容的结构、脉络清晰地展现出来的板书。这种板书指导性强，能把复杂的过程化繁为简，有助于学生理清数学知识的结构，了解教师的解题思路，便于理解、记忆和回忆。例如，讲解定理证明之前的分析时，即如何从结论开始去寻找使结论成立的条件，就可以用线索式板书。

判别一元二次方程 $ax^2+bx+c=0$（$a≠0$）根的情况时，就借助于根的判别式 $△=b^2-4ac$ 判别根的情况：

$\triangle=b^2-4ac>0\Leftrightarrow$方程有两个不相等的实根。

$\triangle=b^2-4ac=0\Leftrightarrow$方程有两个相等的实根。

$\triangle=b^2-4ac<0\Leftrightarrow$方程无实根（有两个虚根）。

D．关系图式。关系图式板书（图 5-9）是借助具有一定意义的线条、箭头、符号和文字组成某种文字图形的板书方法。它的特点是形象直观地展示数学内容，能将分散的相关知识系统化，便于学生发现事物之间的联系，有助于逻辑思维能力的培养。例如，讲完一个单元做单元小结时，一般用关系图式板书。

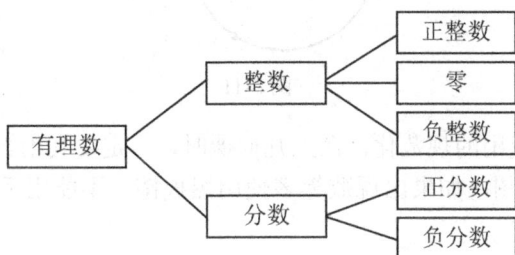

图 5-9

E．图文式。教师边讲边把教学内容所涉及的事物形态、结构等用单线图画出来（包括模式图、示意图、图解和图画等），形象直观地展现在学生面前。这种板书（图 5-10）图文并茂，容易引起学生的注意，激发学习兴趣，能够较好地培养学生的观察能力以及思维能力。例如，讲解几何内容时，一般多采用图文式板书。

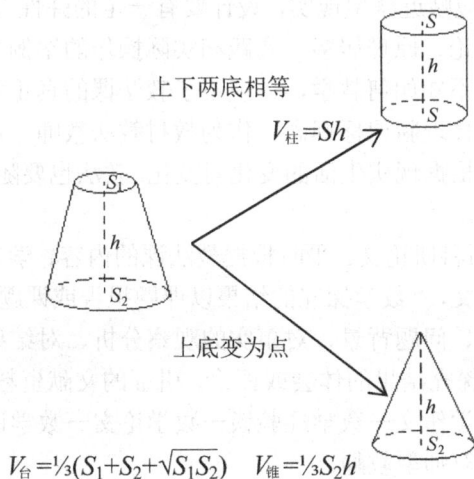

上下两底相等

$V_柱=Sh$

上底变为点

$V_台=\frac{1}{3}(S_1+S_2+\sqrt{S_1S_2})$ $V_锥=\frac{1}{3}S_2h$

图 5-10

图 5-11 所示板书体现了简洁、形象、便于记忆等特点，同时也突出了教学重点与难点，提高了课堂教学效果。

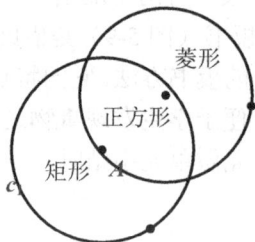

图 5-11

4）数学仪器使用的规范化。在上几何课时，一定要利用直尺、三角板、圆规等作图工具规范画图，如果出现败笔多使用黑板擦，不能用手直接擦，否则影响板书及教学效果。

5）引导学生作业答题规范化。学生在中小学期间注重答题的规范，但在大学期间却忽视作业及考试答题的规范性，这些从平时的作业及考试的试卷就可以看出。因此大学教师特别是师范教材教法教师平时一定要强调学生作业的规范化，使学生养成严谨的科学的学习态度，为培养优秀的教师奠定基础。

（7）教师有计划地把学生带入中小学课堂中听课，要求学生写出听后感，结合教法组织学生进行讨论。

（8）注重教材教法课本的编写。教材编写建议"教材编写应体现科学性、整体性、过程性，素材应贴近学生现实，设计要有一定的弹性"，现在多数教材教法课本中脱离案例的理论、原理居多，实践和实际操作的案例少，对学生是空对空地讲，学生听后仍然不知如何教学，体现不了教法课的真正意义，因此教材教法课本在编写时一定要体现新课标理念，作为教材教法教师一定要深钻教材，教材中的素材案例要随时根据现实生活的变化而变化。教法也要随学生的变化而变化，教无定法，贵在得法。

（9）培养学生写科研论文。平时根据教法课的内容、学生试讲感悟及实习总结组织学生写教研论文，"数学探究的结果以课题报告或课题论文的方式完成。课题报告包括课题名称、问题背景、对事实的观察分析、对结果的猜测、对结果的论证、合作情形、对探究结果的体会或评论、引证的文献资料等方面"。培养学生形成写数学日记—数学作文—数学经验谈—数学论文—数学课题研究的习惯，逐步培养专家型教师、双师型教师。

第六章　教师进修校对数学青年教师的培养建议

1. 县教师进修校领导对年轻教师的培养要高度重视，认真组织。

2. 县区市进修校等教育部门数学教研人员多深入学校听数学青年教师的课，钻研教材，积累案例，进行总结和提高，对年轻数学教师进行指导、引领。例如：绵阳市资深数学教研员张继海老师深入学校听课，对听课的案例进行总结、改编、延伸、反思，形成了自己独特的案例。特别是他选择了总结的几个变式的案例（分别选择各年级段一个案例）供其他教研员、年轻数学教师、高校数学教法教师学习，拓展思维。

案例 1：两条直线相交有一个交点，三条直线相交最多有多少个交点？四条直线相交最多有多少个交点？你能发现什么规律吗？（七年级上）

解　三条直线相交最多有 3 个交点，四条直线相交最多有 6 个交点，n 条直线相交最多有 $1+2+3+\cdots+(n-1)=\dfrac{n(n-1)}{2}$ 个交点。

演变

变式 1　你能用图 6-1 来解释下边 3 个等式吗？

$$1+2=\frac{2(1+2)}{2}=3，\quad 1+2+3=\frac{3(1+3)}{2}=6，\quad 1+2+3+4=\frac{4(1+4)}{2}=10，$$

根据以上规律填空：

1+2+3+4+5=＿＿＿＿＿＿

……

1+2+3+…+100=＿＿＿＿＿＿

1+2+3+…+n=＿＿＿＿＿＿

请写出从 1 到 2018 这 2018 个正整数的和为＿＿＿＿＿＿

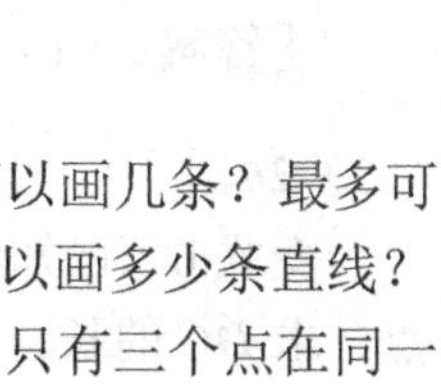

（答案：15，5050，$\dfrac{n(n+1)}{2}$，2037171）

图 6-1

变式 2　经过平面上的 4 个点中的任意两个点画直线，可以画几条？最多可以画几条？经过平面上的 n 个点中的任意两点画直线，最多可以画多少条直线？

解法 1　当四个点在同一直线上时，只能画一条直线；当只有三个点在同一直线上时，可以画 4 条；当没有任何三个点在同一直线上时，可以画 6 条，如图 6-2 所示。

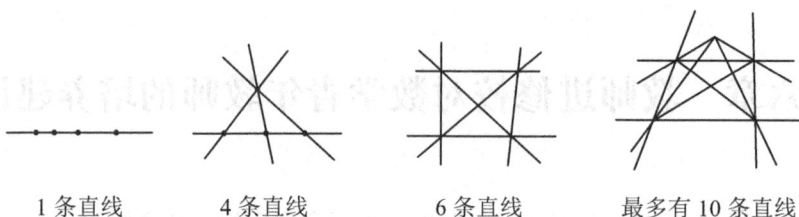

| 1 条直线 | 4 条直线 | 6 条直线 | 最多有 10 条直线 |

图 6-2

观察上述点数和直线条数之间的关系，可以发现当有 n 个点时应有 $\dfrac{n(n+1)}{2}$ 条直线。

解法 2 当 n 个点没有任意三点在一条直线上时，确定的直线最多，由于 n 个点中任意两个都可以确定一条直线，因此先任取其中一个点，则可以和剩余的 $(n-1)$ 个点画 $(n-1)$ 条直线，一共有 n 个点，所有可以画 $n(n-1)$ 条直线，有任意两个点重复一条直线，因此共可以画 $\dfrac{n(n+1)}{2}$ 条直线。

变式 3 线段 MN 上有两点 P、Q，那么 M、P、Q、N 这四点可确定哪几条线段（图 5-14）？

图 6-3

分析图 6-3 中线段可以"从左往右"这样来确定：从第一点 M 出发的线段有 3 条，从第二点 P 出发的线段有 2 条，从第三点 Q 出发的线段有 1 条，共有 6 条，这样既不会遗漏，又不会重复。

解：共有 6 条线段 MP、MQ、MN、PQ、PN、QN。（答案：1+2+3=6）

变式 4 ①假如 M、P、Q、N 是四个车站，一辆客车往返于这四个站点，需准备多少种不同的车票？（答案：12）②假如 M、P、Q、N 四个人聚会，如果每两人握手一次，共握手几次？（答案：6）

变式 5 （1）在直线上有 A_1、A_2、A_3、…、A_{10} 共 10 个点，问有几条线段？

（2）假如直线 l 上有 n 个点，试着得到线段的总条数。

（3）假如直线 l 上有 n 个点，试着得到射线的总条数。

［答案：（1）1+2+3+4+5+6+7+8+9=45；（2）1+2+3+…+$(n-1)=\dfrac{n(n+1)}{2}$；

（3）2n。］

变式 6 已知线段 $AB=10$，点 C 在直线 AB 上，且 $AC=4$，若点 D 是 AB 的中点，求 DC 的长。

分析：由 D 是 AB 的中点，$AB=10$ 知 $AD=BD=5$，而点 C 在直线 AB 上，可以考虑点 C 在 A 的左和右两种情况，当点 C 在 A 左侧时，如图 6-4（a）所示。

此时 $AD=5$，$AC=4$，所以 $DC=9$。

当点 C 在 A 右侧时，如图 6-4（b）所示。

此时 $AD=5$，$AC=4$，所以 $DC=1$。

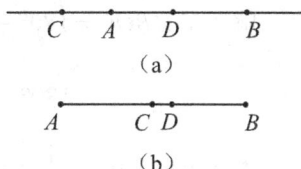

解　（1）当点 C 在点 A 左侧时，因为点 D 是 AB 的中点，所以 $AD=\dfrac{1}{2}AB$，又 $AB=10$，所以 $AD=5$，$DC=AD+AC=9$。

（2）当点 C 在点 A 右侧时，因为点 D 是 AB 的中点，所以 $AD=\dfrac{1}{2}AB$。

又 $AB=10$，所以 $AD=5$，$DC=AD-AC=1$。

变式 7　（1）从点 O 引 2 条射线，此时共有多少个角？［图 6-5（a）］

（2）从点 O 引 3 条射线，共有多少个角？［图 6-5（b）］

（3）从点 O 引 n 条射线，共有多少个角？［图 6-5（c）］

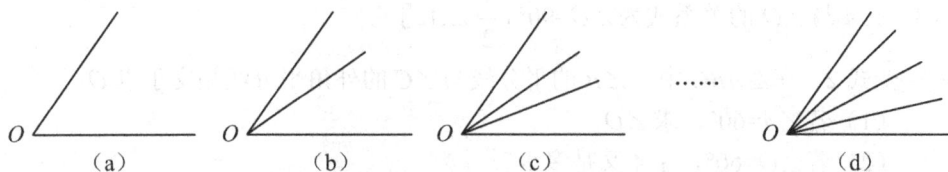

图 6-5

解　当引 2 条射线时，有 1 个角；引 3 条射线时，有 3 个角；引 4 条射线时，有 6 个角；引 5 条射线时，有 10 个角。

观察发现：2 条射线——1 个角；

3 条射线——$3=(1+2)$ 个角；

4 条射线——$6=(1+2+3)$ 个角；

5 条射线——$10=(1+2+3+4)$ 个角；

于是，n 条射线——$1+2+3+\cdots+(n-1)=\dfrac{n(n-1)}{2}$ 个角。

点评　当有 n 条射线时，取其中任意条射线，与剩下的 $n-1$ 条射线组成$(n-1)$ 角，共有 n 条射线，于是可以组成 $n(n-1)$ 个角。注意每一条射线重复了一次，所以当有 n 条射线时，共有 $\dfrac{n(n-1)}{2}$ 个角。

案例 2：与三角形有关的角（七年级下）

如图 6-6 所示，BO、CO 分别平分 $\angle ABC$ 和 $\angle ACB$。若 $\angle A=100°$，求 $\angle O$ 的度数。（人教版课本 P_{91}9 题）

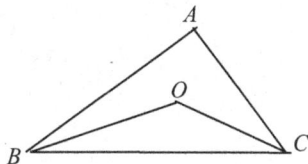

图 6-6

解 $\because \angle BOC = 180° - \dfrac{1}{2}\angle B - \dfrac{1}{2}\angle C = 180° - \dfrac{1}{2}(\angle B + \angle C)$

$\qquad\qquad = 180° - \dfrac{1}{2}(180° - \angle A)$,

$\therefore \angle BOC = 90° + \dfrac{1}{2}\angle A$。

$\therefore \angle BOC = 140°$.

演变

变式 1 如图 6-7 所示，BO、CO 分别平分 $\angle ABC$ 和 $\angle ACB$。（1）若 $\angle A=60°$，求 $\angle O$。

（2）若 $\angle O=120°$，$\angle A$ 又是多少？

（3）请求出 $\angle O$ 与 $\angle A$ 之间的关系。

[答案：（1）当 $\angle A=60°$ 时，$\angle O=120°$。（2）当 $\angle O=120°$ 时，$\angle A=80°$。

（3）$\angle A$ 与 $\angle O$ 的关系式为 $\angle O=90°+\dfrac{1}{2}\angle A$。]

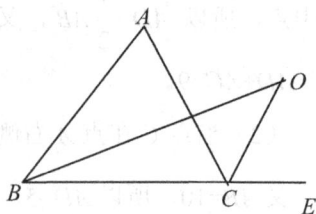
图 6-7

变式 2 在 $\triangle ABC$ 中，$\angle B$ 的平分线与 $\angle C$ 的外角平分线相交于点 O。

（1）若 $\angle A=60°$，求 $\angle O$。

（2）若 $\angle O=60°$，$\angle A$ 又是多少？

（3）请求出 $\angle O$ 与 $\angle A$ 之间的关系。

[答案：（1）当 $\angle A=60°$ 时，$\angle O=\dfrac{1}{2}\times 60°=30°$。（2）当 $\angle O=60°$ 时，$\angle A=120°$。

（3）$\angle A$ 与 $\angle O$ 的关系式为 $\angle O=\dfrac{1}{2}\angle A$。]

变式 3 如图 6-8 所示，已知 $\angle MON=90°$，点 A、B 分别在射线 OM、ON 上移动，$\angle OAB$ 的内角平分线与 $\angle OBA$ 的外角平分线所在直线交于点 C，试猜想：随着 A、B 点的移动，$\angle ACB$ 的大小是否变化？说明理由？

（答案：随着 A、B 点的移动，$\angle ACB$ 的大小不变化，$\angle ACB=45°$。）

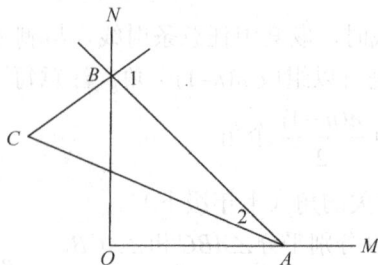
图 6-8

变式 4　在△ABC（图 6-9）中，∠B 的外角平分线与∠C 的外角平分线相交于点 O。

（1）若∠A=60°，求∠O。

（2）若∠O=100°，∠A 又是多少？

（3）请求出∠O 与∠A 之间的关系。

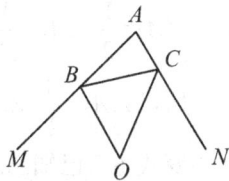

图 6-9

［答案：（1）当∠A=60°时，∠O=90°$-\frac{1}{2}$×60°=60°。

（2）当∠O=100°时，∠A=20°。（3）∠A 与∠O 的关系式为∠O$-\frac{1}{2}$∠A=90°。］

变式 5　如图 6-10 所示，△ABC 中，∠A=80°，延长 BC 到 D，∠ABC 与∠ACD 的平分线交于点 A_1，∠A_1BC 与∠A_1CD 的平分线相交于 A_2，依次类推，∠A_4BC 与∠A_4CD 的平分线相交于 A_5，则∠A_5 的度数为多少？再画下去……，∠A_n 的大小是多少呢？

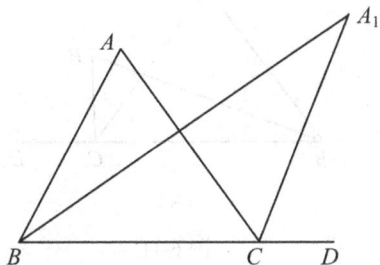

图 6-10

解　∵∠ACD 为△ABC 的外角，

∴∠ACD=∠ABC+∠A，

即∠ACD−∠ABC=∠A。

∵∠A_1CD 为△A_1BC 的外角，

∴∠A_1CD−∠A_1BC=∠A_1。

∵BA_1、A_1C 分别平分∠ABC、∠ACD，

∴∠A_1CD=$\frac{1}{2}$∠ACD，∠A_1BC=$\frac{1}{2}$∠ABC。

∴$\frac{1}{2}$（∠ACD−∠ABC）=∠A_1，即∠A_1=$\frac{1}{2}$∠A。

同理：$\angle A_2=\dfrac{1}{2}\angle A_1=\dfrac{1}{2^2}\angle A$；$\angle A_3=\dfrac{1}{2}\angle A_2=\dfrac{1}{2^3}\angle A$；

$\angle A_4=\dfrac{1}{2}\angle A_3=\dfrac{1}{2^4}\angle A$；$\angle A_5=\dfrac{1}{2}\angle A_4=\dfrac{1}{2^5}\angle A$。

所以$\angle A_5=\dfrac{1}{2^5}\angle A=\dfrac{80}{2^5}$，$\angle A_n=\dfrac{80}{2^n}$。

变式 6 已知△ABC中，①如图 6-11（a）所示，若 P 点是$\angle ABC$ 和$\angle ACB$ 的角平分线的交点，则$\angle P=90°+\dfrac{1}{2}\angle A$；②如图 6-11（b）所示，若 P 点是$\angle ABC$ 和外角 ACE 的角平分线的交点，则$\angle P=90°-\angle A$；③如图 6-11（c）所示，若 P 点是外角$\angle CBF$ 和$\angle BCE$ 的角平分线的交点，则$\angle P=90°-\dfrac{1}{2}\angle A$。上述说法正确的个数是（　　）。

A. 0　　　　　　B. 1　　　　　　C. 2　　　　　　D. 3

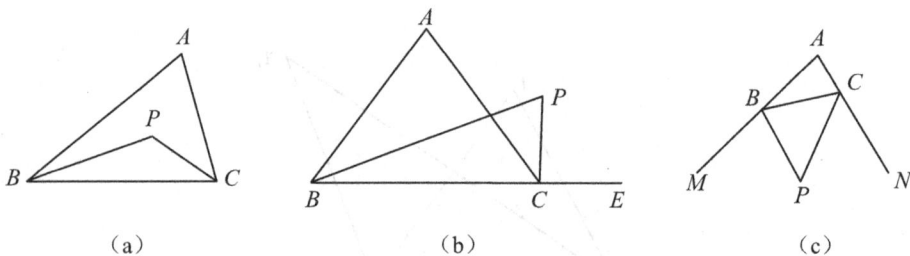

（a）　　　　　　　　（b）　　　　　　　　（c）

图 6-11

案例 3：最短路问题（八年级上）

题目如图 6-12 所示，要在燃气管道 l 上修建一个泵站，分别向 A、B 两镇供气，泵站修在管道的什么地方可使所用的输气管线最短？（人教版课本 P_{42} 探究问题）

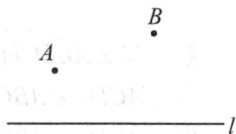

图 6-12

分析 把管道 l 近似地看成一条直线，问题就是要在 l 上找一点 C，使 AC 与 CB 的和最小。

点评 平面图形上求最短距离有两种情况：①若 A、B 在 l 的同侧，作对称；②若 A、B 在 l 的异侧，则直接连接。

演变

变式 1 如图 6-13（a）所示，已知牧马营地 M 处，每天牧马人要赶马群先到河边饮水，再到草地上吃草，最后回到营地，试设计出最短的牧马路线。

解 如图 6-13（b）所示（实线）。

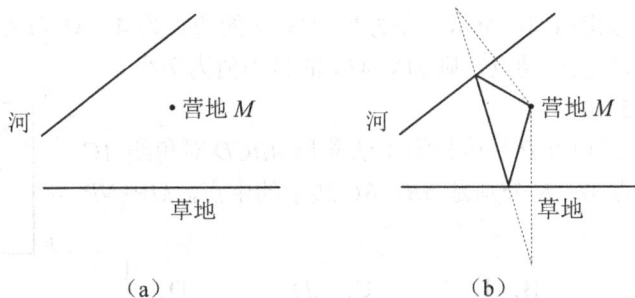

图 6-13

变式 2　如图 6-14（a）所示，E、F 为 $\triangle ABC$ 的边 AB、AC 上的两定点，在 BC 上求作一点 M，使 $\triangle MEF$ 的周长最短。

解　如图 6-14（b）所示，M 为所求。

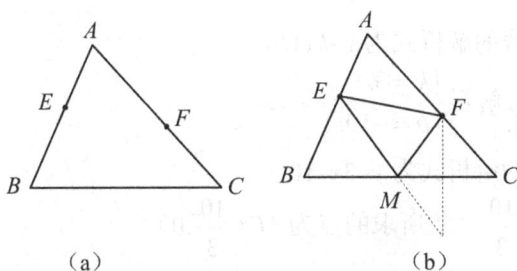

图 6-14

变式 3　已知，如图 6-15（a）所示，甲、乙、丙三人做接力游戏，开始时甲站在 $\angle AOB$ 内的 P 点，乙站在 OA 上的定点 Q，丙站在 OB 上且可以移动。游戏规则：甲将接力棒传给乙，乙将接力棒传给丙，最后丙跑至终点 P 处。若甲、乙、丙三人速度相同，试用尺规作图找出丙必须站在 OB 上的何处，使得他们完成接力所用的时间最短？（不写作法，保留作图痕迹）

解　如图 6-15（b）所示。

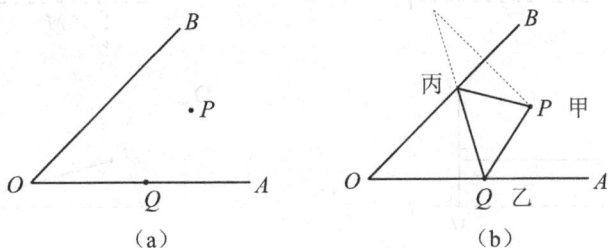

图 6-15

变式 4 如图 6-16 所示，正方形 $ABCD$ 的边长为 4，M 为 CD 上的点，且 $DM=1$，N 为 AC 上一动点，则 $DN+MN$ 的最小值为多少？

（答案：5）

变式 5 已知点 P 是边长为 1 的菱形 $ABCD$ 对角线 AC 上一个动点，点 M，N 分别是 AB，BC 边上的中点，$MP+NP$ 的最小值是（　　）。

A. 2　　　　B. 1　　　　C. $\sqrt{2}$　　　　D. $\dfrac{1}{2}$

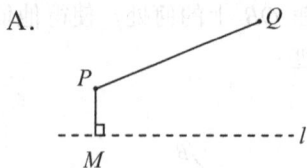

图 6-16

（答案：B）

变式 6 已知 A（5,5），B（2,4），M 是 x 轴上一动点，求使 $MA+MB$ 最小时的点 M 的坐标。

解　点 B 关于 x 轴对称的点的坐标是 B'（2,−4），连接 AB'，则 AB' 与 x 轴的交点即为所求。

设 AB' 所在直线的解析式为 $y=kx+b$，

则 $\begin{cases} 5k+b=5, \\ 2k+b=-4, \end{cases}$ 解得 $\begin{cases} k=3, \\ b=-10. \end{cases}$

所以直线 AB 的解析式为 $y=3x-10$。

当 $y=0$ 时，$x=\dfrac{10}{3}$。故所求的点为 M（$\dfrac{10}{3}$,0）。

变式 7 如图 6-17 所示，直线 l 是一条河，P、Q 两地相距 8 千米，它们到 l 的距离分别为 2 千米、5 千米。欲在 l 上的某点 M 处修建一个水泵站，向 P、Q 两地供水。现有如下四种铺设方案，图中实线表示铺设的管道，则铺设的管道最短的是（　　）。

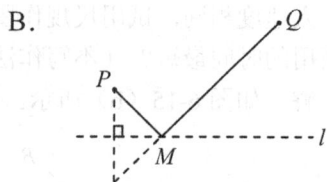

图 6-17

A.

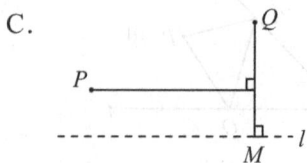

B.

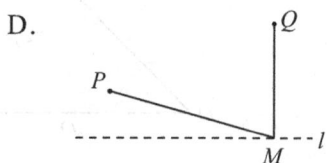

C.

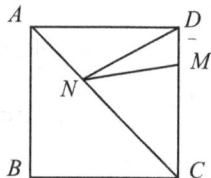

D.

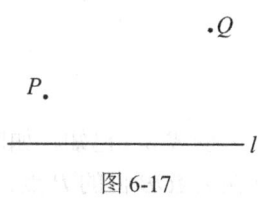

（答案：A）

*变式 8 阅读并解答下列问题：

（1）如图 6-18 所示，直线 l 的两侧有 A、B 两点，在 l 上求作一点 P，使 $AP+BP$ 的值最小（要求尺规作图，保留作图痕迹，不写画法和证明）。

（2）如图 6-19 所示，A、B 两个化工厂位于一段直线形河堤的同侧，A 工厂至河堤的距离 AC 为 1 千米，B 工厂至河堤的距离 BD 为 2 千米，经测量河堤上 C、D 两地间的距离为 6 千米。现准备在河堤边修建一个污水处理厂，为使 A、B 两厂到污水处理厂的排污管道最短，污水处理厂应建在距 C 地多远的地方？

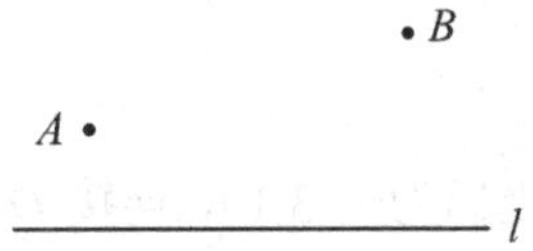

图 6-18 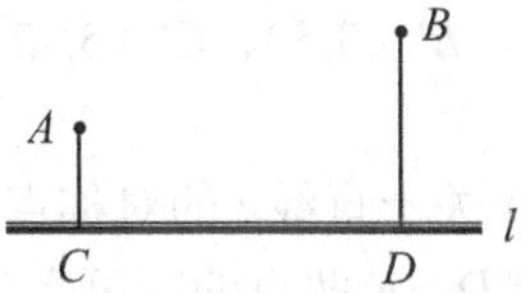   图 6-19 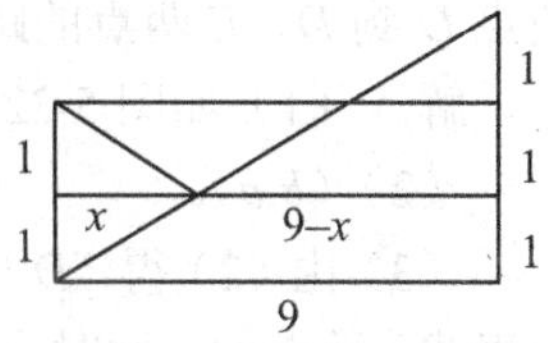   图 6-20

（3）通过以上解答，充分展开联想，运用数形结合思想，请你尝试解决下面问题：若 $y=\sqrt{x^2+1}+\sqrt{(9-x)^2+4}$，当 x 为何值时，y 的值最小，并求出这个最小值。

（答案：（1）略；（2）$\dfrac{\sqrt{35}}{3}$；（3）构造图形，得 $x=2\sqrt{10}-3$，$y=3\sqrt{10}$）

变式 9 如图 6-21 所示，在平面直角坐标系 xOy 中，直线 l 是第一、第三象限的角平分线。

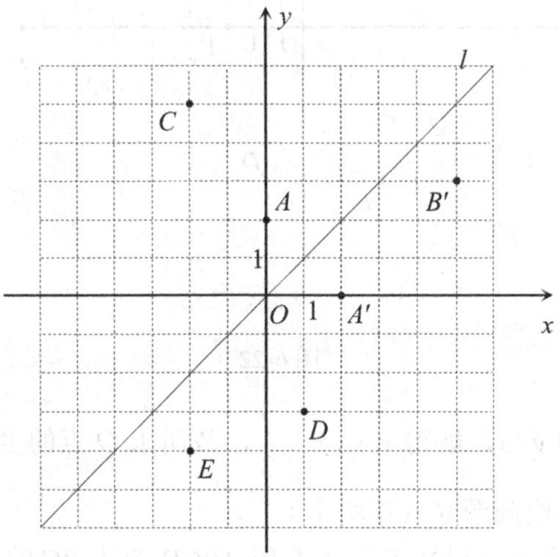

图 6-21

实验与探究：（1）由图 5-21 观察易知点 A（0,2）关于直线 l 的对称点 A' 的坐标为（2,0）。请在图 6-21 中分别标出点 B（5,3）、C（-2,5）关于直线 l 的对称点 B'、C' 的位置，然后写出它们的坐标：B'_____，C'_____。

运用与拓展：（2）结合图形观察以上三组点的坐标，可以发现：坐标平面内任意一点 $P(a,b)$ 关于第一、第三象限的角平分线 l 的对称点 P' 的坐标为_____（不必证明）。

归纳与发现：（3）已知两点 D（1,-3），E（-2,-4）。试在直线 l 上确定一点 Q，使点 Q 到 D、E 两点的距离之和最小，并求出点 Q 的坐标。

解　（1）如图 5-22 所示，B'（3,5）、C'（5,-2）。

（2）(b,a)。

（3）由（2）得，D（1,-3）关于直线 l 的对称点 D' 的坐标为（-3,1），连接 $D'E$ 交直线 l 于点 Q，此时点 Q 到 D、E 两点的距离之和最小。

设过 D'（-3,1），E（-2,-4）的直线的解析式为 $y=kx+b$，则

$$\begin{cases} -3k+b=1, \\ -2k+b=-4, \end{cases}$$ 解得 $k=-5$，$b=-14$，故 $y=-5x-14$。

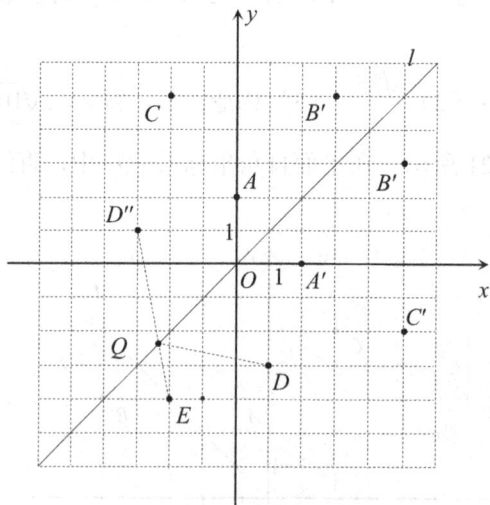

图 6-22

由 $y=-5x-14$ 和 $y=x$，解得 $x=y=-\dfrac{7}{3}$，故所求 Q 点的坐标为（$-\dfrac{7}{3}$，$-\dfrac{7}{3}$）。

案例 4：几何证明问题（八年级下）

题目如图 6-23 所示，已知 E 为正方形 $ABCD$ 的边 BC 的中点，$EF \perp AE$，CF

平分∠DCG，求证：AE=EF。（人教版课本 P₁₂₂ 第 15 题）

证明：取 AB 中点 M，连结 ME。

在正方形 ABCD 中，AB=BC，∠B=∠DCB=90°。

又 E 为 BC 中点，∴AM=BM=BE=EC，

于是∠BME=45°，∴∠AME=135°。

又 CF 平分∠DCG，∴∠ECF=135°，∠AME=∠ECF。

∵AE⊥EF，∴∠FEC+∠AEB=90°。

又∵∠BAE+∠AEB=90°，∴∠FEC=∠BAE，

∴△AME≌△ECF，∴AE=EF。

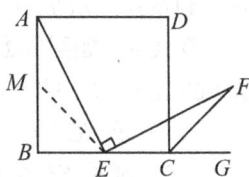

图 6-23

点评 通过作辅助线构造与△ECF 全等的三角形是证明本题的关键。根据点 E 在直线 BC 上的不同位置（可以分别为 BC 边上的任意一点、BC 边的延长线上的任意一点、CB 边的延长线上的任意一点）可以演变成一组题目，结论不变、证法类似。

演变

变式 1 如图 6-24 所示，如果把原题中的"点 E 是 BC 边的中点"改为"点 E 是 BC 边上的任意一点"，其他条件不变，请你猜想 AE=EF 的结论是否还能成立，并证明你的猜想。

（提示：在 AB 上取一点 M，连结 ME，证△AME≌△ECF。）

变式 2 如图 6-25 所示，如果把原题中的"点 E 是 BC 边的中点"改为"点 E 是 BC 边的延长线上的任意一点"，其他条件不变，请你猜想 AE=EF 的结论是否还能成立，并证明你的猜想。

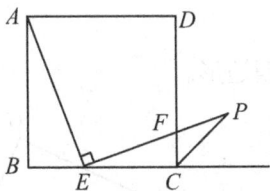

图 6-24

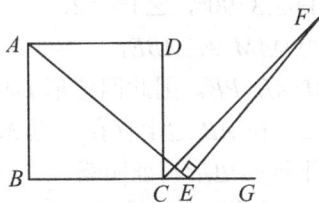

图 6-25

（提示：在 BA 的延长线上取一点 M，连结 ME，证△AME≌△ECF。）

变式 3 如图 6-26 所示，如果把原题中的"点 E 是 BC 边的中点"改为"点 E 是 CB 边的延长线上的任意一点"，其他条件不变，请你猜想 AE=EF 的结论是否还能成立，并证明你的猜想。

（提示：在 AB 的延长线上取一点 M，连结 ME，

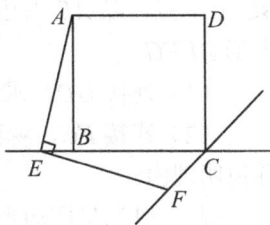

图 6-26

证△AME≌△ECF。)

变式 4　如图 6-27（a）所示，在边长为 5 的正方形 ABCD 中，点 E、F 分别是 BC、DC 边上的点，且 AE⊥EF，BE=2。

（1）求 EC∶CF 的值。

（2）延长 EF 交正方形外角平分线 CP 于点 P［图 6-27（b）］，试判断 AE 与 EP 的大小关系，并说明理由。

（3）提示：在 AB 边上存在一点 M，使四边形 DMEP 是平行四边形。证明略。

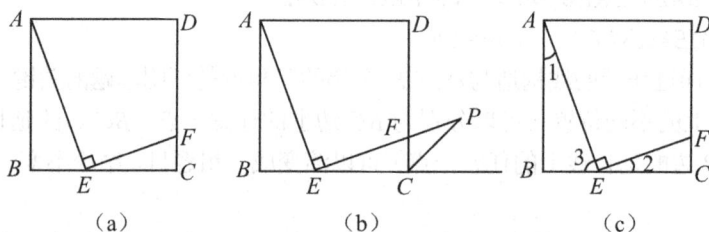

图 6-27

解　（1）如图 6-27（c）所示，

∵AE⊥EF，

∴∠2+∠3=90°。

∵四边形 ABCD 为正方形，

∴∠B+∠C=90°。

∴∠1+∠3=90°，∠1=∠2。

从而△DAM≌△ABE，

∴DM=AE=PE。因此四边形 DMEP 是平行四边形。

思路 2　在 AB 边上存在一点 M，使四边形 DMEP 是平行四边形。证明略。

变式 5　如图 6-28 所示,已知正方形 ABCD 在直线 MN 的上方，BC 在直线 MN 上，E 是 BC 上一点，以 AE 为边在直线 MN 的上方作正方形 AEFG。

（1）连接 GD，求证：△ADG≌△ABE。

（2）连接 FC，观察并猜测∠FCN 的度数，并说明理由。

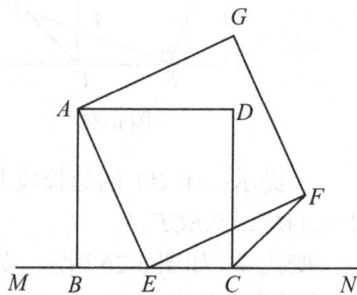

图 6-28

解　（1）∵四边形 ABCD 和四边形 AEFG 是正方形，

∴AB=AD，AE=AG，∠BAD=∠EAG=90°，

∴∠BAE+∠EAD=∠DAG+∠EAD，

∴∠BAE=∠DAG，

∴△BAE≌△DAG。

（2）∠FCN=45°。作 FH⊥MN 于 H，∵∠AEF=∠ABE=90°，

∴∠BAE+∠AEB=90°，∠FEH+∠AEB=90°，∴∠FEH=∠BAE。

又∵AE=EF，∠EHF=∠EBA=90°，∴△EFH≌△ABE，

∴FH=BE，EH=AB=BC，∴CH=BE=FH。

∵∠FHC=90°，∴∠FCN=45°。

变式 6　数学课上，张老师出示了问题：如图 6-29（a）所示，四边形 ABCD 是正方形，点 E 是边 BC 的中点。∠AEF=90°，且 EF 交正方形外角∠DCG 的平分线 CF 于点 F，求证：AE=EF。

经过思考，小明展示了一种正确的解题思路：取 AB 的中点 M，连接 ME，则 AM=EC，易证△AME≌△ECF，所以 AE=EF。

在此基础上，同学们作了进一步的研究：

（1）小颖提出：如图 6-29（b）所示，如果把"点 E 是边 BC 的中点"改为 "点 E 是边 BC 上（除 B、C 外）的任意一点"，其他条件不变，那么结论"AE=EF" 仍然成立，你认为小颖的观点正确吗？如果正确，写出证明过程；如果不正确，请说明理由。

（2）小华提出：如图 6-29（c）所示，点 E 是 BC 的延长线上（除 C 点外）的任意一点，其他条件不变，结论"AE=EF"仍然成立。你认为小华的观点正确吗？如果正确，写出证明过程；如果不正确，请说明理由。

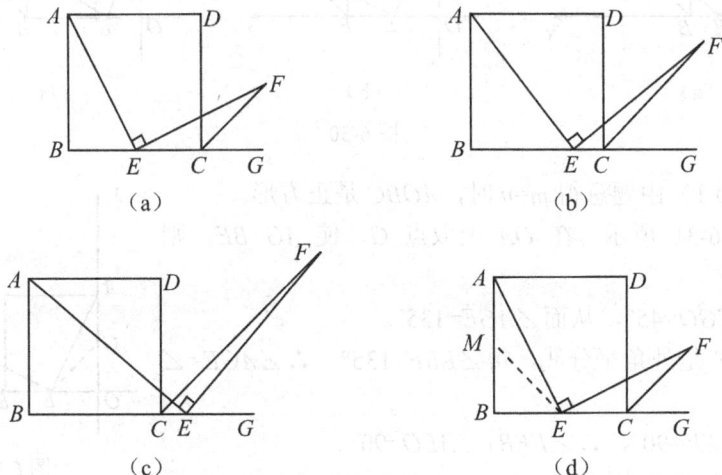

（a）　　　　　　　　　　（b）

（c）　　　　　　　　　　（d）

图 6-29

解 （1）正确。如图 6-29（d）所示，

在 AB 上取一点 M，使 $AM=EC$，连接 ME。

∴ $BM=BE$，$\angle BME=45°$，∴ $\angle AME=135°$。

∵ CF 是外角平分线，

∴ $\angle DCF=45°$，$\angle ECF=135°$，从而 $\angle AME=\angle ECF$。

∵ $\angle AEB+\angle BAE=90°$，$\angle AEB+\angle CEF=90°$，

∴ $\angle BAE=\angle CEF$，$\triangle AME\cong\triangle BCF$，故 $AE=EF$。

（2）正确。在 BA 的延长线上取一点 N，使 $AN=CE$，连接 NE 即可。

变式 7 如图 6-30（a）所示，在平面直角坐标系中，矩形 $AOBC$ 在第一象限内，E 是边 OB 上的动点（不包括端点），作 $\angle AEF=90°$，使 EF 交矩形的外角平分线 BF 于点 F，设 $C（m,n）$。

（1）若 $m=n$ 时，如图 6-30（b）所示，求证：$EF=AE$。

（2）若 $m\neq n$ 时，如图 6-30（c）所示，试问边 OB 上是否还存在点 E，使得 $EF=AE$？若存在，请求出点 E 的坐标；若不存在，请说明理由。

（3）若 $m=tn（t>1）$ 时，试探究点 E 在边 OB 的何处时，使得 $EF=(t+1)AE$ 成立？并求出点 E 的坐标。

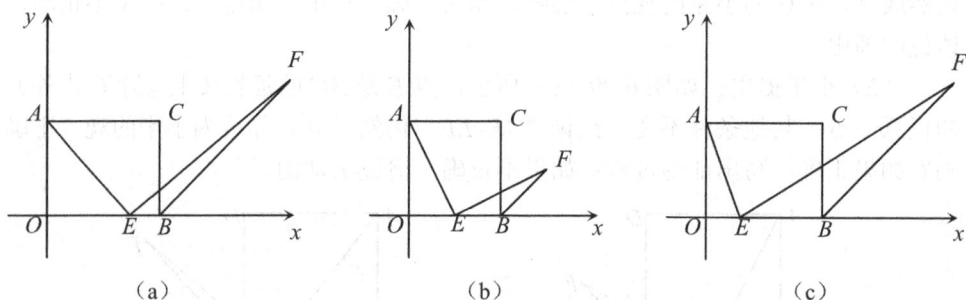

| （a） | （b） | （c） |

图 6-30

解 （1）由题意得 $m=n$ 时，$AOBC$ 是正方形。

如图 6-31 所示，在 OA 上取点 G，使 $AG=BE$，则 $OG=OE$。

∴ $\angle EGO=45°$，从而 $\angle AGE=135°$。

由 BF 是外角平分线，得 $\angle EBF=135°$，∴ $\angle AGE=\angle EBF$。

∵ $\angle AEF=90°$，∴ $\angle FEB+\angle AEO=90°$。

在 Rt$\triangle AEO$ 中，∵ $\angle EAO+\angle AEO=90°$，

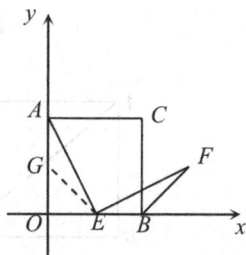

图 6-31

∴∠EAO=∠FEB，∴△AGE≌△EBF，EF=AE。

（2）假设存在点 E，使 EF=AE。设 E（a,0）。作 FH⊥x 轴于 H，如图 6-32 所示。

由（1）知∠EAO=∠FEH，于是 Rt△AOE≌Rt△EHF。

∴FH=OE，EH=OA。

∴点 F 的纵坐标为 a，即 FH=a。

由 BF 是外角平分线，知∠FBH=45°，∴BH=FH=a。

又由 C（m,n）有 OB=m，∴BE=OB−OE=m−a，

∴EH=m−a+a=m。

又 EH=OA=n，∴m=n，这与已知 m≠n 相矛盾。

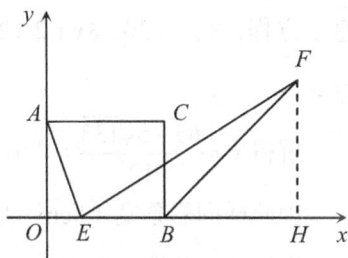

图 6-32

因此在边 OB 上不存在点 E，使 EF=AE 成立。

（3）如图 6-32 所示，设 E（a,0），FH=h，则 EH=OH−OE=h+m−a。

由∠AEF=90°，∠EAO=∠FEH，得△AOE∽△EHF，

∴EF=（t+1）AE 等价于 FH=(t+1)OE，即 h=(t+1)a，

且 $\dfrac{AO}{EH}=\dfrac{OE}{FH}$，即 $\dfrac{n}{h+m-a}=\dfrac{a}{h}$，

整理得 nh=ah+am−a²，∴$h=\dfrac{am-a^2}{n-a}=\dfrac{a(m-a)}{n-a}$。

把 h=(t+1)a 代入得 $\dfrac{a(m-a)}{n-a}=(t+1)a$，

即 m−a=(t+1)(n−a)。

而 m=tn，因此 tn−a=(t+1)(n−a)。

化简得 ta=n，解得 $a=\dfrac{n}{t}$。

∵t>1，∴$\dfrac{n}{t}<n<m$，故 E 在 OB 边上。

∴当 E 在 OB 边上且离原点距离为 $\dfrac{n}{t}$ 处时满足条件，此时 E（$\dfrac{n}{t}$,0）。

案例 5：实际问题与一元二次方程（九年级上）

题目　如图 6-33 所示，要设计一幅宽 20cm，长 30cm 的图案，其中有两横两竖的彩条，横、竖彩条的宽度比为 3:2，如果要使彩条所占面积是图案面积的四分之一，应如何设计彩条的宽度（精确到 0.1cm）？（人教课本 P₅₃ 10 题）

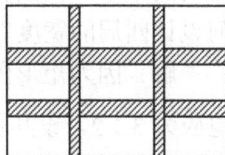

图 6-33

分析 结合图形,阅读理解题意(数形结合)。矩形图案中,长 30cm,宽 20cm。现设计了横、竖彩条各 2 条,且其宽度比为 3:2,于是设横彩条宽为 3$x$cm,则竖彩条的宽就为 2$x$cm,其长与矩形图案的长宽相关。等量关系式为"使彩条所占面积是图案面积的四分之一"。

解 方法一:根据题意,设横向彩条的宽为 3x,则竖向彩条的宽为 2x,于是,建立方程,得 $2\times30\times3x+2\times20\times2x-4\cdot3x\cdot2x=\frac{1}{4}\times30\times20$,化简得 $12x^2-130x+75=0$。

解得 $x=\dfrac{65-5\sqrt{133}}{12}\approx0.611$。

因此横向彩条宽 1.8cm,竖向彩条宽 1.2cm。

方法二:如图 6-34 所示,建立方程,得 $30\times6x+4x(20-6x)=\frac{1}{4}\times30\times20$。

方法三:如图 6-34 所示,建立方程,得 $(30-4x)(20-6x)=\frac{3}{4}\times30\times20$。

点评 列一元二次方程解应用题的一般步骤为:

(1)设:即设好未知数(直接设未知数,间接设未知数),不要漏写单位。

(2)列:根据题意,列出含有未知数的等式,注意等号两边量的单位必须一致。

(3)解:解所列方程。

(4)验:一是检验是否为方程的解,二是检验是否为应用题的解;

(5)答:即答题,怎么问就怎么答,注意不要漏写单位。

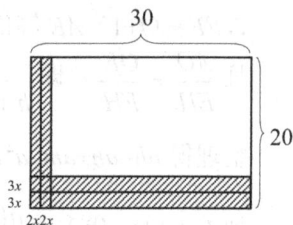

图 6-34

演变

变式 1 矩形图案的长、宽不变,但设计的两横两竖彩条的宽度相同,如果彩条的面积是图案面积的四分之一,求彩条的宽。(答案:$\dfrac{25-5\sqrt{19}}{2}$)

变式 2 矩形图案的长、宽不变,现设计一个正中央是与整个矩形长宽比例相同的矩形,其面积是整个矩形面积的四分之三,上下边等宽,左右等宽,应如何设计四周的宽度?

解 因为矩形图案的长、宽比为 30:20=3:2,所以中央矩形的长、宽之比也应为 3:2,设其长为 3x,则宽为 2x,所以 $2x\cdot3x=\frac{3}{4}\times30\times20$,得 $x=5\sqrt{3}$,从

而上、下边宽为 $(20-2x)\times0.5=10-x=5(2-\sqrt{3})$，左、右宽为 $(30-3x)\times0.5=$ $\dfrac{15(2-\sqrt{3})}{2}$。

变式 3　如图 6-35 所示，一边长为 30cm、宽 20cm 的长方形铁皮，四角各截去一个大小相同的正方形，将四边折起，可以做成一个无盖长方体容器。求所得容器的容积 V 关于截去的小正方形的边长 x 的函数关系式，并指出 x 的取值范围。

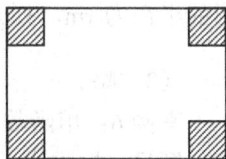

图 6-35

解　根据题意可得，V 关于 x 的函数关系式为：
$$V=(30-2x)(20-2x)x$$
即 $V=4x^3-100x^2+600x$，x 的取值范围是 $0<x<10$。

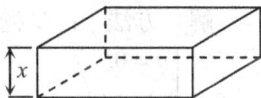

变式 4　在一块长 30m、宽 20m 的矩形荒地[图 6-36（a）]上，要建造一个花园，并使花园所占的面积为荒地面积的一半。

小明的设计方案如图 6-36（b）所示，其中花园四周小路的宽度都相等。小明通过列方程，并解方程，得到小路的宽为 2.5m 或 22.5m。

小亮的设计方案如图 6-36（c）所示，其中花园每个角上的扇形（四分之一圆弧）都相同。

解答下列问题：

（1）小明的结果对吗？为什么？

（2）请你帮小亮求出图 6-36（c）中的 x？

（3）你还有其他设计方案吗？

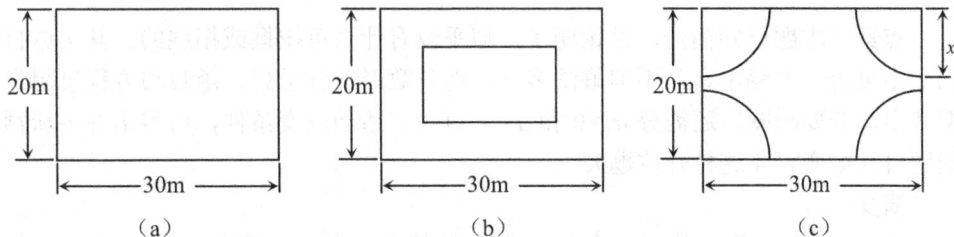

图 6-36

解　（1）小明的设计方案：由于花园四周小路的宽度相等，设其宽为 x m。则根据题意，列出方程，得 $(30-2x)(20-2x)=\dfrac{1}{2}\times30\times20$，即 $x^2-25x+75=0$，解得 $x=\dfrac{25+5\sqrt{13}}{2}$ 或 $x=\dfrac{25-5\sqrt{13}}{2}$。由于矩形荒地的宽是 20m，故舍去

$x=\dfrac{25+5\sqrt{13}}{2}$，得花园四周小路宽为 $\dfrac{25-5\sqrt{13}}{2}$ m，所以小明的结果不对。

（2）小亮的设计方案：由于其中花园的四个角上均为相同的扇形，所以设扇形的半径为 x m，列方程得 $\pi x^2=\dfrac{1}{2}\times 30\times 20$，所以 $x=10\sqrt{\dfrac{3}{\pi}}=\dfrac{10\sqrt{3\pi}}{\pi}$ m。

（3）略。

案例 6：用函数观点看一元二次方程（九年级下）

题目　抛物线 $y=ax^2+bx+c$ 与 x 轴的公共点是 A（$-1,0$）、B（$3,0$），求这条抛物线的对称轴。（人教课本 P_{23}　4 题）

解　方法一：∵ 抛物线 $y=ax^2+bx+c$ 与 x 轴的公共点是 A（$-1,0$）、B（$3,0$），

∴ $\begin{cases} a\neq 0,\\ a\cdot(-1)^2+b\cdot(-1)+c=0,\\ a\cdot 3^2+b\cdot 3+c=0, \end{cases}$ 解得 $\begin{cases} a\neq 0,\\ b=-2a,\\ c=-3a, \end{cases}$

∴ 抛物线的方程为 $y=ax^2-2ax-3a=a(x^2-2x-3)=a(x-1)^2-4a$（$a\neq 0$），

因此，所求抛物线的对称轴为 $x=1$。

方法二：∵ 抛物线 $y=ax^2+bx+c$ 与 x 轴的公共点是 A（$-1,0$）、B（$3,0$），

∴ 抛物线的方程可设为 $y=a(x+1)(x-3)$，$a\neq 0$，

即 $y=a(x^2-2x-3)=a(x-1)^2-4a$（$a\neq 0$），

所以，抛物线的对称轴为 $x=1$。

方法三：由于抛物线是关于对称轴对称的，且其对称轴 $x=h$ 与 x 轴垂直，

∴ 对称轴必过点 A（$-1,0$）、B（$3,0$）的中点，为 $h-(-1)=3-h$，得 $h=\dfrac{-1+3}{2}=1$。

点评　本题已知简洁，结论明了，似乎没有什么可挖掘或拓展的。其实题目乃平中见奇，内涵丰富，不但解法多样，而且数形结合思想、函数与方程思想贯穿其中，若要画图，还需分 $a>0$ 和 $a<0$ 讨论。适当改变条件，可得出许多新颖的题目（如变式 4 这种开放题）。

演变

变式 1　已知抛物线 $y=ax^2+bx+c$ 与 x 轴的公共点是 A（$-1,0$）、B（$3,0$），与 y 轴的公共点是 C，顶点是 D。（1）若 △ABC 是直角三角形，则 $a=$＿＿＿＿＿＿＿；（2）若 △ABD 是直角三角形，则 $a=$＿＿＿＿＿＿＿。

解　在草稿纸上画出大致图像，可知

（1）若 △ABC 是直角三角形，则直角顶点只能是 C，∴ C（$0,c$），即 C（$0,-3a$），于是 $(-3a)^2=1\times 3$，解得 $a=\pm 1$。

（2）若 △ABD 是直角三角形，则直角顶点只能是 D，∴ D（$0,-4a$），于是由

$2|(-4a)|=4$，解得 $a=\pm\dfrac{1}{2}$。

变式 2　已知抛物线 $y=ax^2+bx+c$ 与 x 轴的公共点是 A（$-1,0$）、B（$3,0$），与 y 轴的公共点是 C，顶点是 D。是否存在非零常数 a，使 A、B、C、D 在一个圆上？

解　假设存在非零常数 a，使 A、B、C、D 在一个圆上，则圆心 E 必在抛物线的对称轴 $x=1$ 上，于是令 E（$1,m$），则 $|DE|=|m+4a|$，$|AE|=|BE|=\sqrt{4+m^2}$，$|CE|=\sqrt{1+(m+3a)^2}$。由 E 到 A、B、C、D 的距离相等，得

$$|m+4a|=\sqrt{4+m^2}=\sqrt{1+(m+3a)^2}$$

经求解知，不存在非零常数 a 使上式成立，因此表明，不存在非零常数 a，使 A、B、C、D 在一个圆上。

变式 3　已知抛物线 $y=ax^2+bx+c$ 与 x 轴的公共点是 A（$-1,0$）、B（$3,0$），与 y 轴的公共点是 C，顶点是 D。若四边形 $ABDC$ 的面积为 2，求抛物线的解析式。

解　作出示意图，设对称轴与 x 轴的交点为 E。

则 $\triangle BDE$ 的面积为 $\dfrac{1}{2}EB\cdot DE=\dfrac{1}{2}\times2\times|4a|=4|a|$；

$\triangle AOC$ 的面积为 $\dfrac{1}{2}AO\cdot CO=\dfrac{1}{2}\times1\times|3a|=\dfrac{3}{2}|a|$；

直角梯形 $OCDE$ 的面积为 $\dfrac{1}{2}(CO+DE)\cdot OE=\dfrac{1}{2}(|3a|+|4a|)\cdot1=\dfrac{7}{2}|a|$；

从而四边形 $ABDC$ 的面积等于 $4|a|+\dfrac{3}{2}|a|+\dfrac{7}{2}|a|=9|a|=18$，

$\therefore a=\pm2$。

因此，抛物线的解析式为 $y=2x^2-4x-6$ 或 $y=-2x^2+4x+6$。

变式 4　已知二次函数 $y=ax^2+bx+c$（$a\neq0$）的图像如图 6-37 所示，你能根据图像所提供的信息得出哪些结论呢？试一试。

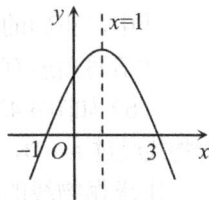

图 6-37

（1）已知二次函数 $y=ax^2+bx+c$（$a\neq0$）的图像如图 6-38 所示，给出以下结论：

1）$a>0$。

2）该函数的图像关于直线 $x=1$ 对称。

3）当 $x=-1$ 或 $x=3$ 时，函数 y 的值都等于 0。

其中正确结论的个数是（　　）。（B）

A. 3　　　　　　　　　　　B. 2

C. 1　　　　　　　　　　　D. 0

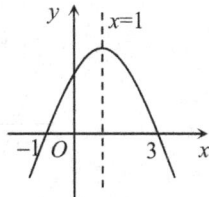

图 6-38

（2）抛物线 $y=a(x+1)(x-3)$（$a\neq0$）的对称轴是直线（　　）。（A）

　　A．$x=1$　　　　　　B．$x=-1$　　　　　　C．$x=-3$　　　　　　D．$x=3$

（3）已知二次函数 $y=ax^2+bx+c$（$a\neq0$）的图像如图 6-39 所示，有下列四个结论：①$b<0$；②$c>0$；③$b^2-4ac>0$；④$a-b+c<0$。

　　其中正确的个数有（　　）。（C）

　　A．1个　　　　　　　B．2个　　　　　　　C．3个　　　　　　　D．4个

（4）二次函数 $y=ax^2+bx+c$（$a\neq0$）的图像如图 6-40 所示，对称轴是直线 $x=1$，则下列四个结论错误的是（　　）。（D）

　　A．$c>0$　　　　　　B．$2a+b=0$　　　　　　C．$b^2-4ac>0$　　　　　　D．$a-b+c>0$

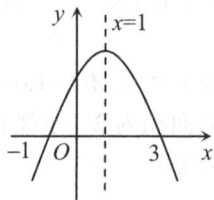　　　　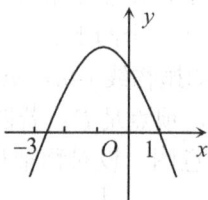

　　　　图 6-39　　　　　　　　　　　　　　图 6-40

（5）如图 6-41 所示为二次函数 $y=ax^2+bx+c$（$a\neq0$）的图像，给出下列说法：①$ab<0$；②方程 $ax^2+bx+c=0$ 的根为 $x_1=-1$，$x_2=3$；③$a+b+c>0$；④当 $x>1$ 时，y 随 x 值的增大而增大；⑤当 $y>0$ 时，$-1<x<3$。

　　其中，正确的说法有（　　）。（①②④）

　　（请写出所有正确说法的序号）

（6）如图 6-42 所示，已知点 A（$-1,0$），B（$3,0$），C（$0,t$），且 $t>0$，$\tan\angle BAC=3$，抛物线经过 A、B、C 三点，点 P（$2,m$）是抛物线与直线 l[$y=k(x+1)$]的一个交点。

　　①求抛物线的解析式；②对于动点 Q（$1,n$），求 $PQ+QB$ 的最小值；③若动点 M 在直线 l 上方的抛物线上运动，求 $\triangle AMP$ 的边 AP 上的高 h 的最大值。

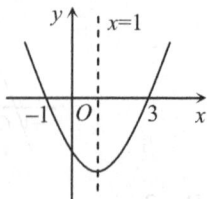　　　　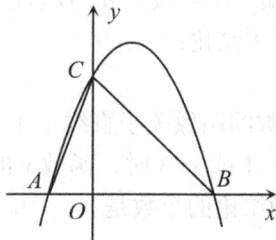

　　　　图 6-41　　　　　　　　　　　　　　图 6-42

（7）如图 6-42 所示，抛物线 $y=ax^2+bx-4a$ 经过 A（–1,0）、C（0,4）两点，与 x 轴交于另一点 B。

①求抛物线的解析式。

②已知点 D（$m,m+1$）在第一象限的抛物线上，求点 D 关于直线 BC 对称的点的坐标。

③在②的条件下，连接 BD，点 P 为抛物线上一点，且 $\angle DBP=45°$，求点 P 的坐标。

（8）如图 6-43 所示，已知抛物线与 x 交于 A（–1,0）、E（3,0）两点，与 y 轴交于点 B（0,3）。

①求抛物线的解析式。

②设抛物线顶点为 D，求四边形 $AEDB$ 的面积。

③$\triangle AOB$ 与 $\triangle DBE$ 是否相似？如果相似，请给以证明；如果不相似，请说明理由。

（9）如图 6-44 所示，在直角坐标系中，点 A、B、C 的坐标分别为（–1,0）、（3,0）、（0,3），过 A、B、C 三点的抛物线的对称轴为直线 l，D 为对称轴 l 上一动点。

①求抛物线的解析式。

②求当 $AD+CD$ 最小时点 D 的坐标。

③以点 A 为圆心，以 AD 为半径作⊙A。

i）证明：当 $AD+CD$ 最小时，直线 BD 与⊙A 相切。

ii）写出直线 BD 与⊙A 相切时，D 点的另一个坐标：_____。

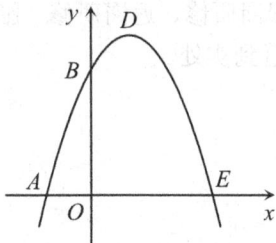

图 6-43

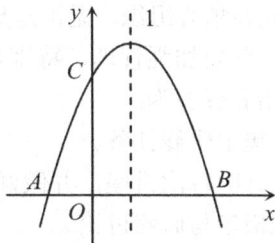

图 6-44

（10）如图 6-44 所示，二次函数 $y=x^2+bx+c$ 的图像经过 A（–1,0）和 B（3,0）两点，且交 y 轴于点 C。

①试确定 b、c 的值。

②过点 C 作 $CD/\!/x$ 轴交抛物线于点 D，点 M 为此抛物线的顶点，试确定 $\triangle MCD$ 的形状。

（11）如图 6-45 所示，已知抛物线 $y=ax^2+bx+3$ （$a\neq0$）与 x 轴交于点 A（1,0）和点 B（–3,0），与 y 轴交于点 C。

①求抛物线的解析式。

②设抛物线的对称轴与 x 轴交于点 M，问在对称轴上是否存在点 P，使△CMP 为等腰三角形？若存在，请直接写出所有符合条件的点 P 的坐标；若不存在，请说明理由。

③如图 6-46 所示，若点 E 为第二象限抛物线上一动点，连接 BE、CE，求四边形 $BOCE$ 面积的最大值，并求此时 E 点的坐标。

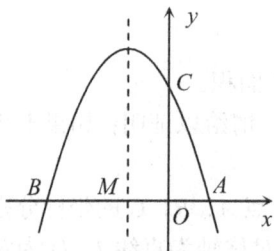 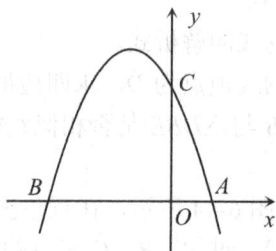

图 6-45   图 6-46

3. 教育部门加强对数学青年教师进行有效的培训。个别培训没有收到多大的实际效果。比如暑期教师培训，一个市青年教师达几百人上千人，一同坐在大礼堂讲，这样有效果吗？有些青年教师报到就离开。培训时应该分成几期，划成小班教学，并采取互动式的方法培训，培训后经过严格的考试才能合格，然而现实中又有多少经过了严格的考试呢？有些教师来培训的目的就是来领一个学时证明而已。因此要精心组织，无论是集中研修、跟岗研修、返岗研修（影子跟岗）、网络研修等，都要加强管理，特别是网络研修落到实处。

一般培养任务为：

（1）集中研修任务。

1）认真听每次讲座，并做好笔记。

2）积极参与研修讨论。

3）根据培训内容配合班委完成新闻简报及积极参与其他活动。

4）以项目县为单位提交第一次送教方案。

5）写一份总结（至少 1500 字）。

（2）跟岗任务。

1）磨一堂公开课，提交一堂课的教学设计（由一线指导老师批改）。

2）完成一个主题式教研活动实施方案。

3）每天至少听课 2 节。

4）一份跟岗研修总结。

5）写一份教学反思。

（3）返岗任务。

1）完成一定数量的听课任务。

2）认真组织送教，至少上一堂示范课。

3）至少培养 2 位最青年数学教师。

4）认真完成网络研修任务，至少达 90 分以上。

完成以上各项任务后才能颁发培训学时证和培训合格证，对各项完成优秀的评为优秀学员，与职务职称晋升挂钩。

4. 教育部门定期组织教育学、心理学等知识的考试，与五年一个周期教师资格审核挂钩。

第七章　中小学学校对数学青年教师的培养建议

1．要求教师自学学校对教师教学的要求，学校分别制定短、中、长期培养目标。

2．发动数学教师引导学生写数学作文，畅谈学习数学的感受及数学知识的应用等。

3．有必要组织数学青年教师参加考试。比如结合案例进行新课标、教育学、心理学等知识的考试，甚至与学生一同参加学生的期末考试及竞赛等。这就迫使青年教师平时挤时间自学，特别是迫使数学青年教师多做题，比如做一些近三年各地的中考题、高考题、竞赛题等，特别是教材上的习题和练习册等资料上的题都要亲自做，不要动不动看答案。经常对一些题目作变形、演绎。笔者在与自身学校数学青年教师座谈时就谈到这方面的问题，他们说平时教学任务紧，没有时间做。其实是能挤时间进行学习的，笔者就是从中成长起来的。学校要进一步加强与外校的交流与合作，教导处在该校订的数学试题，个别的青年教师一边拿试卷一边总是问有无答案，可笔者从不要求要答案，自己亲自做。这样更加能锻炼自己。

4．加强了青年教师的培养工作，充分发挥老教师的"传、帮、带"作用。

（1）青年教师与老教师年终进行经验交流并交培养总结。

（2）关心保护名师。"名师出高徒"，这是流传千古的至理名言。一方面，名师可以带出一批高素质的青年教师，形成高素质的教师整体；另一方面，名师具有较高的教学能力，可以培养出一批出类拔萃的优秀苗子。可以断言，凡是在社会上享有盛名的名牌学校，均有一批为人师表、造诣高深、见解独到、才干超群的名师。强化名师意识，通过各方面的政策倾斜，去关心和爱护名师，尊重和保护名师，实现其劳动价值。

（3）发挥名师的综合效应。首先，利用大众传媒，大力歌颂名师的敬业精神、师德风范、工作业绩和社会贡献，使社会公众了解名师、了解教育，进而做到尊师重教。其次，认真研究、总结名师的成才规律和成功的经验，通过文字、影像等多种形式，将名师的风范由个体状态变为广大教师共同拥有的社会财富，并通过推广、交流、宣传，使其在更大范围内发生长期效用。另外，要重视名师的"传、帮、带"功能和直接辐射作用。

5．坚持年青教师的公开课和赛课。每年春季举行一次公开课，每年秋季举行一次赛课。公开课组织全校教师听。赛课由行政领导、中学高级教师组成评委进行听课，欢迎其他教师听课。听后进行交流和总结及评奖，以资鼓励。

6．鼓励和支持年青教师积极参加区、市教研活动和培训（参加市组织的信息技术培训等）。

7．加强青年教师的忧患意识和危机意识的教育。

8．由行政和高级教师组成听课小组不定期随堂听青年教师的常规课（推门听课制），并与青年教师交换意见，以便提高。

9．青年教师每学年度写出教育教学论文或经验总结。

10．建立青年教师成长记录袋。将听课情况、教育教学比赛情况、期末考试情况、公开课情况等进行记录，并作为评优晋级的重要依据。

11．青年教师特别是数学青年教师要多做题，比如近三年各地的中考题、高考题、竞赛题等。

总之，师范院校的数学院系、基础教育部门、学校对在校大学生及刚参加工作的青年教师在数学知识素质、能力素质、个性心理素质等方面进行联合培养，才能让数学青年教师迎接新课程的挑战。数学青年教师自身也要加强修炼，不断完成新课标和新课程的要求，培养出德、智、体、美、劳等方面全面发展的合格的学生。

第八章　新时代对新入职数学教师素养的要求

第一节　新入职教师的工作态度及学生对数学及数学教师的要求

1. 从教师队伍现状中看培养青年教师的重要性：现在每个学校青年教师增加，有些学校占教师总数的 40%左右。

2. 从新课标及理念要求中看培养青年教师的重要性：

（1）积极的方面：青年教师思想活跃、勤奋好学，接受新知识、新的课程理念快，外语、计算机操作能力强，运用现代教育技术熟练。部分青年教师忠于人民的教育事业，工作上兢兢业业。有的在教学或教研上均取得了成果，已成为教学骨干。

（2）消极的方面。第一，当前师范大学生学习的气氛不浓，对走上工作岗位适应教学有影响。第二，新教师利益意识浓厚，责任心不强，工作马虎，不求上进。有的青年教师不认真备课和写教案，不认真批改作业，对自己、对学生都要求不严。有的青年教师盲目自满，自认为马上可以胜任课程而不愿扎扎实实地学习新课程及新课程教学论，不认认真真做习题、实验、备课、写教案等，一旦有空就玩手机、玩游戏，做与教学无关的事。第三职业满意度低，集体观念较差，师德意识淡薄。第四教学经验明显不足，对新课程理解不深，时而会出现照本宣科现象。

根据有关专家分析：当今信息社会三年内发生的变化，相当于 20 世纪初 30 年的变化，牛顿 300 年的变化，石器时代 3000 年的变化。目前，西方流行这样一条"知识折旧定律"：一个人一年不学习，所拥有的全部知识就会折旧 80%。事实上，教师在担任教师职务以前所学的知识仅是一个人一生中所学知识的十分之一。因此，有必要加强教师特别是青年教师的培养，促使他们不断地学习，不断地更新知识，不断地提高自己的综合素质，以适应新课程的需要，积极推进素质教育进程。

3. 通过调查：新教师对新课标及新教材的看法：

从调查看有 35%的新教师还没有认真研究过《数学课程标准》，说天天太忙了，没有时间阅读；56%的新教师只是浏览式地读了一次，9%的新教师认真地读了一次。对于新教材 76%的新教师认为会提前完成当天的内容，认为两课时的教学任务一课时能完成。46%的新教师不知道如何根据教材来落实新课标的要求；

58%的新教师不知道如何去培养学生的数学素质，只知道把教材的知识、例题讲完了、练习练了就结束了，没有进行变式、拓展，更没有启发、归纳出数学方法和数学思想等。这充分说明新教师要对新课标及新教材及新课程理念要加以重视，同时学校也要对新教师进行系统的培养。

4．中小学生对数学及数学教师的要求：

（1）在某校七年级中对学生对数学及数学教师的要求进行问卷调查。

（2）调查结果显示：

1）七年级学生学习数学的兴趣并不浓厚。

A．有60%的学生喜欢数学，但其中只有25%的学生很喜欢数学，还有35%的学生对学习数学情感体验一般，5%的学生明确表示不喜欢学习数学。

B．数学学科在所有学科中，按学生喜爱的程度，排在第一的只有13%，排在第二的有37%，排在第三的占37%，排在第四或以下的占13%。

C．喜欢做数学作业的学生只有40%（其中很喜欢的只有13%），而有51%的学生对做数学作业的感觉很一般，还有9%的同学明确表示不喜欢做数学作业。

D．学生学习数学的动力是"兴趣爱好"的占27%，是因为"中考的压力"而学数学的有25%，而有48%的学生学习数学的动力是认为数学"有实用价值"。

2）七年级学生对学习数学缺乏信心，自主学习数学的少，依赖他人学习数学的多。

调查中发现：初中数学课堂中，最喜欢"听老师讲解"的人数占54%，最不喜欢的只占2%，最喜欢"与同学讨论"的人数占27%，最不喜欢的只占3%，而最喜欢"上台板演"与最喜欢"上台当小老师"的人数分别只占11%与0%，但最不喜欢的却占38%，最喜欢"举手发言"的人数只占8%，最不喜欢的也占24%。这说明初一学生在数学课堂上不喜欢表现自我，不愿暴露自己的缺点和错误，他们很少自主、主动学习数学，这恰恰也是他们对数学缺乏兴趣的标志。

3）影响七年级学生学习数学兴趣的因素是多方面的，有来自教师方面的原因，也有来自学生自身的原因，还有教材内容本身的原因。

A．对数学感兴趣的学生有30%，是因为"小学数学基础好，从小就喜欢"；有30%的学生是因为"老师讲得好"才喜欢，而有30%的学生是因为感到数学"学了有用"，有3%的学生是因为觉得"数学易学"而对数学感兴趣，还有7%的学生有其他原因。这说明教师的教学水平有待提高，教学方法需要不断改进，能否让学生感到数学学了有用是影响学生兴趣的主要因素之一。

B．对数学不感兴趣的学生有11%，是因为"小学数学基础不好，从小就不喜欢"，有3%的学生回答是因为"老师教得不好"，而认为数学"学了没用"的学生有11%，但认为"数学太难"的学生却有16%。这说明教材内容偏难是影响学生学习兴趣的又一重要因素，而小学数学基础是否打好也是学生对数学兴趣形成的重要条件。因此教材内容需要降低难度，学生自己也要牢固掌握基本知识。

C. 最受学生欢迎的数学教师是"耐心细致、和蔼可亲"型的，最喜欢这一类型教师的学生占 32%，而最喜欢"知识渊博，思维敏捷"的数学教师的学生只占 16%，最喜欢"严肃认真，一丝不苟"的数学教师的学生有 5%，而最喜欢"语言生动，风趣幽默"的数学教师的学生有 73%。这说明教师的教学态度、教学行为是影响学生学习数学兴趣的重要因素。

通过对七年级学生及新入职数学青年教师的调查分析，其结论是学校要加强青年教师的培养，特别是对新教师素质方面进行培养和提高，尤其是在课堂教学中，敢于面对自我，勇于自我否定，由灌输式转向启发式教育，创造富有生机和活力的课堂教学气氛。

小学、初中学生对于教师的教育教学艺术要求更高，希望老师能把课堂变成师生情感交流的"磁场"，1979 年，费尔德曼（R. S. Feldman）等对学生评价为能力高和低的教师在学生的影响力上进行了比较。结果发现，学生对于能力较高的教师表示内心怀有积极的期待，认为教师讲授的课程不太难，并感到对该门功课有兴趣，学习有效果，与此同时会产生喜欢教师的情感，而学生对能力较低的教师反应消极，他们不仅感到学习上困难，而且没有兴趣，学习没有效果。因此更加不喜欢该教师。许多调查研究也发现，学生对教师的喜欢与其教学能力有很重要的关系，他们往往是因为喜欢上这些教师的课而喜欢上该教师的。随着学生自我意识的发展，其对教师的素质的要求也越来越高，他们往往希望教师具备以下几个方面的基本素质：一是有足够的教育机智，能够机智幽默、随机应变地处理各种突发事件；二是教育教学能力，包括组织教学的能力、言语表达的能力、了解学生的能力、独立创造的能力、实际操作的能力、适应新情景的能力、善于进行说服教育的能力等；三是科学研究和自我完善的能力。

习近平总书记对教师提出了四点好老师的共同特质：第一，做好老师，要有理想信念。一个优秀的老师，应该是"经师"和"人师"的统一，既要精于"授业""解惑"，更要以"传道"为责任和使命。好老师心中要有国家和民族，要明确意识到肩负的国家使命和社会责任。第二，做好老师，要有道德情操。一个老师如果在是非、曲直、善恶、义利、得失等方面老出问题，怎么能担起立德树人的责任？广大教师必须率先垂范、以身作则，引导和帮助学生把握好人生方向，特别是引导和帮助青少年学生扣好人生的第一粒扣子。第三，做好老师，要有扎实学识。陶行知先生说："出世便是破蒙，进棺材才算毕业。"这就要求老师始终处于学习状态，站在知识发展前沿，刻苦钻研、严谨笃学，不断充实、拓展、提高自己。过去讲，要给学生一碗水，教师要有一桶水，现在看，这个要求已经不够了，应该要有一潭水。第四，做好老师，要有仁爱之心。爱是教育的灵魂，没有爱就没有教育。好老师要用爱培育爱、激发爱、传播爱，通过真情、真心、真诚拉近同学生的距离，滋润学生的心田。好老师应该把自己的温暖和情感倾注到每一个学生身上，用欣赏增强学生的信心，用信任树立学生的自尊，让每一个学生都健康成长，让每一个学生都享受成功的喜悦。

第二节　职业道德方面

《中共中央国务院关于全面深化新时代教师队伍建设改革的意见》中指出：百年大计，教育为本；教育大计，教师为本。为深入贯彻落实党的十九大精神，造就党和人民满意的高素质专业化创新型教师队伍，落实立德树人根本任务，培养德智体美全面发展的社会主义建设者和接班人，全面提升国民素质和人力资源质量，提高教师思想政治素质。加强理想信念教育，深入学习领会习近平新时代中国特色社会主义思想，引导教师树立正确的历史观、民族观、国家观、文化观，坚定中国特色社会主义道路自信、理论自信、制度自信、文化自信。引导教师准确理解和把握社会主义核心价值观的深刻内涵，增强价值判断、选择、塑造能力，带头践行社会主义核心价值观。引导广大教师充分认识中国教育辉煌成就，扎根中国大地，办好中国教育。弘扬高尚师德，健全师德建设长效机制，推动师德建设常态化长效化，创新师德教育，完善师德规范，引导广大教师以德立身、以德立学、以德施教、以德育德，坚持教书与育人相统一、言传与身教相统一、潜心问道与关注社会相统一、学术自由与学术规范相统一，争做"四有"好教师，全心全意做学生锤炼品格、学习知识、创新思维、奉献祖国的引路人。

数学教师的职业道德素养体现在对待事业、对待学生、对待集体和对待自己等方面的素养。

1. 对待事业：爱岗敬业。在教学上三心二意，放松自己的教师不是一位能适应社会潮流的教师，特别要遵守《中小学教师职业道德规范》。

2. 热爱学生。

习近平总书记说，做有理想信念、有道德情操、有扎实学识、有仁爱之心的"四有"好教师。做好老师，要有仁爱之心。

建立新型的师生关系，热爱教育事业必须体现在热爱学生上，作为一个教师，最大的过错莫过于对待学生没有爱，最大的悲剧莫过于失去对学生的爱，以情育人是数学教师应有的道德品质；每位教师应该对学生有爱心，夏丏尊说过，教育之没有情感，没有爱，如同池塘没有水一样，就不能称其为池塘，没有爱就没有教育。

（1）了解学生，对学生爱不起来就是不了解学生，教育家苏霍姆林斯基认为"了解学生——这是教育学的理论和实践的最主要的交接点。"也是热爱学生的先决条件。要想学生喜欢数学，首先就要了解学生，了解他们的思想、生活、学习、家庭背景（特别是单家庭）等状况，对症下药。

（2）尊重学生。特别是人格上要平等相待，以诚相见，不能侮辱、讽刺、挖苦、体罚甚至变相体罚等。英国教育家斯宾塞曾经说过："野蛮产生野蛮，仁爱产生仁爱。"从心理学角度看，体罚会造成学生"意识障碍"和情感上的裂痕。"中等生""差生"有关学生的提法都不对。

（3）理解信任学生。年轻人可以不理解老年人，但老年人必须理解年轻人，因为每位老年人都是从年轻人过来的。同样学生与老师的关系也一样。

（4）关心爱护学生。首先要对后进生学习心理障碍进行疏导，主要对具有恐惧心理的、注意不专一的、认知难以深化的学生进行疏导，当好学生的心理医生，做学生的忘年交。其次利用赏识教育找闪光点。要关心学生的人生安全，"灾难前保护学生是老师的职责"。现在教育部要把"保护学生安全"写进《中小学教师职业道德规范》中。

（5）严格要求学生。不要粗暴简单地对待学生。师生关系应是民主型，而不是专制型与放任型。"切不可采取'压'的办法去解决问题，这样就会使矛盾激化，造成对抗，要像治水一样，重在疏导，使他们明白事理、提高认识，自觉地向正确的方向发展。"要教学相长：教师的教可以促进学生的学，教师也可以向学生学习，教师错了可以向学生检讨，做到公平、公正，不要对优生与差生不平等。但学生错了老师必须批评。

（6）要包容学生的错误，习近平总书记说，好老师一定要平等对待每一个学生，尊重学生的个性，理解学生的情感，包容学生的缺点和不足，善于发现每一个学生的长处和闪光点，让所有学生都成长为有用之才。

一是对学生思想表现、生活中的错要循循善诱地教育，并给予改正的机会。

二是对学生学习知识过程中犯的错误一定认真地辅导。

案例：在平时课堂教学中要善于总结分析，特别是学生中出现的种种错误，都要引导学生认真分析出现错误的原因，善于对待学生的错误，从而达到纠正错误的目的。

第一，堂课教学：

教师：请同学们化简 $\dfrac{2}{x(x+1)}+\dfrac{3}{x(x-1)}-\dfrac{5}{(x+1)(x-1)}$ （已学习了分式的运算和分式方程的解法），先请甲同学（优）、乙同学（中）、丙同学（中下）、丁同学（较差）上黑板做，其他同学在下面做。

这时同学们马上就动笔计算，教师在教室里来回看同学们的计算。3 分钟后有学生做完，其中有正确的也有错误的，于是教师叫大家检查，5 分钟后，全部学生计算完成。教师大致看了一下，绝大多数同学运算正确，但丁同学和下面做的三位学生是这样解的：

解：原式$=2(x-1)+3(x+1)-5x=1$。

在这四位学生做完后，教师叫他们自己再检查一遍（教师历来是上黑板来做的同学做完后，经自己检查后回到座位就不能再上黑板来改正，这样让他们检查时细心，平常给他们讲你在考试时交了卷后能重去改正吗？）。这时四位学生和下面做的学生都在仔细地检查，仍然没有检查出错误。

于是教师就开始一个一个地评讲，当讲到丁同学做的题时，班上的学生一阵大笑。

教师：你们在笑什么？看！丁同学运算出的结果多简单为 1！结果又引起学生们的一阵笑。

于是教师又问：你们觉得有问题吗？

甲同学说：虽然他的答案简单，但是解答有问题，他把分式的运算与分式方程的解法混淆了，分式的运算不能去分母。

教师：同学们！甲同学说得对不对？

同学们：对呀！

教师：那按照丁同学的解法解不是 $\frac{1}{2}+\frac{1}{3}=3+2=5$ 吗？

这时同学们又是一笑。当教师看到丁同学及其他三位学生面红耳赤，低下了头时，教师说："错了没关系，下次改正。"

教师：虽然丁同学把分式的运算与分式方程的解法混淆了，分式的运算去了分母，也就是说他把分式的运算当方程来解，虽然解法错了，但给了我们一个启示，若能将该题去掉分母来解，其解法确实简洁明快，因此我们能否考虑利用解分式方程的方法来解它呢？这时我看到前四位解错的同学慢慢地抬起了头。马上乙同学说："我知道了，因为去分母要有等式，就设 $\frac{2}{x(x+1)}+\frac{3}{x(x-1)}-\frac{5}{(x+1)(x-1)}=M$，去分母得 $2(x-1)+3(x+1)-5x=Mx(x+1)(x-1)$。

经整理得 $1=Mx(x+1)(x-1)$，解得 $M=\dfrac{1}{x(x+1)(x-1)}$。

即 $\dfrac{2}{x(x+1)}+\dfrac{3}{x(x-1)}-\dfrac{5}{(x+1)(x-1)}=\dfrac{1}{x(x+1)(x-1)}$。"

这时全班同学都感到佩服："哦，真好！"（大家都鼓掌表示祝贺）。

教师：（鼓掌）好！乙同学设所求的分式的值为 M（即换元），这样就建立了一定等式。前面丁同学虽然解法是错的，但他的这种用方程的思想来进行分式的运算却很简捷，是自己思维的真实展示，给了我们启迪。这时同学感到高兴，有了一定的信心。之后，前四位同学就勇跃发表自己的见解，大胆暴露自己的问题，即时纠正，信心在逐步提高。

第二，课后分析：

Ⅰ. 善于对待学生中的错误，认真分析错误原因。

错误从某种意义上说是美丽的。因为错解往往有它合理的一面，它多是学生在新旧知识之间的符号、表象或概念、命题之间的联系上出现了问题，而学生得出 $\dfrac{2}{x(x+1)}+\dfrac{3}{x(x-1)}-\dfrac{5}{(x+1)(x-1)}=1$ 从美的角度看学生是有创造力的，但从数学知识体系看这种创造力是错误的，探究其原因，主要是定势思维的影响。定势思维是指一定的心理活动所形成的倾向性的心理状态，它决定着后继心理活动的趋势，这种趋势既有积极的一面，又有消极的一面。比如学习分数的四则混合运算就必须先学习整数的四则混合运算，这个学好了就成了定势思维的积极一面，为分数的四则混合运算打下良好的基础，否则就成了消极的一面。又比如小学在学习"＋"和"－"时它们就是用作加减运算的符号，运算的结果都是非负数，在初中引入负数后，由于受非负数思维定势的影响，对有理数的性质符号有一个较长的适应过程，特别对用一个不带符号的字母表示的数时，学生往往把它当成一个正数，例如出现 $|a|=a$，$3a>2a$，$\sqrt{a^2}=a$ 等类似的错误；受公式 $m(a+b)=ma+mb$ 的思维定势的影响，学生出现了 $(a+b)^2=a^2+b^2$，$(a-b)^3=a^3-b^3$ 等的错误，这些都是由于记忆中的前抑制影响，前抑制是指先前的学习与记忆对后继的学习与记忆的干扰作用，如出现 $\dfrac{1}{2}+\dfrac{1}{3}=\dfrac{2}{5}$ 的错误是由于受先前学习 $1+1=2$，$2+3=5$ 的影响而致，它们对分数的加减运算进行了干扰。又比如出现 $\dfrac{2}{x(x+1)}+\dfrac{3}{x(x-1)}-\dfrac{5}{(x+1)(x-1)}$ $=1$ 的错误是受后学习了分式方程解法中去分母的影响所致，这些都是由于记忆中的倒抑制的影响。倒抑制是指后来的学习与记忆对先前的学习与记忆的干扰作用。教学中要克服这两种负面影响。

Ⅱ. 在教学中要善待学生。

即使学生犯了错误也不要过分地指责，要认真分析犯错原因，新课程要求教师平等地对待学生。从心理学角度看，体罚会造成学生"意识障碍"和情感上的裂痕。"中等生""差生"等有关学生的提法都不对，从数学上进行分析抄作业的现象等。关心学生（特别是对后进生学习心理障碍进行疏导，主要对具有恐惧心理的、注意力不专一的、认知难以深化的学生进行疏导，当好学生的心理医生，做学生的忘年交）。利用赏识教育找闪光点。严格要求学生。

总之通过这节课的学习，一定要注意培养学生的自信心和创造力，同时要体现人文关怀，善待学生的错误，这样学生才有信心学数学，学好数学。

（7）要关爱学生，特别是农村中小学学生又特别是留守儿童要特别关爱，他们的父母外出打工，大部分爷爷奶奶教育方法严重不当，容易走向两极分化——溺爱和严罚。因此学校应承担学生心理健康教育的重任。作为义务学校数学教师更应该将心理健康教育与数学教育结合起来——将数学教育心理学的知识运用于数学教育教学中，"精彩的言语、亲切的话语、热情的鼓励、信任的目光、敏捷的思维等都有助于建立良好的师生关系，使学生亲其师而信其道"，达到心灵的沟通。"数学教育心理学是一门以学校数学教育为背景，对数学的教与学中的各种心理现象及其规律进行研究的学科。"教师的课堂教学方法和评价直接影响学生的心理，教学方法要符合农村学生的认知特征，但在这方面教师的教学能力特别薄弱。

1）对学生关爱的薄弱表现。

A．农村部分数学教师有关"心理健康""心理咨询"等一些关于心理方面的知识相当匮乏。对"心理健康教育"与"数学教育"结合起来更不知从何入手，不能正确处理"心理健康课"与"数学教育"的关系。

B．缺乏专业的心理教育专业教师。城市中小学基本配备心理健康教师，而大部分农村学校没有，也缺乏对数学及其他学科教师心理教学的指导。

C．教师教育教学方式改变不明显，对学生的教育方式仍然单一，以训代教、以罚代教的现象仍然存在，这样学生心理障碍日显突出，学生对数学的学习兴趣日益锐减。

D．学校的重视程度不够。在教师培训中，学校只重视教师学科培训，忽视心理健康教育培训。

2）数学教师要提高数学教育心理知识水平。

A．认真学习数学教育心理学理论知识。数学教育心理学知识倡导教师要从学生学习数学心理状况进行分析，共同组织学生学习数学知识，特别是从学生难学的数学概念、数学原理、数学思想方法等知识入手，数学课堂教学中的师生关系、数学知识学习与数学情感问题、数学课堂教学设计问题等，都力求从认知心理学的角度加以分析，并最终落实在数学课堂教学改革上。

B．认真研究学生的家庭状况。例如学生是否是留守儿童、父母是否离异、存在什么疾病等状况，并记录学生的成长过程，作为了解和掌握学生心理状况、提高数学教育教学水平的依据。

C. 要将数学教育心理学融入到数学课堂教学中。在教学工作中要有针对性地施教。特别是对学生的情感和言语进行关注，与学生产生共鸣，关爱学生，认真疏通心理障碍，达到"心有灵犀一点通"的效果。针对不同的学生进行分层教学，消除"唯分论"对学生心理的负面影响，提高学生学习数学的兴趣。

3）要对学生进行正确的评价，不能唯分论，评价的主要目的是全面了解学生数学学习的过程和结果，激励学生学习和改进教师教学。评价应以课程目标和内容标准为依据，体现数学课程的基本理念，全面评价学生在知识技能、数学思考、问题解决和情感态度等方面的表现。

评价不仅要关注学生的学习结果，更要关注学生在学习过程中的发展和变化。应采用多样化的评价方式，恰当呈现并合理利用评价结果，发挥评价的激励作用，保护学生的自尊心和自信心。通过评价得到的信息，可以了解学生数学学习达到的水平和存在的问题，帮助教师总结与反思，调整和改进教学内容和教学过程。

要做好学生成长记录工作，根据平时的表现——课堂回答问题、作业质量、学习态度、相互帮助等方面——进行综合评价，特别关注学困生的点点进步，给予鼓励和表扬等。

《数学课程标准》对学生评价进行了如下的解读：

A. 基础知识和基本技能的评价。

对基础知识和基本技能的评价应以各学段的具体目标和要求为标准，考查学生对基础知识和基本技能的理解和掌握程度，以及在学习基础知识与基本技能过程中的表现。在对学生学习基础知识和基本技能的结果进行评价时，应该准确地把握"了解、理解、掌握、应用"不同层次的要求。在对学生学习过程进行评价时，应依据"经历、体验、探索"不同层次的要求，采取灵活多样的方法，定性与定量相结合、以定性评价为主。

B. 数学思考和问题解决的评价。

数学思考和问题解决的评价要依据总目标和学段目标的要求，体现在整个数学学习过程中。

对数学思考和问题解决的评价应当采用多种形式和方法，特别要重视在平时教学和具体的问题情境中进行评价。例如，在第二学段，教师可以设计下面的活动，评价学生数学思考和问题解决的能力。

用长为 50 厘米的细绳围成一个边长为整厘米数的长方形，怎样才能使面积达到最大？

在对学生进行评价时，教师可以关注以下几个不同的层次：

第一，学生是否能理解题目的意思，能否提出解决问题的策略，如通过画图进行尝试。

第二，学生能否列举若干满足条件的长方形，通过列表等形式将其进行有序排列。

第三，在观察、比较的基础上，学生能否发现长和宽变化时，面积的变化规律，并猜测问题的结果。

第四，对猜测的结果给予验证。

第五，鼓励学生发现和提出一般性问题，如猜想当长和宽的变化不限于整厘米数时，面积何时最大。

为此，教师可以根据实际情况，设计有层次的问题评价学生的不同水平。例如，设计下面的问题：

a. 找出三个满足条件的长方形，记录下长方形的长、宽和面积，并依据长或宽的长短有序地排列出来。

b. 观察排列的结果，探索长方形的长和宽发生变化时，面积相应的变化规律。猜测当长和宽各为多少厘米时，长方形的面积最大。

c. 列举满足条件的长和宽的所有可能结果，验证猜测。

d. 猜想：如果不限制长方形的长和宽为整厘米数，怎样才能使它的面积最大？

教师可以预设目标：对于第二学段的学生，能够完成第 a、b 题就达到基本要求，对于能完成第 c、d 题的学生，则给予进一步的肯定。

学生解决问题的策略可能与教师的预设有所不同，教师应给予恰当的评价。

C. 情感态度的评价。

情感态度的评价应依据课程目标的要求，采用适当的方法进行。主要方式有课堂观察、活动记录、课后访谈等。

情感态度评价主要在平时教学过程中进行，注重考查和记录学生在不同阶段情感态度的状况和发生的变化。例如，可以设计评价表（表8-1），记录、整理和分析学生参与数学活动的情况。这样的评价表每个学期至少记录 1 次，教师可以根据实际需要自行设计或调整评价的具体内容。

表 8-1 参与数学活动情况的评价表

学生姓名：　　　　　　时间：　　　　　　活动内容：

评价内容	主要表现
参与活动	
思考问题	
与他人合作	
表达与交流	

教师可以根据实际情况设计类似的评价表，也可以根据需要设计学生情感态

度的综合评价表。

D．注重对学生数学学习过程的评价。

学生在数学学习过程中，知识技能、数学思考、问题解决和情感态度等方面的表现不是孤立的，这些方面的发展综合体现在数学学习过程之中。在评价学生每一个方面表现的同时，要注重对学生学习过程的整体评价，分析学生在不同阶段的发展变化。评价时应注意记录、保留和分析学生在不同时期的学习表现和学业成就。

例如，可以设计课堂观察表（表 8-2）用于记录学生在课堂中的表现并积累起来，以便综合了解学生的学习表现以及变化情况。课堂观察表中的项目可以根据实际需要自行调整，随时记录学生在课堂教学中的表现。教师可以有计划地每天记录几位同学的表现，保证每学期每位同学有 3～5 次的记录；也可以根据实际情况记录某些同学的特殊表现，如提出或回答问题具有独特性的同学、在某方面表现突出的同学或在某方面需要改进的同学。经过一段时间的积累，对于学生平时数学学习的表现就会有一个较为清晰具体的了解了。

表 8-2　课堂观察表

上课时间：　　　　　　科目：　　　　　　内容：

项目	学生							
	王涛	李明	陈虎	…	…	…	…	…
课堂参与								
提出或回答问题								
合作与交流								
课堂练习								
知识技能的掌握								
独立思考								
其他								

3．团结协作。第一，相互支持，相互配合。倡导集体备课，教师要进行三次备课（见后）。第二，严以律己，宽以待人。第三，虚心学习，取长补短。

4．为人师表：这是由教师劳动的"主体性、示范性"特点和学生的"向师性、模仿性、可塑性"的特点所决定的。第一，身教重于言教，严以律己，以身作则。凡是要求学生做到的，教师应该首先做到。无数经验证明，身教重于言教，"不能正其身，如何正人？""其身正，不令而行；其身不正，虽令不从。"第二，克服以"自我"中心的倾向。不要认为自己做的说的都对，而用挑剔的眼光看待别人和学生。

第三节　数学知识素养方面

1. 作为一位好的数学教师就应明确数学中的辩证理论修养；明确世界观、人生观和价值观，认识唯物辩证法的理论，其中，培养学生良好的思维品质中的第一条就是要加强科学思维方法论的训练，辩证唯物主义观点是最科学的世界观和方法论。只有掌握了这种思想武器，才能做到全面地而不是片面地看问题，发展地而不是静止地看问题，理论联系实际地而不是主观教条地看问题。教学是教与学的辩证统一，如果没有唯物辩证法的理论也不能正确处理好教与学的关系，自己的政治理论修养高才能培养学生正确的人生观和价值观，充分借助数学知识培养学生正确的人生观和价值观，比如学数学中讲时间，讲时、分、秒。我们通常会觉得时间是最无情、最客观的。但数学中讲的时间，不是时间本身，而是计时的单位和方式，是人类发明的一种计量方式。如果我们在数学教学中只讲 1 小时等于 60 分钟，1 分钟等于 60 秒，要求孩子识记这样的换算公式，认识钟表上的时间，只是在时间概念的表层开展的教学。如果进一步，在课堂上引导学生去感觉：1 分钟有多长，60 秒可以做哪些事，如可以写几个字，可以读几行书，我们唱一首歌要用几分钟，上一层楼的台阶要几分钟，从家到学校要几分钟，那么，学生所学的时间概念，就会成为他生活中的一个尺度，可以用来计量他的生活，帮助他安排生活内容。如此，这个数学知识就成了他生活中的管理性要素，他不仅有了时间的数学知识，也有了时间的生活感甚至生命感，这会影响到他行动的迟缓与紧迫，生活的从容与匆忙。这样的数学教学，就起到了规范生活甚至生命意义的作用，因而具有了价值。

进一步明确辩证唯物主义观点在数学中的体现：

唯物辩证法的三大规律在中学数学中得到了具体的体现。它将中小学学的数学知识进行了连接，使所学知识更加系统化、科学化，这样可以训练学生的创造性思维，利用系统的知识提高学生分析问题和解决问题的能力，用辩证思想培养他们初步形成辩证的科学观和方法论，并达到一定的分析问题和解决问题的能力。现以辩证法的三大规律来说明这个问题。

第一，质量互变规律的体现。

恩格斯说："量变改变事物的质，质变同样也改变事物的量。"也就是说，量变引起质变，在新质的基础上又产生新的量变，这就是质量互变规律，掌握引起质变的量的临界点是数学教学的关键。例如：

Ⅰ. 在探索一元二次方程 $ax^2+bx+c=0(a\neq0)$ 根的情况时，得出根的判别式 $\triangle=$

b^2-4ac 的量的变化而导致根的质的变化，由根质的变化也会改变量的变化。

$\triangle=b^2-4ac>0\Leftrightarrow$方程有两个不相等的实根。

$\triangle=b^2-4ac=0\Leftrightarrow$方程有两个相等的实根。

$\triangle=b^2-4ac<0\Leftrightarrow$方程无实根（有两个虚根）。

"$\Rightarrow$"（方程根的判定）是由量变引起质变的过程。

"$\Leftarrow$"（方程根的性质）是由质变引起量变的过程。

判别式$\triangle=0$ 是引起根变化的临界点，判别式$\triangle$由正→0→负，方程的根由不等二实根→相等二实根→无实根（虚根）。反之亦然。

Ⅱ. 在讨论圆和圆的位置关系（图 8-1）时，就借助于两圆的圆心距 d 与两圆半径 R、r 和、差的关系（$R\geqslant r$）。

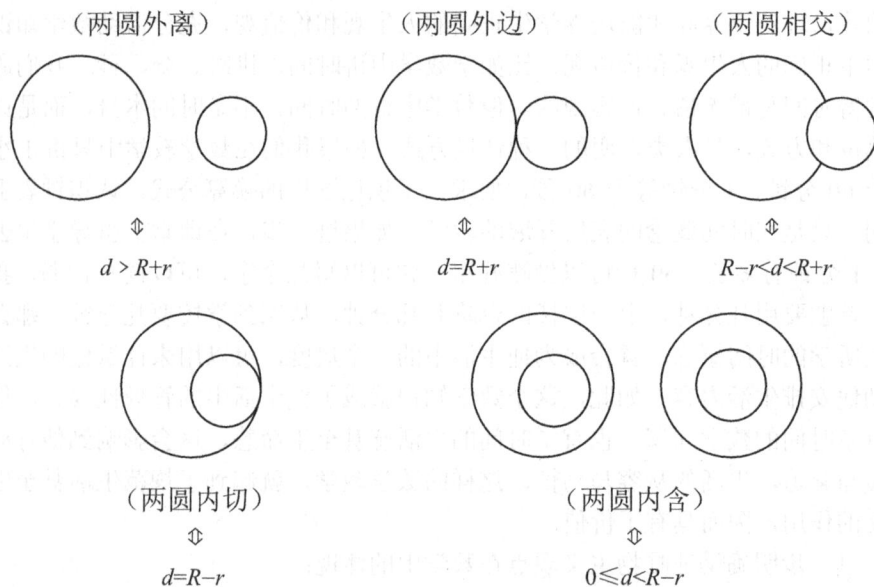

（两圆外离）　　　　　（两圆外边）　　　　　（两圆相交）

$d>R+r$　　　　　　$d=R+r$　　　　　$R-r<d<R+r$

（两圆内切）　　　　　　　　（两圆内含）

$d=R-r$　　　　　　　　$0\leqslant d<R-r$

图 8-1

"⇑"（两圆位置关系的判定）是由量变到质变的过程。

"⇓"（两圆位置关系的性质）是由质变引起量变的过程。

其中 $d=R+r$ 是引起质变的临界点。

同样，点和圆的位置关系、直线和圆的位置关系也体现了质量互变规律，掌握好它们才能更好地应用。

Ⅲ. 圆锥曲线（到一个定点与一条定直线的距离之比等于某常数 e 的动点的轨迹）分类关系：

$0<e<1\Leftrightarrow$曲线为椭圆。

$e=1\Leftrightarrow$曲线为抛物线。

$e>1\Leftrightarrow$曲线为双曲线。

随着 e 的量变，引起曲线的质变，而 $e=1$ 是引起质变的临界点。

在数学教材中体现质量互变规律的例子比比皆是，比如一次函数 $y=ax+b$ 中，当 a、b 的正负符号改变，一次函数所对应直线的象限（位置）就不同。只有弄清规律中相互关系的变化，才能拿着武器去灵活运用。

第二，对立统一规律的体现。

列宁指出："统一物之分为两个互相排斥的对立面以及它们之间的互相关联。"这就是"对立面的统一"。对立统一规律转化为方法论，就是矛盾分析方法。毛泽东指出："这个辩证法的宇宙观，主要地就是教导人们要善于去观察和分析指出解决矛盾的方法。"数学中的矛盾的双方是对立的，并根据一定的条件可以转化。纵观数学史，整个数学发展的过程就是一个不断对立统一的过程，没有对立就没有统一和发展。从对立看统一，也就是数学教学中要弄清各知识点的区别与联系，这样所学知识才会融会贯通。

Ⅰ．数式概念、运算的对立统一。

中（小）学的每一种数都有和它对立的数，各以和它对立的数为自己存在的前提，并在一定条件下转换。比如：整数和分数的对立与互化，并统一于分数之中；正数和负数的对立与互化，与零一并统一于有理数中；有理数和无理数的对立与互化，统一于实数之中；实数和虚数的对立与互化，统一于复数之中等。

数的运算方法的对立统一。比如：在加法和减法运算中，在引进负数和相反数后，它们可以互化，$m+n=m-(-n)$，$m-n=m+(-n)$；在乘法和除法中，引进倒数后，可以互化，$m\times n=m\div\dfrac{1}{n}$，$m\div n=m\times\dfrac{1}{n}$；在乘方和开方中，引进分数指数后，可以互化，$a^{n/m}=\sqrt[m]{a^n}$；指数函数和对数函数同样可以互化等。

式的概念和运算的对立统一。比如：单项式和多项式对立，但统一于多项式中；整式和分式对立，但统一于有理式中；有理式和无理式对立，但统一于代数式中；多项式的乘法和多项式的因式分解统一于乘法之中，并可以互化 $[(a+b)(a-b)\rightleftharpoons a^2-b^2]$ 等。

Ⅱ．各类方程的对立统一。

一元一次、高次方程和多元一次、高次方程对立统一于整式方程中；整式方程和分式方程对立统一于有理方程中；有理方程和无理方程对立统一于代数方程中。

Ⅲ．数和形的对立统一。

在引进数轴和笛卡尔直角坐标系后，数与数轴上的点可以互化；实数对与平面上的点可以互化；直线和二元一次方程可以互化；曲线和方程可以互化等。这样代数和几何即数和形既对立又统一了。数学教学中培养学生的数形结合思考问题的能力是至关重要的。

Ⅳ. 已知数与未知数的对立在一定条件下可以互相转化。

在解字母方程比如 $s=1/2(a+b)h$ 时，用 b、h、s 表示出 a，那么就把 a 看成未知数，s、b、h 作为已知数解关于 a 的一元一次方程；同样可分别解关于 b、h 的一元一次方程。

$$\begin{cases} a_1x + b_1y = c_1 \\ a_2x + b_2y = c_2 \end{cases}$$

又比如在解方程组时，若将 x、y 看作未知数，则 a_i,b_i,c_i（$i=1,2$）为已知数，解二元一次方程组；若将 a_i（或 b_i,c_i）（$i=1,2$）看作未知数，则 x,y,b_i,c_i（或 $x,y,a_i,c_i;x,y,a_i,b_i$）为已知数，解二元一次方程组。在弄清已知数与未知数后，才能解方程（组）。已知数与未知数的互化，在解方程（组）时，就是训练学生这个辩证思想，从而得出一定的科学观和方法论。

Ⅴ. 有关图形面积、体积的对立统一。

i）三角形、四边形及其面积既对立又统一（图8-2）。

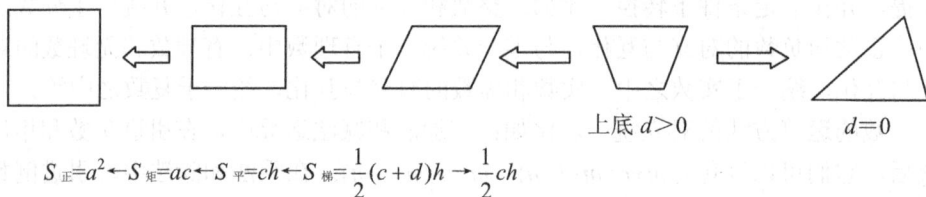

$$S_{正}=a^2 \leftarrow S_{矩}=ac \leftarrow S_{平}=ch \leftarrow S_{梯}=\frac{1}{2}(c+d)h \rightarrow \frac{1}{2}ch$$

图 8-2

ii）柱、锥、台的体积公式既对立又统一（图8-3）。

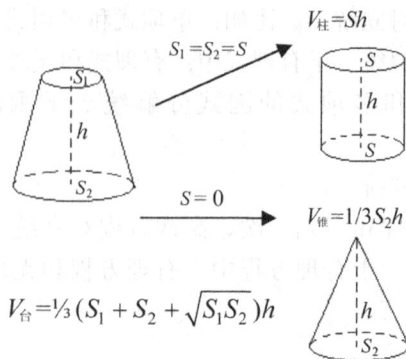

$$V_{台}=\frac{1}{3}(S_1 + S_2 + \sqrt{S_1S_2})h$$

图 8-3

在数学教学中，既要弄清各概念、运算公式中的区别，又要充分挖掘它们的联系，这样所学知识才会融为一体，运用自如。

第三，在否定中求肯定求发展。

恩格斯指出：辩证法"按本性说是对抗的，它包含着矛盾的过程，每个极端向它的反面转化，最后作为整个过程核心的否定的否定"。因此，否定之否定规律所揭示的"肯定—否定—否定之否定"三阶段的历史演化是矛盾的，"每个极端向它的反面转化"是矛盾自我展开的综合性总括性的过程，否定之否定规律是事物自己发展自己的规律，没有它任何事物都会停滞不前。

全等三角形与相似三角形的性质与判定，在否定全等三角形的对应边之比为 1 的前提下，才有相似三角形的产生，也才能制造出形形色色、大小不等、具有和谐美的相似图形；余弦定理 $c^2=a^2+b^2-2ab\cos C$ 在否定勾股定理 $c^2=a^2+b^2$（$\angle C=90°$）后，才产生了任意三角形已知两边及夹角求第三边的一般公式；三角形面积公式 $S=\frac{1}{2}ab\sin C$（$=\frac{1}{2}ac\sin B=\frac{1}{2}bc\sin A$）在否定了 $S=\frac{1}{2}ab$（$\angle C=90°$）后才得出了一般式；由于大胆提出了负数概念，整数就对自然数进行了否定，有理数对整数进行了否定；提出了无理数后，实数对有理数进行了否定；虚数的引入，复数对实数进行了否定；一次函数 $y=kx+b$ 对正比例函数 $y=kx$ 进行了否定；梯形的中位线公式对三角形中位线公式进行了否定。

在数学中"猜想"也是否定之否定规律的应用，牛顿说过，没有大胆的猜想，就不可能做出伟大的发现。因此，在教学中，提倡大胆猜想是必要的，比如：按规律猜想出"一条直线上有 n 个点，则该直线上有线段的条数的公式"；还有数列的递推公式，几何中有关线段间的关系的证明等均有猜想的思想。因为"猜想"对科学的发展是必不可少的，人们无时无刻不在进行各类猜想，并力求证明（著名的"歌德巴赫猜想"现仍待完全证明）。这些猜想已推动科学的发展和人类社会的进步。

总之，充分挖掘教材中的辩证素材，培养学生初步的科学观和方法论是十分必要的，要教学生用科学的方法去探求适应新发展的新的问题，这是当前中小学教学改革的一个主要方向，以达到对学生实施素质教育的目的。

2. 掌握数学的基本知识和基本技能。《数学课程标准》中指出："知识技能"既是学生发展的基础性目标，又是落实"数学思考""问题解决""情感态度"目标的载体。第一，数学知识的教学应注重学生对所学知识的理解，体会数学知识之间的关联。数学教师要掌握数学知识结构，专业知识丰富的教师才能正确地理解数学教材的内容与结构，熟知各年级教材的地位、作用及内在联系，较好地掌握数学中的概念、性质、定律、法则、公式及数量关系的确切含义，才能进行正常的教学，才能更好地让学生掌握数学知识，要求学生不能依赖死记硬背，而应以理解为基础，并在知识的应用中不断巩固和深化。为了帮助学生真正理解数学知识，教师应注重数学知识与学生生活经验的联系、与学生学科知识的联系，组织学生开展实验、操作、尝试等活动，引导学生进行观察、分析、抽象概括，运用知识进行判断。教师还应揭示知识的数学实质及其体现的数学思想，帮助学生理清相关知识之间的区别和联系等。数学知识的教学，要注重知识的"生长点"与"延伸点"，把每堂课教学的知识置于整体知识的体系中，注重知识的结构和体系，处理好局部知识与整体知识的关系，引导学生感受数学的整体性，体会对于某些数学知识可以从不同的角度加以分析、从不同的层次进行理解。第二，在基本技能的教学中，不仅要使学生掌握技能操作的程序和步骤，还要使学生理解程序和步骤的道理。例如，对于整数乘法计算，学生不仅要掌握如何进行计算，而且要知道相应的算理；对于尺规作图，学生不仅要知道作图的步骤，而且要能知道实施这些步骤的理由。基本技能的形成需要一定量的训练，但要适度，不能依赖机械的重复操作，要注重训练的实效性。教师应把握技能形成的阶段性，根据内容的要求和学生的实际分层次地落实。

平时教学中要注意引导学生进行数学方法的总结和归纳，这是素质教育的体现。平时每章节学习结束要引导学生明确一定的数学方法，比如分类思想（有理数分类可引导从有理数家族中加以分类，整式分类等）、化归思想（解方程最后化归为 $x=a$ 的形式，整式的加减与合并同类项最终化归为有理数的加减等）、整体思想（合并同类项、某些化简、方程中去分母等就要使用整体思想）、方程思想（在求解一些未知的问题时可通过设未知数建立方程加以解决，不要再像小学那样列算式）、数形结合的思想（可借助于数轴化简含绝对值的代数式，借助于具体的图形来建立方程等）、建模的思想（前面已论述）、函数的思想、猜想的思想（教材中有猜公式、猜数列、猜几何中的等量关系、猜线段的条数等，在猜想的基础上再进行严密的论证、大胆的猜想、小心的证明。这样可培养学生的创新能力，也是素质教育的主体体现）。

下面是化归的思想在中小学数学中的简单应用。

（1）以下是一节数学课的两个教学案例。

笔者亲自听了同样一个课题的两位老师的教学方法，其讲法简述如下。

讲法一：一位年青教师给出分式方程的定义。接着该教师以流利的语言，讲解分式方程的求解过程，并总结出解法步骤：①把分式方程化为一元一次方程（即用分式方程的最简公分母乘方程的两边）；②解一元一次方程。随后，该教师又用方程 $\dfrac{1}{x-5} = \dfrac{10}{x^2-25}$ 进一步讲解分式方程的求解过程，并通过解得的 $x=5$ 不是原方程的根，说明分式方程的增根问题，从而指出：分式方程的解题步骤中还要加进一个验根步骤。

最后，通过学生的课堂练习，巩固分式方程的求解步骤，以此来结束这节课。

评议：

a. 这是一节照本宣科的典型的以传授法教学的教学方式。

b. 教学中把"双基"教学作为中心内容。

c. 讲课时注意知识的引入、知识的层次，难点分散，重点突出。

d. 教学过程达到了预先设定的双基教学的目的。

讲法二：另一位教师首先以方程 $\dfrac{100}{20+v}=\dfrac{60}{20-v}$ 为例，让学生给出分式方程的定义。

接着，主讲教师通过启发，让学生发现用什么方法可以使分式方程化归为已学过的整式方程。学生在观察实验中，归纳出方法：只要在分式方程两边同乘以分式的最简公分母，即可把分式方程化归为一元一次方程。然后解一元一次方程，而后，主讲教师又以方程 $\dfrac{1}{x-5}=\dfrac{10}{x^2-25}$ 为例，当解出 $x=5$ 这个根时，主讲教师提出一个问题：$x=5$ 是原方程的根吗？为什么？学生通过实践发现 $x=5$ 不是原方程的根。探究原因有各种说法：有的说，$x=5$ 使原方程分母为零，没有意义；有的说因为在解方程的过程中，乘进一个代数式$(x+5)(x-5)$，导致出现了 $x=5$ 的根等。

之后，主讲教师让学生总结分式方程的求解步骤。

最后，通过练习，巩固学生所发现的分式方程的解法步骤。

评议：

a. 这是一节以启发、发现、探究为主要形式的教学过程。

b. 渗透了化归数学思想方法。

c. 让学生在数学课上通过数学实践活动，进行归纳猜想或类比联想，从而发现分式方程的求解过程和方法。

d. 在教学过程中把学生的学习积极性调动起来，投身数学的探索之中，极大地提高了学生学习数学的兴趣，培养了学生探究问题、发现问题和解决问题的能力。

（2）从两种教法的差异看数学素质教育。

对这两节课的数学评论，都可以提出它们的各自优点来，然而，如果把两节课放在一起比较，就该有一个统一的评课标准，评课标准在提倡素质教育的今天，只有一个标准，那就是是否有利于发展学生的数学素养。

首先，让我们用素质教育的标准来衡量两种讲课方法。

方法一，讲解结构严谨，讲课技能娴熟，讲课过程流畅，但是其讲法还基本停留在双基教学上，即教学过程重在基础知识的讲解和基本技能的训练上，固然数学的双基素养是数学素养的一个组成部分，但在提倡素质教育的今天，"数学思想方法素养""数学思维品质素养"（特别是直觉思维、灵感思维素养），应在教学中给予足够的重视，遇有机会则要充分地加以培养，从这个意义上讲，方法一是不够的，最根本之点是主讲教师在备课时没有素质教育的新理念。

方法二，不但在讲课过程中渗透了一些特殊的教育素养要素，并且着力在这些方面对学生进行培养，例如，数学思想方法素养（化归思想方法）就是通过学生的课堂活动来渗透的，学生就是通过自己的实践来找到解法的，这样的教学过程不仅有意识地抓住时机地向学生渗透化归思想，而且学生在重新发现数学方法的过程中使得非逻辑思维水平得到提高，这种方法把数学学习思维过程转化为数学活动过程，这些都体现了素质教育的新理念。

其次，在素质教育过渡的今天，重要的一点是我们的数学教师要转变观念，即从应试教育的观念中解脱出来，树立起素质教育的观念，在实施素质教育的过程中，应处处体现素质教育的精神，把提高学生的数学素质作为数学教学的根本任务，在培养学生数学素养上下功夫。应该指出的是进行素质教育重内容，而不是形式。换句话说，哪一种教学形式能体现素质教育，就可以用哪一种教学形式，比如传授法如果可以在某一节课上体现素质教育的精神，就可以在这一节上用传授法。在另一节课上，如果发现法能较好地体现素质教育，那就可以在这一节上采用发现法。总之，在当今的数学教学中，应把提高学生的数学素养放在数学教学任务的第一位，只有这样才能摆脱应试教育的束缚，使素质教育真正落到实处。

3. 要掌握数学的基本理论和数学知识体系。这是教师专业科学知识的重要内容，是教师成功地进行教育、教学工作必须具备的理论知识。我们的教学单凭感觉和经验，而缺乏理论支撑，这样的教学只会显得肤浅和单薄。多读书，读好书，多读与教育有关的理论书籍，一定会为我们的教学实践找到有力的支持点，让我们在埋头拉车的同时不忘抬头看路。既要掌握系统的数学理论知识，同时又要与实践结合起来，二者不可脱离；在《数学课程标准》（实验稿）中提出"人人学有价值的数学"（修改稿已经将这条删除了），关键是人人学有价值的数学，什么才算是有价值，那么以后的数学体系怎样发展和提高，比如纯数学理论要不要发展，"1+1"的问题要不要解决等，当然它有更多的积极方面。数学体系一定要构成和提高，从小学到大学的数学教材都时时要钻研，教初中的老师，一有空隙就要重温高中、大学的数学知识，提炼数学方法，数学老师就是要亲自动手做题：教材上的、练习册上的题，奥数书上的试题等都做，并总结出解法和方法。有些老师讲课，就是讲不下去，或照本宣科，新老师特别要注意这一点，在备课上要准备充分。要明确数学的基本结构、来龙去脉、所处地位、重点、难点。同时使自己对数学不仅是知其然，而且知其所以然，比如要让学生明白为什么分母不为零，这才为学生理解分式的意义和函数自变量的取值范围打下基础。比如有人认为新教材浅，照本宣科，没有启发，没有拓展与提高。但是认真研究起来有味道，特别是课本上 B 组、C 组中的练习，以下以函数的平移知识为例把平移、对称等知识综合起来：比如求将 $y=2x+6$ 平移到点（1,4）后的解析式，通过待定系数法可以得出 $y=2x+2$，进一步分析它向右平移了 2 个单位，实际上推出 $y=2x+6 \rightarrow y=2(x-2)+6=2x+2$，将 $x-2$ 替换 x；再举一次函数的例子引导学生得出向上、下、左、右平移 a（$a>0$）个单位的变化规律 [分别以（$y-a$）、（$y+a$）、（$x+a$）、（$x-a$）替换原解析式中的 y、y、x、x]；又以二次函数 $y=2(x-3)^2+5$ 为例进行平移，最后引导学生总结出一般函数平移的规律性。$y=f(x)$ 的平移问题：如果水平向左（或向右）平移 a 个单位，就用 $x+a$（或 $x-a$）去替换 $y=f(x)$ 中的 x；如果竖直向上（或向下）平移 b 个单位，就用 $y-b$（或 $y+b$）去替换 $y=f(x)$ 中的 y。这样就拓开了学生思维，为高中的学习和发展打下基础。

　　例如在九年级教材中有一道题。用铝合金做一个中间有一个横杆的窗框的实际问题的扩展，周长一定，要使围成的矩形的面积为最大，可以引导学生探究发现：只需横边和与竖边和相等，矩形的面积为最大。还有在作业练习要求自己建立直角坐标系解决实际问题。中点四边形形状的判定中只与原来四边形的对角线是否相等、是否垂直有关，与原来四边形的形状无关。概率知识：从小学到初中都有，如何建立起联系（机会、频率、概率的关系），并为高中、大学学习打下基础，比如将三枚硬币同时掷下，问它们的正面都向上、两枚向上、至少两枚向上的概率等，这就为高中、大学概率的贝努利概率公式 [如果在某一次实验中，某事件发生的概率为 p，那么在 n 次独立重复试验中这个事件恰好发生 k 次的概率为 $p_n(k)=c_n^k p^k(1-p)^{n-k}$；一枚硬币连续掷三次，三次都出现正面朝上的概率（$n=3$，$k=3$，$p=1/2$，结果为 1/8）；或同时抛掷四枚均匀的硬币，求恰有两枚正面向上的概率（$n=4$，$k=2$，$p=1/2$，结果为 3/8）、至少有两枚正面向上的概率（$n=4$，$k=2$、3、4），第 1、2 枚中有一正一反且第 3、4 枚中有一正一反的概率）] 的学习打下基础（关于掷硬币最初就是要让学生亲自掷）。比如从 1、2、3、4、5、6、7 这七个数中任选三个能组成三角形的概率，这些都为高中的排列与组合打下基础。还有利用测倾器测量旗杆高、树高、楼高（前面已论述），在探究三角形全等条件时让全班同学亲自剪的放在符合条件的三角形，再把全班同学剪的放在一起看是否重合，然后得出结论等；让学生亲自实践，培养学生的实际操作能力。这需要自己钻研教材后自己挖掘，自己去提高。

4. 要了解数学最新的研究成果和研究发展动向。作为数学教师关键要认真解读《数学课程标准》，特别是新课标规定：要以教师为主导，学生为主体。德国教育家赫尔巴特强调的以"教师"为中心学说和美国教育家杜威强调的以"儿童"为中心学说已不适应，两者要统一起来，以教师为主导，以学生为主体。第一，要变重教材知识传授为重学生能力培养，素质教育的理念要求教育的根本目的是培养学生的综合素质和相应能力。第二，变教师教学生学的过程为师生互动共同发展的过程（这点特别重要）。第三，变教学重结论为教学重过程。比如中垂线与角平分线的性质的探究过程就说明了这一点。第四，变教师中心为尊重学生的学习主体地位（由教学中心变为教学的组织者、参与者、促进者、辅导者，能者为师）。第五，变教学恪守书本为重视培养学生的创新精神与实际能力。

现在正在实施的核心素养就是最新成果、发展动向，必须将数学核心素养具体落实在教育教学活动中。

5. 其他文化知识。数学教师的知识不仅要"专"，而且要"博"。数学教师的专业知识应建立在广博的文化知识修养的基础上。学生要一点水，老师要有一桶水。

（1）科学知识日益融合和渗透的要求。要懂其他知识，比如数学与物理（数学中的几何体是空的，如果是实体计算质量涉及物理知识等）、化学（利用待定系数法配平化学方程式：$Na_2CO_3+2HCl=2NaCl+H_2O+CO_2\uparrow$ 等）、地理（点与直线、点与平面位置的确定等）、生物（细胞的分离：几何级数等）等知识的联系。比如：如图 8-4 所示，$AB \parallel CD \parallel EF$，引导学生探究出 $\dfrac{1}{EF}=\dfrac{1}{AB}+\dfrac{1}{CD}$，再启发学生，与我们学过的哪个物理公式相类似，让学生得出与物理并联电阻公式类似 $\dfrac{1}{R_总}=\dfrac{1}{R_1}+\dfrac{1}{R_2}$，以此让学生明确各学科知识是相互关联的。

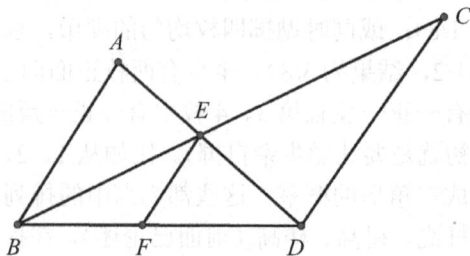

图 8-4

（2）学生多方面发展的要求。现在学生的知识面广，教师要有广博的文化知识，就能在学生中建立威望。

（3）数学教育科学的基本理论知识——数学教育学、心理学。要把教育学、心理学的有关知识灵活地运用于数学教学中。比如教育学中的教学方法、教育原则，心理学中的引起学生注意的方法、培养学生的创造性思维（利用发现法、研究法等的教学方法）、问题解决的方法、创设问题情景，激发学生兴趣的方法（比如在讲一元二次方程根与系数的关系时可以做数字游戏，三条交错的公路，建加油站位置选取的问题等都可以激发学生兴趣）。例如小学一年级在认识 20 以内的数时，第一步，从与学生以齐唱儿歌"数鸭子"及齐做游戏"老鹰捉小鸡"开始引入新课（老师亲自唱歌，与学生一起做游戏，激发了学生的兴趣）说出数"6"的由来，由 6 个小鸡加上 1 个老鹰得到了数"7"。第二步，由学生拿出小棒摆一摆各种几何图形，数一数，通过这个活动训练了学生的动手能力。第三步，由学生用"6"和"7"说话，这样把数学回归到生活中，学生结合生活实际回答得非常踊跃，这就体现了基本的数学实践，说明了我们认识数的意义、学习数学的意义。第四步，利用线段图，说明"6"和"7"在线段中的位置，并利用"前""后""相邻"等概念来复习前面学习过的数及巩固现在的数，运用了数形结合的思想，为初中学习"数轴"的概念及"有理数"打下了良好的基础。第五步，进行知识的延伸，利用大小进行填空，并进行了拓展，3+2<（？）……并结合实际对基数"6"和序数"6"进行了比较，这样也拓展了学生的思维，体现了"人人都能获得良好的数学教育，不同的人在数学上得到不同的发展"的数学理念。第六步，注重学生的养成教育，就是对"6"和"7"的书写笔顺和位置格式进行示范和训练等。最后进行了小结。总之要正确建立小学"数"的概念，让学生主动建构，离不开实际生活、数形结合、动手操作等。

比如学生计算出现类似 $\frac{1}{2}+\frac{1}{3}=\frac{2}{5}$ 的错误时，分析出现这种错误的原因，利用心理学的前抑制、倒抑制、遗忘规律、分组原则等心理学、教育学的知识提出解决方法。

第四节　能力素养方面

专业水平与教学水平并不成正比，关键看数学教学能力。数学教学能力是指人们在数学活动中，使数学问题解决能够顺利完成的一种特殊的心理机能。问题解决有些通过建模来实现，在新颁布的《义务教育数学课程标准》里，数学建模成为十分重要的组成部分，从数学诞生时起，自然数、加减乘除四则运算等都是模拟现实世界数量关系的抽象模型。数学建模的作用对象更侧重于非数学领域中需用数学工具来解决的问题，如来自日常生活、经济、工程、理、化、生、医等学科中的应用数学问题。比如铺地板的方程模型$[(n_1-2)\times 180/n_1]\times x+[(n_2-2)\times 180/n_2]\times y+[(n_3-2)\times 180/n_3]\times z+\cdots=360$。这种特殊的心理机能直接影响着数学活动的效率，因此只有对这种特殊的心理机能施以积极的影响或刺激，才能在数学中有效地促进数学能力的发展（数学教育工作的实际能力）。

1. 语言表达能力。作为数学教师应有较强的语言表达能力，无论是汉语言能力还是几何语言能力（要启发由学生将汉语言与几何语言互化，比如中垂线与角平分线的性质的探究）。第一，语言要准确、简练，具有科学性。教师的发音要规范，用语要恰当，不讲废话。第二，语言要清晰、流畅，具有强的逻辑性（新教材在格式上显得有些简化），教师的语言要求条理清楚，推理严密。第三，生动、形象、具有启发性。要抑扬顿挫，快慢适中（根据学生的反应调整语速，特别是刚参加工作的教师），说话有趣味，引人入胜。第四，语言和非语言手段的巧妙结合。教师在教学方法上要尽量防止单调死板，要不断提高课堂教学的艺术，以激发学生对教学过程本身的兴趣，这样要借助于姿态、表情（风趣）和手势等非语言手段传递信息，配合语言手段，增强教学内容的情绪感染色彩，尽量达到教育教学效果〔德国教授卡尔在为学生做煤油、蓖麻油和醋的混合实验时，露出了满意的笑容，然而学生的观察又如何呢，学生由于没有仔细观察导致 make a face（做鬼脸）〕。

2. 对所教知识进行加工处理的能力，把复杂问题简单化，把抽象问题具体化。主要来自教师对教材的通盘掌握和对学生的充分了解上。

3. 驾驭课堂的能力。第一，教育机智：教师在上课时表现出来的对新的、意外的情况正确而迅速地作出判断并付诸行动以解决问题的能力（课堂上学生突然提问，就要作出快速反应）。第二，教学组织能力（特别是课堂纪律）。传统上认为，组织学生是教学开始的纪律整顿，或是针对学生在课堂上捣乱或发生不良行为之后，教师的应对行为，即组织教学。新一轮课程改革要求数学教师成为学生群体和个体参与数学教学过程的引导者、创造性思维的激发者和良好学习条件的提供者、从事数学活动的组织者。因此组织学生应该有新的含义，它不仅约束、控制学生的不良行为，更重要的是要组织学生从事积极的学习活动，提高数学学习的效率。学生在课堂上问到某些问题时要以风趣、幽默的方式回答，达到既解决问题又活跃课堂气氛，比如在学习有理数的四则运算时举了一个例子，求 $8\div(-4)+(-1\frac{1}{2})\div 1$ 的值，引导学生一起解答：解原式$=-2-\frac{3}{2}=-3\frac{1}{2}$。于是马上有位学生回答：老师，为什么最后不是 $-2\frac{3}{2}$ 呢？老师马上回答：$-2\frac{3}{2}$ 既不是带分数又不是假分数"犹如社会上个别人知识学得少，看起来显得不是很聪明，于是全班同学都笑了。于是老师马上又把学生的注意力集中到一起并总结：结果要么化成带分数，要么化成假分数。在教学中靠讲课的艺术去吸引学生和分层教学与练习，绝不能采用高压政策，发脾气，不然学生会认为："你只有发脾气，还有什么方法？"通过组织好教学的动员、检查提问等唤起学生的随意注意，通过生动形象的实例和灵活多样的教学艺术，引起不随意注意，使学生的注意力稳定集中。老师讲授的内容逐渐被学生理解，越来越有吸引力，学生全神贯注，自然而然地转化为随意后注意。在教学中教师应该公平地对待每位学生，切忌偏爱数学学习成绩好的学生而忽视学差生，无论在课堂抽学生回答问题时还是学差生问问题时，都要一视同仁。这样才能培养学生的凝聚力。

4. 自我反思的能力。作为青年教师应该进行三次备课：第一次只看教材备课；第二次参考资料备课，找出与第一次的差距；第三次是根据上课情况再修订，进行再反思，教师特别是年青教师应当养成反思的习惯。良好的经验是观念形成的重要环节，经验的形成不是随意的、自然的，而要依靠主体对自我的思维活动进行总结和反思，反思包括对教学内容的反思；对教学目标进行反思；对教学设计的反思；对教学过程进行反思；对教学效果进行反思；向其他教师学习，通过观摩课向他人学习，再对比反思，取长补短，通过看资料，看案例，充实提高自己。做好教学后记和总结。对数学教学技能与技术进行反思，主要体现在以下几方面。新课的导入是否自然？提问是否恰当？启发是否到位？是否真正调动了学生主动性？教学是否达到了预期的目标？某种教学方法、教学策略是否有效？对课堂教学中的某种应急情况的处理是否适当？课堂调控是否得当？认真的备课和反思是教师迅速提高的重要途径。

5. 教育教学的科研能力。养成终身学习的好习惯，边学习，边总结，边科研。科研迫使你学习，参考资料。教学教研，特别要重视校本研修，通过提高校本研修能力，成为教学研究型教师。

（1）目前校本研修的情况。

1）研修区域单一，即使有校本研修也仍停留在本校内进行，因为农村学校教师紧张，数学教师更紧张，很难走出去。通过对四川泸洲三县、阿坝州一县、德阳一县进行调研发现：到农村任教的大学生任教 1～2 年就流动到县或市里，甚至改行，因此农村特别是偏远山区更缺数学教师，这样导致了研修区域单一，甚至根本没有校本研修。

2）数学专业教师缺乏导致了数学研修能力更薄弱。通过对泸洲泸县、古蔺县、叙永县进行调研发现：古蔺县有近 15%农村初中、小学数学教师不是数学专业教师。这些非数学专业教师的研修能力非常薄弱。

3）学校的教研活动较少，缺乏计划性。从调研中发现：有些农村学校数学教研活动虽然计划安排两周一次甚至每周一次，但有益的教研活动每学期难有一次，多数的教研活动搞形式，停留在校长、教导主任在教师大会上以"训"代"研"的"满堂灌"。

4）研修的内容单一，仍停留在组织教师统一听课、集体备课、评课等形式上，这样导致了教师的修研能力难以提高。2016 年 3 月某校承担了来自泸州三县、德阳一县、阿坝州一县小学初中数学教师共计 90 人的培训，本期培训以校本研修为主题，在参与绵阳市中小学数学研修的基础上指导他们进行校本研修课题申报，他们在申报题目、内容、多维度制作调查问卷调研等方面都存在很多问题，从中可以看出他们校本研修能力确实比较薄弱，研修内容单一。

5）缺乏专业指导。由于学校经费有限，不可能经常邀请专家进学校进行校本研修指导。优质教育资源送到农村的杯水车薪。通过调研发现：到农村支教情况欠佳，农村与城市学校难以结对子，要真正落实教育均衡发展还需很长一段时间，这样更缺乏对农村校本研修的指导。

（2）提高校本研修能力的方式。

1）加大大学生顶岗支教力度。要定期从大学师范专业学生中顶岗支教置换农村中小学教师教学外出培训，虽然在落实，但力度不够。根据调研发现：外出培训的教师的数学课程仍然是由本校教师在代课，培训中途回校上课。

2）培训的对象进一步扩大。从近几年培训对象看，年轻人居多，45 岁以上偏少，因新课程改革，新的教学理念需不断贯彻落实，作为老教师更应该参加培训。

3）加强与城市优秀学校的对接。认真做好规划，统筹组合，互派教师教学，真正落实均衡发展。

4）教师的自觉性主动性加强。外出学习次数有限，作为数学教师要经常进行调研，根据学生的学习状况不断反思，改进教学方法，不断学习适合自己学生的教学方法。

5）以老带新，组成小课题研究团队。以老教师丰富的教学经验和年轻教师勤于动脑动手新的理念共同开展小课题研究。通过对某一教学案例进行研究，或对学生作业的错误进行研究，小课题研究的一般过程是"提出问题—调研—交流分析问题—合作解决问题—结论—推广实施"。例如，"本校七年级学生本期数学听课注意力（合作学习能力、自学能力、独立完成作业能力等）的研究"，教师可从自己不同的教学方法对学生注意力影响的方面进行研究。同时还可以对数学文化研修，编著有关数学史小故事、数学家少年时故事等数学文化读本，使得学生在义务教育阶段能够有足够的机会阅读数学、了解数学、欣赏数学。

6）学校要考核教师校本研修工作。两年内必须根据自己教学完成一项校本研究课题，并将研究成果运用于教学实际中，并予以推广，这样使教师快速成为"教学研究型"教师。

6. 培养学生合作的能力。采取组内异质（优:中:差=1:2:1）、组间同质（不同组学生的层次要均衡）的方法注重"优差生"的分层教学、分层练习。新课程要求"要注重个体差异，不同的人在数学上有不同的发展"。由于某校是一所小学与初中连贯制的九年制义务教育学校，小学生全部升入初中，即在小学连锅端的基础上，肯定存在差生，在教学中进行分层教学、分层练习是必要的。让差生完成普九教学要求，让优生继续升学。课堂中在差生做基本运算的练习时，让优生少做几道，这时可给优生补充一些提高题。比如在学习去（添）括号知识后，可以补充零点分段讨论法的知识与实例；在学习绝对值的知识后可以补充化简 $\dfrac{|a|}{a}+\dfrac{|b|}{b}+\dfrac{|c|}{c}$ 等类似的知识，并引导启发学生归纳奇数个与偶数个这样的代数和的规律；讲完之后，再统一订正作业，这样使人人有事做，人人在做事。这是提高教学效率的重要途径之一，也是分层教学的体现。在布置作业时，对差生尽量完成教材上 A 组练习及练习册上的基础题；中等生完成教材上 A 组练习、个别 B 组练习及练习册上相应的部分；优生完成 A 组练习个别练习，B 组、C 组全部练习。在批改作业时，对差生尽量当面批改，并且使用好错误所在的符号及激励性的评语，不要过分责怪学生，引导学生进行分析，找出错误原因。如在讲绝对值与代数式时，由于七年级学生受小学数学除零以外都是正数的思维定势的影响，有些学生会出现 $|a|=a$，$5a>3a$ 等错误；还有类似受小学运算加括号不变号的思维定势的影响，在有理数的混合运算中会出现类似 $-\dfrac{1}{2}+\dfrac{6}{5}+\dfrac{3}{2}+\dfrac{1}{5}=-\dfrac{1}{2}+\dfrac{3}{2}-\left(\dfrac{6}{5}+\dfrac{1}{5}\right)$ 的错误，这样若不及时纠正，在整式的加减、合并同类项中也会出现类似的错误。还受 $m(a+b)=ma+mb$ 的影响，也会出现 $(a+b)^2=a^2+b^2$ 的错误，要纠正这样的错误首先要复习整式的乘法及讲解杨辉—贾宪三角形的知识后，说明 $(a+b)^n$ 展开式是有规律的，合并后共有（$n+1$）项，并以"压缩饼干"作比喻，相信出现 $(a+b)^2=a^2+b^2$ 类似的错误的频率会大大降低。

7. 教学设计能力。

（1）教学设计概念：教学设计是根据课程标准的要求和教学对象的特点，将教学诸要素有序安排，确定合适的教学方案的设想和计划。一般包括教学目标、教学重难点、教学方法、教学步骤与时间分配等环节。

（2）教学设计具有以下特征。

第一，教学设计是把教学原理转化为教学材料和教学活动的计划。教学设计要遵循教学过程的基本规律，选择教学目标，以解决教什么的问题。

第二，教学设计是实现教学目标的计划性和决策性活动。教学设计以计划和布局安排的形式，对怎样才能达到教学目标进行创造性的决策，以解决怎样教的问题。

第三，教学设计是以系统方法为指导的。教学设计把教学各要素看成一个系统，分析教学问题和需求，确立解决的程序纲要，使教学效果最优化。

第四，教学设计是提高学习者获得知识、技能的效率和兴趣的技术过程。教学设计是教育技术的组成部分，它的功能在于运用系统方法设计教学过程，使之成为一种具有操作性的程序。

（3）教学设计方法。

1）教学设计要从"为什么学"入手，确定学生的学习需要和学习目标。

2）根据学习目标，进一步确定通过哪些具体的教学内容提升学生的知识与技能、过程与方法、情感态度与价值观，从而满足学生的学习需要，即确定"学什么"。

3）要实现具体的学习目标，使学生掌握需要的教学内容，应采用什么策略，即"如何学"。

4）要对教学的效果进行全面的评价，根据评价的结果对以上各环节进行修改，以确保促进学生的学习，获得成功的教学。

（4）教学设计目的。为了提高教学效率和教学质量，使学生在单位时间内能够学到更多的知识，更大幅度地提高学生各方面的能力，从而使学生获得良好的发展。

（5）教案设计的原则。

1）教学设计系统性原则。教学设计是一项系统工程，它是由教学目标和教学对象的分析、教学内容和方法的选择以及教学评估等子系统所组成，各子系统既相对独立，又相互依存、相互制约，组成一个有机的整体。在诸子系统中，各子系统的功能并不等价，其中教学目标起指导其他子系统的作用。同时，教学设计应立足于整体，每个子系统应协调于整个教学系统中，做到整体与部分辩证地统一，系统的分析与系统的综合有机地结合，最终达到教学系统的整体优化。

2）教学设计程序性原则。教学设计是一项系统工程，诸子系统的排列组合具有程序性特点，即诸子系统有序地成等级结构排列，且前一子系统制约、影响着后一子系统，而后一子系统依存并制约着前一子系统。根据教学设计的程序性特点，教学设计中应体现出其程序的规定性及联系性，确保教学设计的科学性。

3）教学设计可行性原则。教学设计要成为现实，必须具备两个可行性条件。一是符合主客观条件。主观条件应考虑学生的年龄特点、已有知识基础和师资水平；客观条件应考虑教学设备、地区差异等因素。二是具有操作性。教学设计应能指导具体的实践。

4）教学设计反馈性原则。教学成效考评只能以教学过程前后的变化以及对学生作业的科学测量为依据。测评教学效果的目的是为了获取反馈信息，以修正、完善原有的教学设计。

（6）教学设计的基本要求。

对各学科教案的设计，都有一个基本要求。每一个教师在达到了基本要求之后，要具有学科特色和个人的教学风格。

1）教案中必须有：教学内容（教学课题）、教学目标、教学重点、教学难点、板书设计（及演示文稿 PPT）、主要教学方法、教学工具、各阶段时间分配、教学过程（五个环节）、教师活动、学生活动、各阶段设计意图、课后评价与反思等内容。

同一个教学内容，在同一时期，不同的教师设计的教案形式可以不同。

同一个教学内容，在不同时期，同一个教师设计的教案也会不同。

每个人都有自己的设计方法和风格，只求基本部分相同，不求完全相同。

教师的备课和讲课，要依据《基础教育课程改革纲要》和《数学课程标准》、依据教材，但是不能唯《纲要》和《课标》、教材，要根据该地区的情况、学校的条件、学生接受能力和水平，二次开发教材。要发挥出自我，要体现出自身的价值来，让听课的专家、领导和教师在课堂上能够找到"有悟性"的您。

2）青年教师教案要详细，但是不能超过 A4 纸 5 页。有经验的中老年教师教案要简洁（简洁不简单），但是不能少于 A4 纸 2 页。教案要保留书面和电子两种形式，以备后期利用和检查。杜绝无教案上课、后补教案和不规范教案。

教案的后期利用是指将旧教案复制过来。首先是改换日期时间等基本信息。然后，根据信息技术发展的情况、所授班级的情况、教学环境的变化，个人信息技术的教育教学观念的改变，个人教育教学水平和能力的提高等，将教案中的旧的东西剔除掉，加进新的教育教学观点、概念和方法，加进新的信息技术的知识和技能，加进更切合本班学生实际的例子……最终，将旧教案改变为适合教育教学的新教案。

3）在课堂实施的过程中，也要根据实际的课堂教学情况的变化而变化，能够灵活多变地、轻松自如地驾驭课堂，不拘于教案。

4）设计教案目的是在上课时给自己看的，不是给学生或是其他什么人看的。

　　但是，对于同行教师进行教学交流、讨论研究的教案，对于教学领导检查教学要看的教案，对于教学设计大赛和评比的教案，对于选入"教学设计案例"的教案，一定要注意区别对待。

　　对于同一节课的教学内容，不同用途的教案，可以根据不同的需求写成多种形式。既不要求个个都做成经典教案，亦不必投入太多的无谓劳动。教案可繁可简、可粗可细，但是都要认真地对待，最起码也要符合教案设计的基本要求。

　　（7）教学设计的一个案例分析。

　　一、教学内容：人教版九年制义务教育标准实验教科书五年级上册第五单第一课"平行四边形的面积"。

　　二、教材分析教材地位：

　　"平行四边形的面积"一课在图形面积公式教学中占据着承上启下的重要地位。这是学生第一次用转化的方法探索面积计算公式，而在探究过程中获得的数学思想、活动经验，建立的空间观念对学生下一步探索三角形、梯形和圆面积公式具有很强的引领价值。

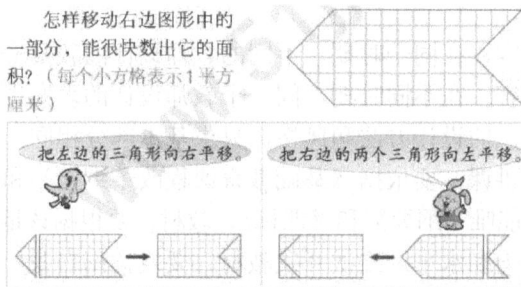

　　教材的共同点：无论是显性地积累等积变形经验，还是隐性地渗透，都是在让学生产生割补转化意识。

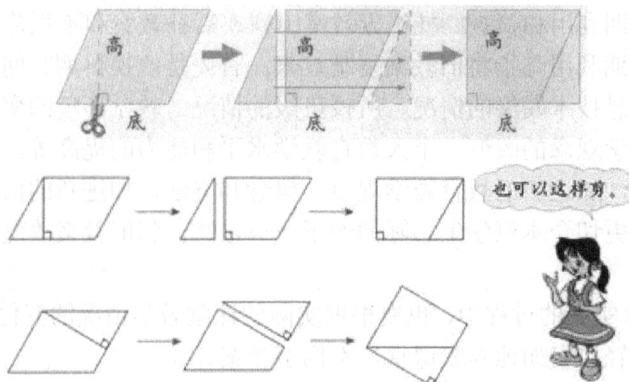

学习材料的暗示促使部分学生在面对求平行四边形的面积这个新问题时能产生转化意识，但从源头上扼杀了学生独立思考的需求。

三、学情分析：

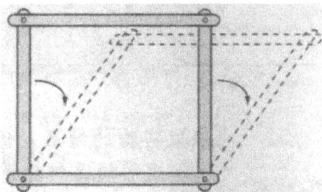

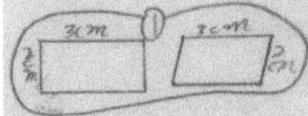

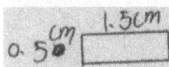

50 张问卷调查，针对有效回答，学生认为：

周长不变：90%　周长会变：8%

面积发生变化：52%　面积不变：42%

现象：

一、拉动变形时许多学生的第一判断就是平行四边形的面积可以用邻边×邻边的方法来计算，进而认为拉动后面积没有变化。

二、在观察模型时学生的错误不易纠正，往往要拉出两个极端状态（拉成长方形和拉成很"斜"的平行四边形）时才不得不承认错误，即使如此仍有学生会难以释怀——边长又没变，面积怎么会变了？

三、在今后的练习中还是会有不少学生重复出现相同的错误。

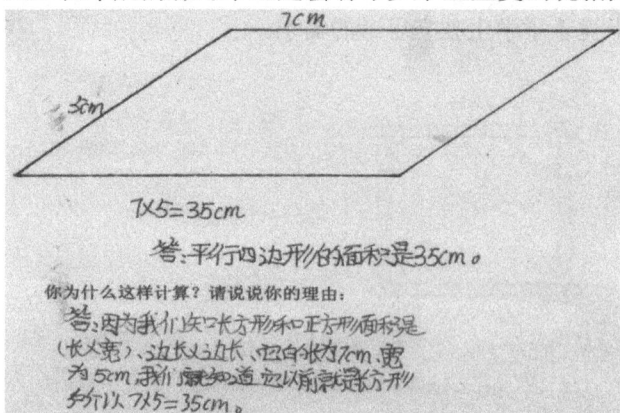

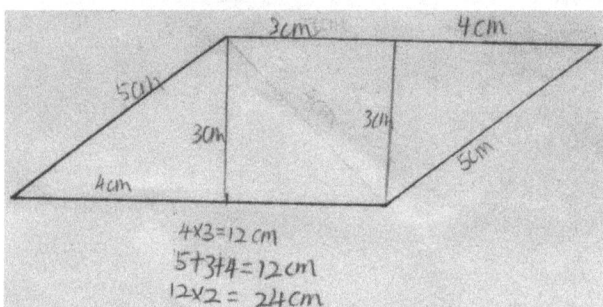

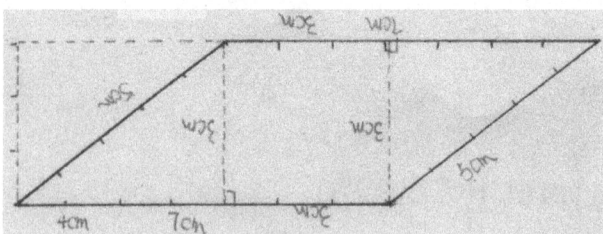

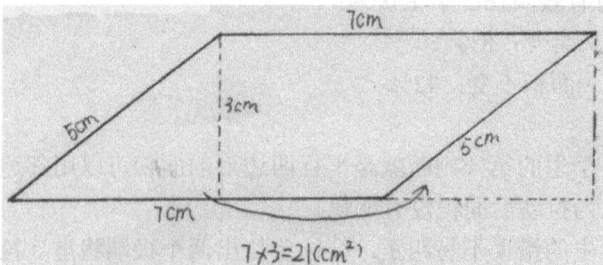

7cm

5cm

7×5=35cm

答：平行四边形的面积是35cm。

你为什么这样计算？请说说你的理由：

答：因为我们知道长方形和正方形的面积是
（长×宽）、边长×边长、它的长是7cm、宽
为5cm，我们就知道它以前就是长方形
所以7×5=35cm。

3cm   4cm

5cm   3cm

3cm   5cm

4cm

4×3=12cm
5+3+4=12cm
12×2=24cm

3cm   7cm

5cm   3cm   3cm

5cm

4cm   7cm   3cm

7cm

3cm   5cm

5cm

7cm

7×3=21(cm²)

量出有关数据独立计算面积，学生认为：

底×邻边：66%　　　底×高：12%

(底×2)×(邻边×2)：4%　　(底＋邻边)×2：6%

随意完成：12%

学生的"直觉"判断来自其朦胧而朴素的类比思想，由长方形的面积类推出平行四边形的面积。

四、目标分析：

（1）在直觉转化的基础上理解图形转化前后的内在联系。

（2）明白直觉转化背后的道理，能举一反三地进行类比迁移。

（3）知道转化基本方法，了解"变已知－找关系－推结论"的学习方法结构。

（4）能在平行四边形中分解出基本图形，分析其中的基本元素及其对应关系，描述转化过程中图形的运动和变化状态，运用图形形象地描述问题，在利用直观思考这一系列的过程中建立空间观念。

五、重、难点分析：

重点：①自觉产生转化意识；②理解转化过程；③提炼转化途径。

难点：转化后图形与原图形各部分关系的理解和运用。

六、教法、学法分析：

教法：采用长程两段的教学策略，侧重于体现学生学习的方法性结构教学。通过对平行四边形面积的探究，充分感悟知识之间的内在联系，在对已有方法结构运用基础上建立空间观念和形成独特思维方式，以期主动参与到其他平面图形面积的学习中。

学法：①动手操作，增强直观体验；②观察转化，启发学生思维；③探究关系，发现计算公式。

七、教学准备：

CAI 课件、学生题单、平行四边形纸片及剪刀等。

八、教学过程：

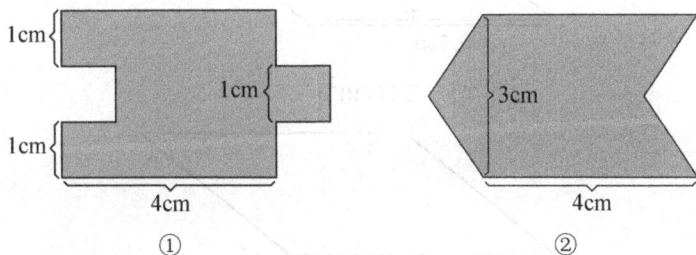

① ②

1．课前常规：

（课件出示）

师：老师带来了有挑战性的内容，看看我们班的孩子对图形敏不敏感？两图的面积各是多少？

设计意图：初步积累"等积变形"的经验，明确平移的相关概念，渗透转化意识在平面图形学习中的作用，实现"在学生原有基础上的有效学习"。

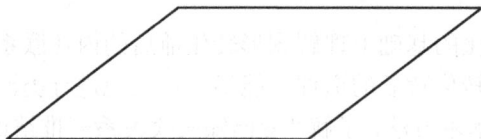

2. 开放导入：

（出示题单）师：你有办法求出它的面积吗？需要量出哪些数据？想一想，量出有关数据再独立计算。

设计意图：面向全体，基于学生的真实思维，独立地、不受干扰地按照自己的理解去解决问题。或正确或错误或清晰或模糊，都是教师展开教学的基础和生成材料。不同学生的不同思维成果的呈现和交流，是最具有挑战性和创造性的教学活动，差异成了最重要、最生动的教学资源。

3. 过程互动：

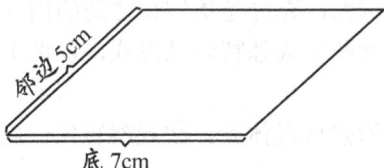

邻边5cm　底7cm

① $7 \times 5 = 35 (\mathrm{cm}^2)$

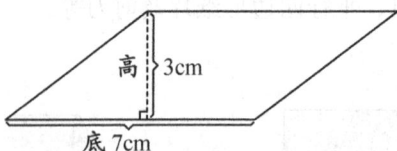

高 3cm　底7cm

② $7 \times 3 = 21 (\mathrm{cm}^2)$

③ $(7 + 5) \times 2 = 24 (\mathrm{cm}^2)$

师：孩子们想到了这几种方法，他们是怎样计算平行四边形面积的？

第③种方法视情况而定，剩下两种方法对比确立，有效反馈，证伪求真。

（针对①）师：他是怎么想的？

唤醒旧知：平行四边形长方形。　　　➡

提炼概念：底×邻边

师：不管这种想法对不对，都让我们很受启发，为我们提供了思考的方向。

设计意图：提炼转化意识，明晰思路，为新知的学习指明方向。

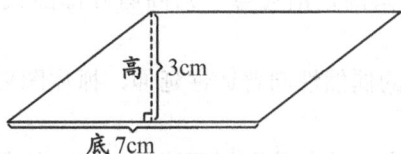

（针对②）师：这儿能从长方形的角度来思考吗？

给学生思索空间，在一定方向引导下有针对性的展开。

提炼概念：底×高

师：我们可以将这两种方法作为大家的猜想。（底×邻边？底×高？）究竟对不对呢？

设计意图：在资源并联展示基础上，积极有效地对话、促进和互动，引导学生对已有方法思考、提炼，形成猜想。

4．变已知：

师：为了方便研究，老师让孩子们准备了几个完全一样的平行四边形，看能不能按你的想法，把其中一个变成长方形，来说明你的算法是正确的。

介入促进：我们班孩子对图形太敏感了，有孩子通过剪拼已经变出来了。有困难的孩子可以寻求同伴帮助，也可以翻开数学书第 81 页，看看书上的方法对你有什么启发。

设计意图：动手操作，提供表象支撑的材料，实现从未知到已知的有效转化，从而纳入原有认知的学习结构中。

师：哪位同学来展示一下，你是如何将平行四边形变成长方形的？

介入促进：他的两个关键动作是什么？

是不是随便剪的？

为什么沿高剪？

他是怎么想到平移的？

你能用数学语言准确描述吗？

设计意图：连续追问把学生的思维引向更深层次思考，体会转化背后的实质，为操作提供理论支撑。

师：这个长方形的长是多少？宽是多少？面积呢？这位同学算的平行四边形面积和长方形的面积相等。

设计意图：对学生的方法进行第一次回应反馈，从数据上说明转化后的长方形和平行四边形是相等的，为后面找联系提供铺垫，是实现找联系的必要前提。

师：只是这个平行四边形转化成了长方形，是不是巧合？

师：只能沿这一条高剪开吗？为什么？

平行四边形有无数条高，沿任意一条高剪开都能找到直角，从而转化成长方形。

设计意图：从转化的偶然性向普适性延伸，抓住图形转化的实质，就能有效地实施。

师：请孩子们拿出自己准备的平行四边形，任意作条高剪开，看看能不能转化成长方形。

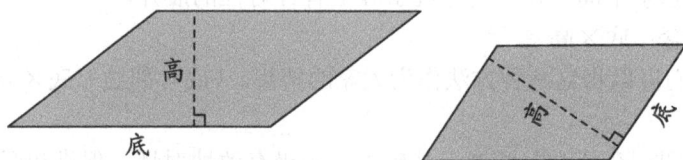

设计意图：通过进一步的动手操作，感知沿高剪对转化起着决定性作用。引导学生思维从广度的层面打开。

5. 找联系：

师：对比原平行四边形和转化后的长方形，你有什么发现？

引导促进：什么变了？什么没变？转化后的边有什么样的关系？

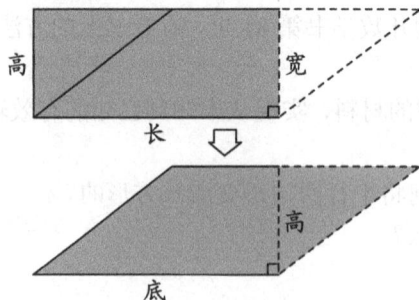

长方形的面积=长×宽

平行四边形面积=底×高

师：大家认不认同第②位同学的方法？

第二次回应反馈学生资源，使猜想得到验证。

设计意图：通过课件展示，突破难点，提炼"形变积不变"的转化实质，更易于把握图形转化后面积与边的关系，并且进一步验证了猜想。

6．推结论：

师：回过头来想想，我们是怎样操作？怎样推导的？

设计意图：积极地反思促使学生的思维条理化、明晰化。进一步感知完整的操作过程，并从旧知中提炼出新知。

师：书上是怎样描述的呢？请翻开书 81 页自学，$S=ah$，明白意思吗？

设计意图：向书本的学习也是学习的必然途径，在此学习过程中把前面获得的知识和结论数学化（用字母表示）。

> 长方形的面积=长×宽
> ‖　‖　‖
> 平行四边形面积=底×高

$S_{平行四边形}=ah$

7．证伪存真：

师：有同学认为用拉的办法也能变成长方形，错在哪儿？拉成后的长方形和原平行四边形面积相等吗？

促进：两种方法"7"没变，在哪里？一种×3，一种×5，明显大了嘛，大在哪儿？

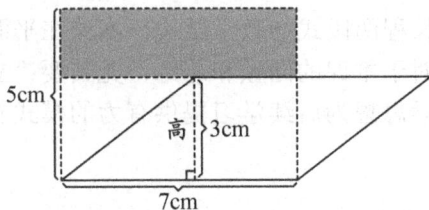

提炼促进：原来是形变积不变，现在是形变积也变，看来这种办法是不对的。

师：原来平行四边形的面积转化成了小长方形的面积，这儿是多出来的一块，拉的办法使面积变大了，底×邻边不能计算平行四边形的面积，但能想到长方形还是不错的。

设计意图：借助图形直观思考，通过观察、想象、比较、抽象、分析，达到证伪存真，建构空间观念的目的。

8．练习巩固：

师：完成题单第 2 题。

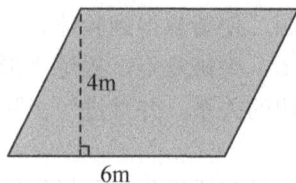

师：24 平方米的依据是什么？

设计意图：必要的练习巩固对于新知的掌握必不可少。由于本课的特殊性，对于练习不能更好地展开。

9. 总结：

师：回顾本节课，你有什么收获？

①变已知：

②找联系：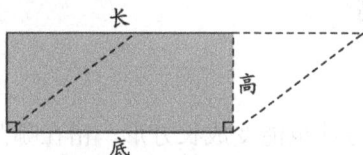

③推结论：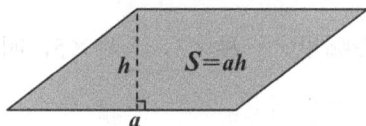

设计意图：按照长程两段式的教学结构，本课在平面图形面积的学习中承担教学结构的任务，对于本课的回顾和总结，尤其要"立"起来，教学结构中隐含的数学方法和数学思想为后续学习提供有力的模式支撑，以期开展更为深入的学习。

10. 延伸：

师：老师这儿还有一些方案，这些方案能转化成长方形吗？面积公式又是什么呢？孩子们可以在课后继续研究。

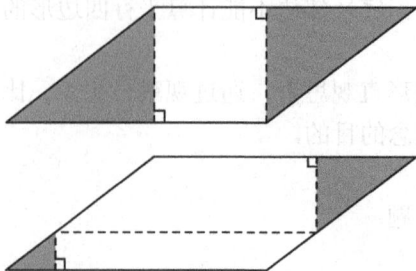

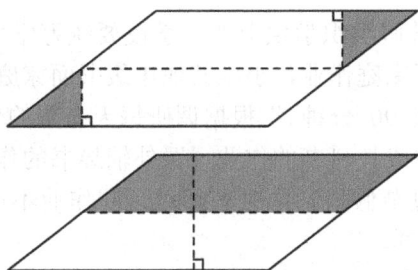

设计意图：课终而意未尽，带着思索离开，思索还在继续……

九、板书设计：

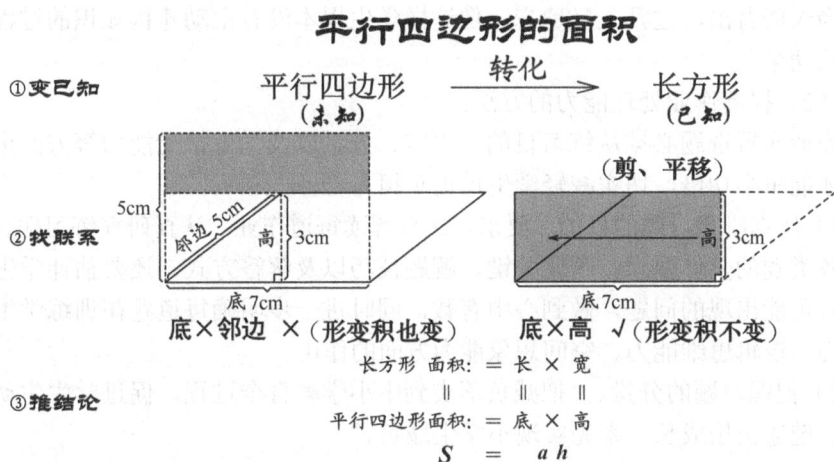

设计意图：好的板书就好似一篇微型教案，条理清楚，重点突出，对比醒目。新旧知识的联系，转化意识与方法的理解，条理化，结构化，其中蕴含的教育意义不言而喻。

8．作业处理的能力。为了切实解决学生课余负担，教师在设计练习、例题、作业题及指导解题的过程中，要注意每道题的功能和思维训练，既要有一定的数量，更要注意质量和效果。特别是在布置作业时一定要考虑学生实际，尤其是农村大部分家长外出务工无法辅导作业，因此教师成为监督学生完成作业的直接责任人。

（1）作业布置中的问题。

1）布置作业的盲目性，教师未对作业进行深入研究，未对作业进行归类，想当然盲目布置作业。

2）布置作业一刀切。无论学生基础如何，所有学生完成同样多作业。

3）布置作业量大。教育部明确规定："要切实减轻学生课业负担，不占用节假日、双休日和寒暑假组织学生上课。学校要统筹学生的家庭作业时间，小学一、二年级不留书面家庭作业，小学其他年级书面家庭作业控制在 60 分钟以内；初中各年级不超过 90 分钟。"根据调研每天布置的作业超过规定的时间，特别是节假日，学生完成教科书的作业、课外辅导书的作业以及附加数学试卷，学生在完成作业中度过节假日，同时教师对这些作业不可能全批全改，学生作业错得依然如故。

4）作业布置缺乏科学性。根据调研，部分农村教师要求学生在寒暑假期间，提前预习下学期的内容，甚至背公式、口诀等，某校数学教师要求小学一年级学生利用暑假背乘法口诀表，结果部分学生整个暑假没有背出乘法口诀，部分同学即使当天能背出，过几天又遗忘，像这样学生根本没有主动建构知识的过程，只会事倍功半。

（2）提高作业处理能力的方法。

作业布置选题必须从练习目的、内容、分量以及学生接受能力等方面进行考虑，才能事半功倍，切实减轻学生过重负担。

1）认真研究习题的目的、要求，认真解读每道作业。认真研究练习题、复习题，各类题的具体要求、解题关键、解题技巧以及解答方式，还要估计学生完成作业时可能出现的问题，做到心中有数，同时进一步明确每道题在训练学生的运算能力、逻辑思维能力、空间想象能力方面的作用。

2）把握习题的分量。"把减负落实到中小学教育全过程，促进学生生动活泼学习、健康快乐成长。率先实现小学生减负。"

因此教师要认真亲自做每道习题，估计每道题学生完成的时间。再精心布置作业，不能随心所欲布置作业，也不能机械重复布置作业。学生完成作业时间不能超过教育部的规定。

3）根据学生掌握知识情况分层布置作业。新课标理念：不同的人在数学上得到不同的发展。注重根据学生个体差异性布置作业，最好采取分层布置作业，根据习题中"最基础、基础、较难、难"四个层次和学生的基础状况布置作业，但所有学生完成的作业数量和时间基本均等，这样体现公平性。

4）避免布置死记硬背的作业。不能布置抄写数学概念、定理、公式、口诀的作业以死记硬背公式、概念、口诀等，应该通过知识应用强化数学知识，要求学生完成作业后并写上所用到的重要知识点等强化数学概念、定理、公式、口诀等。

9. 开展第二课堂活动的能力。第二课堂是相对课堂教学而言的。如果说依据教材及课程标准在规定的教学时间里进行的课堂教学活动称为第一课堂的话，那么第二课堂就是指在第一课堂外的时间进行的与第一课堂相关的教学活动。从教学内容上看，它源于教材又不限于教材；它无需考试，但又是素质教育不可缺少的部分。从形式上看，它生动活泼、丰富多彩。它的学习空间范围非常广大：可以在教室，也可以在操场；可以在学校，也可以在社会、家庭中开展实施。

（1）开展第二课堂的薄弱表现。

根据调研，在"综合与实践"的数学课中部分数学实践活动根本没有实施，即使完成也仍然是以讲代做，以放 VCR、录像等音像视频、图片代替实践活动，把在实践中完成的数学活动完全变成了讲解，"满堂灌"现象依然存在。比如在学习统计与概率知识时仍然在教室分析硬币正反两面，于是得出正面向上和反面向上的机会（概率）各 50% 的结论；学习三角知识时比如测顶部不能达到的楼高或旗杆高时，仍然在教室以讲代实验画图分析得出公式。在教学生认识 1～20 以内的数及平行四边形面积公式推导时仍然在教室进行"满堂灌"。学生主动建构知识的能力得不到培养。学生在学习数学概念、公式、定理等方面根本没有主动建构，死记硬背。"建构主义观认为：学习不是被动接受信息，而是知主动建构意义，是根据自己的经验背景，对外部信息进行主动地选择、加工和处理，从而获得自己的意义。"

（2）开展第二课堂的措施。

1）认真研读第二课堂活动的有关要求。特别是研读《数学课程标准》中有关"综合与实践"中的开展要求，从数学活动中了解数学、认识数学。

《数学课程标准》中指出：数学活动经验的积累是提高学生数学素养的重要标志。帮助学生积累数学活动经验是数学教学的重要目标，是学生不断经历、体验各种数学活动过程的结果。数学活动经验需要在"做"的过程和"思考"的过程中积淀，是在数学学习活动过程中逐步积累的。

教学中注重结合具体的学习内容，设计有效的数学探究活动，使学生经历数学的发生发展过程，是学生积累数学活动经验的重要途径。例如，在统计教学中，设计有效的统计活动，使学生经历完整的统计过程，包括收集数据、整理数据、展示数据、从数据中提取信息，并利用这些信息说明问题。学生在这样的过程中，不断积累统计活动经验，加深理解统计思想与方法。

"综合与实践"是积累数学活动经验的重要载体。在经历具体的"综合与实践"问题的过程中，引导学生体验如何发现问题，如何选择适合自己完成的问题，如何把实际问题变成数学问题，如何设计解决问题的方案，如何选择合作的伙伴，如何有效地呈现实践的成果，让别人体会自己成果的价值。通过这样的教学活动，学生会逐步积累运用数学解决问题的经验。

"综合与实践"的实施是以问题为载体、以学生自主参与为主的学习活动。它有别于学习具体知识的探索活动，更有别于课堂上教师的直接讲授。它是教师通过问题引领、学生全程参与、实践过程相对完整的学习活动。

积累数学活动经验、培养学生应用意识和创新意识是数学课程的重要目标，应贯穿整个数学课程之中。"综合与实践"是实现这些目标的重要和有效的载体。"综合与实践"的教学，重在实践、重在综合。重在实践是指在活动中，注重学生自主参与、全过程参与，重视学生积极动脑、动手、动口。重在综合是指在活动中，注重数学与生活实际、数学与其他学科、数学内部知识的联系和综合应用。

教师在教学设计和实施时应特别关注的几个环节是：问题的选择、问题的展开过程、学生参与的方式、学生的合作交流、活动过程和结果的展示与评价等。

要使学生能充分、自主地参与"综合与实践"活动，选择恰当的问题是关键。这些问题既可来自教材，也可以由教师、学生开发。提倡教师研制、开发、生成出更多适合本地学生特点的、有利于实现"综合与实践"课程目标的好问题。

实施"综合与实践"时，教师要放手让学生参与，启发和引导学生进入角色，组织好学生之间的合作交流，并照顾到所有的学生。教师不仅要关注结果，更要关注过程，不要急于求成，要鼓励引导学生充分利用"综合与实践"的过程，积累活动经验、展现思考过程、交流收获体会、激发创造潜能。

在实施过程中，教师要注意观察、积累、分析、反思，使"综合与实践"的实施成为提高教师自身和学生素质的互动过程。

教师应该根据不同学段学生的年龄特征和认知水平，根据学段目标，合理设计并组织实施"综合与实践"活动。

2）精心准备数学实践活动课。拟出活动方案，活动目的、任务，主动建构知识所需的教具、学具、分组情况、安全保障等预案。

3）认真组织活动，让部分数学课走出教室，完成活动任务，达到活动目的。对数学实践活动及学生主动建构能力的培养应进行大胆改革：让数学课走出教室。让学生在室外游戏中、实践中进行数学知识的学习，让学生主动建构知识，这样提高学生学习数学的积极性。"数学知识不可能以实体形式存在于个体之外，真正的理解只能是由学习者自身基于自己的经验背景而建立起来的，取决于特定情况下的学习活动过程。"比如要引导学生在室外分组进行投硬币的实验，轮流记录和投硬币各 50 次，将全班记录进行累加，在此基础上得出结论。在利用三角知识测楼高或旗杆高时组织学生亲自利用量角器、1 米的标尺、铅锤及线绳等工具制作测量仪，分组在室外进行测量，求平均值，得出顶部不能达到的旗杆高（或楼高）；在小学一年级学习 1～20 以内数的认识，让学生在室外做"老鹰捉鸡"的游戏及唱"数鸭子"的儿歌，这样让学生亲身经历知识的形成过程，让学生主动建构知识，落实了新课标理念："学生除接受学习外，动手实践、自主探索与合作交流同样是学习数学的重要方式。学生应当有足够的时间和空间经历观察、实验、猜测、计算、推理、验证等活动过程。"

4）详细制订本期（或本年）开展第二课堂的实施方案（包括在学校、家庭、社会中开展的活动）。

活动方案包括活动目标、活动时间、地点、活动重难点、活动准备、活动方式、活动过程、活动总结及反思。

附：关于以"浅尝数学史，体会数学的美妙"为主题的第二课堂方案

数学第二课堂活动方案
——浅尝数学史，体会数学的美妙

【活动目标】

（一）培养良好的学习习惯和锻炼对各种信息的综合分析能力，学会更好地自主学习。

（二）通过对数学史知识的收集和分享，加深对数学发展历程的了解，发扬数学家们的榜样力量，激发数学学习的兴趣。

【活动构思】

《普通高中数学课程标准》中指出："数学课程应当适当地反映数学的历史、应用和发展趋势，数学对推动社会发展的作用，数学的社会需求，社会发展对数学的推动作用，数学的思想体系。数学的美学价值，数学家的创新精神。数学课程应帮助学生了解数学在人类文明发展中的作用，逐步形成正确的数学观。"数学是一门历史性很强的学科，通过对数学史的学习，学生可以了解数理论知识的由来，进而更好地理解和运用。同时杰出数学家们的故事可对学生产生积极的榜样作用，激发学生的创新求索精神和学习数学的动力。

【活动重难点】

（一）重点：让学生了解数学史的丰富和精彩。

（二）难点：让学生收集数学史的相关知识并进行交流分享。

【活动准备】

课前分组，要求各组推选小组长，负责分配任务、组织和监督工作进程，每组收集两到三个数学故事（数学史的发展、数学家趣事、数学公理的由来等），进行筛选整理形成一个完整的介绍方案，预备在课上展示和交流。

【活动方式】

教师引导与学生自主展示相结合

【活动过程】

（一）抛砖引玉——老师的数学史小故事

活动课的开始阶段，由老师进行引导。老师为同学们讲述两个相对熟悉的数学史小故事，结合数学的思想方法谈谈自己的感受。

1. 神童高斯的故事

$$1+2+3+\cdots99+100=?$$

师：同学们一定非常熟悉这道加法的计算技巧，这是有着"数学王子"美誉的德国著名数学家高斯在年仅 9 岁时便独立得出的。他将看似相当烦琐复杂的计算通过首尾相加凑整的办法进行了有效地简化，问题便迎刃而解。当然，除了高斯的巧妙计算方法外，在接下来的数学学习中，我们还将学到数列的相关知识，进而知道 1，2，3，…，99，100 是一个典型等差数列，我们将有更为普遍的计算公式得出它的计算结果。

（第一个小故事既简单又熟悉，可以让学生们较快融入课堂氛围，跟上老师的节奏。同时指出这部分知识将在今后的数学学习中得到系统的升华，让学生对数学产生兴趣，产生一定的期待。）

2. 曹冲称象

师：这是我们小学便熟知的一个历史故事，其中蕴含着一个重要的数学思想方法——转化。数学思想也是数学学习中一个重要的组成部分，希望小故事给同学们打开一个思路，看看数学的奥妙。

当直接入手解决问题遇到困难的时候，我们可以将问题进行适当的转化，使它与我们已有的数学知识或体验接轨，从而更简便地进行求解。举一个内角和度数求解的例子，在求算四边形内角和时，可将四边形分割成两个三角形，由于我们已知三角形内角和为 180°，则通过观察图形就可以得知四边形的内角和。而求算五边形内角和时，又可将它分割成一个四边形与一个三角形来求解，以此类推，便可以求算 n 边形的内角和。

（可让学生推算 n 边形的内角和，体会数学转化的思想方法。）

（二）主题汇报——小组的数学史交流

（老师启发完，就轮到本节课的重头戏——学生们的表现了。新课标要求学生具有一定创新精神和实践能力，注重培养学生的个性，那么，接下来就为学生提供一个展示的平台，让学生自主发挥，体会资源共享的好处和劳动成果被认可和赞赏的喜悦。)

由每组选派一到两位代表进行成果展示，老师和学生参与讨论和交流，引导学生体会数学史知识对数学学习的重要作用，倡导积极主动的学习方式，让学生深入体会整个活动过程中的成就感，从而对数学产生更多的兴趣和热爱。

（三）活动尾声，分享感受

邀请几位同学谈谈他们在这次活动中的体会。谈谈自己小组组员在整个准备的过程中是如何进行分工的，大家的积极性如何，过程中是否遇到困难，又是如何将困难克服的，在整个活动的过程中最大的收获是什么。进而让学生再一次体会团队协作的力量，体会积极参与的乐趣，体会数学史的美妙，并鼓励他们在今后的数学学习中保持这种对数学史的关注度，养成爱阅读爱探索的学习习惯，做数学学习的"有心人"！

10．有良好的个性心理品质。老师的劳动是十分辛苦的，除了有繁忙的教育教学任务、社会活动外，还感受着外界环境带给的满意与不满意、高兴与苦恼、快乐与忧愁等情绪，教师的乐观、豁达、幽默、平和、耐心、宽容等情绪特征对学生的影响极大，老师特别是数学老师只有精神饱满、心情愉快、豁达开朗，才能胜任教育教学工作。豁达开朗的心胸能将老师暗含着的期待信息微妙地传给学生，可以使自卑怯弱的孩子自信昂起头，使孤僻多疑的孩子绽开笑脸，使暴躁的孩子拥有平和的心态。相反老师遇事急躁，学生情绪就不稳定，老师一时的情绪发泄，带给学生的不仅是一时的影响，有可能会影响他们的一生（一朝遭蛇咬，十年怕井绳）；著名教育家马卡连柯说过："不能控制自己情绪的人，不能成为好老师。"因此，每位老师要具有良好的心理品质（至少在学生面前控制自己的情绪）。

总之，年轻数学教师要在数学教育教学上兢兢业业，踏踏实实，一步一个脚印地前进，让学生从"要我学数学"转到"我要学数学"上来；从"学答数学"转到"学问数学"上来；从"学会数学"转到"会学数学"上来，才能适应新课程的改革，也才能使自己健康地成长。

第五节　数学青年教师自己要加强学习与锻炼

1．一心扑在初中数学教育上。有时听公开课，我们常常羡慕大师们在课堂上的风采，感叹于他们日臻完美的教学艺术。但事实上，光彩照人的背后，是汗水，是心血。宝剑锋从磨砺出，梅花香自苦寒来，名师们之所以有今天的高度，是因为他们将自己的根须深深地扎在数学的大地上。课堂是老师劳作的田地，只有把根深深地扎在这块肥沃的土地上，结出的果子才会香甜。所谓根深叶茂也。一个教师的成长，固然离不开公开课，但是最能磨炼人的，则是日复一日的家常课。

因为教师的真正价值体现在自己所教的学生身上。作为一个数学老师，要把自己的主要精力花在学生身上。

2. 多读书、多钻研、多向老教师学习、多反思。作为一名数学教师要阅读数学教材，不仅要读所教学段的教材，还要读其他学段的。初中教师不仅要读初中教材，而且要读高中教材。这样才能居高临下，高屋建瓴。阅读数学史，因为"读史可以使人明智"，有许多平时我们困惑不解的难题可以在读史的过程中豁然开朗。阅读杂书，教数学的，不妨读点文学、哲学、美学……做一个"杂家"；我们更阅读同伴，能够在一起工作、学习、生活就是一种缘分，"三人行必有我师"，同伴是一种资源，更是一座宝库，我们要学会欣赏，并充分开发、利用；要阅读社会，社会是一部大书，"处处留心皆学问"，要读懂这部大书，必须抛开浮躁，沉下心来，处处留心。

好教师的知识结构应当由三块组成，即精深的专业知识、开阔的人文视野、深厚的教育理论功底。如果说课堂是老师的根，那么，教学理念则是一个老师的魂。教学理念怎么样形成？一靠实践中提炼而成，二靠阅读积淀与扬弃。教师的阅读视野，直接决定了其理论高度与厚度。因此，一个有所作为的教师，必须要重视阅读。著名特级教师李庾南说过："让读书成为我的生活，必须成为我的生活，我们不要为校长读，不要为新课程读，不要为学生读，而为你自己！只要你心静，有一双慧眼，真正地读书，内化成我们内在的东西。"读书，是一个人最好的精神化妆。苏霍姆林斯基的《给教师的一百条建议》是一本集教育学、心理学、教学法于一身的充满智慧的书，每读一遍总有新的感悟，可以说是百读不厌。饱读诗书的人，不一定能成为优秀的教师；但是要想成为一个优秀教师，必须要多读书。

多向老教师学习，多听老教师的课，多请教，吸收其精华。

养成每天反思的习惯。数学教师是否愿意花时间反思自己的工作，是教师是否具有专业素养的标志。没有最好，只有更好。学海无涯，艺无止境。教师的专业追求、探索、提升都要靠不断地反思。教师要学会在言说和行动中思考，在反思批判中成长。自己的教育生活就是一种学术行为，自己的一言一行都应不断反思，这应该成为自己需要时时温习的功课。用键盘敲下自己的反思吧，我们的人生会因此更美丽。

3. 多做题，勤思考，善演变。第一，教材、教参上的题全做，选做一定量的中考题目和竞赛题目；第二对上述做过的题目进行广泛思考、联系；第三，经常对一些题目作变形、演绎；第四适当做一些数学竞赛题。

4. 多参加各级各类的培训，无论是校培、省培还是国培。

5. 善于总结，多写论文，养成终身学习的好习惯。在总结中把自己的见解、经验全部写出来，这样你才能不断地提高，使自己尽快成长。相信你一定能尽快成为新课程改革的主力军，数学素质教育在你身上能真正得到体现和落实。

6. 熟练掌握中小学数学知识体系。新入职教师对小学、初中、高中的数学知识的先后逻辑顺序不熟。不清楚哪些知识是小学、初中、高中的，容易把小学与初中知识混淆、初中与高中知识混淆。同时对同一个阶段知识先后顺序不清楚，比如新教师在教学负数时，化简 $-(-7)=7$ 时，应该解释为 -7 的相反数为 7，而不是负负为正，因为负负为正是学了有理数的乘法的内容获得的知识。图 8-5 至图 8-7 分别是小学、初中、高中数学的知识结构图。

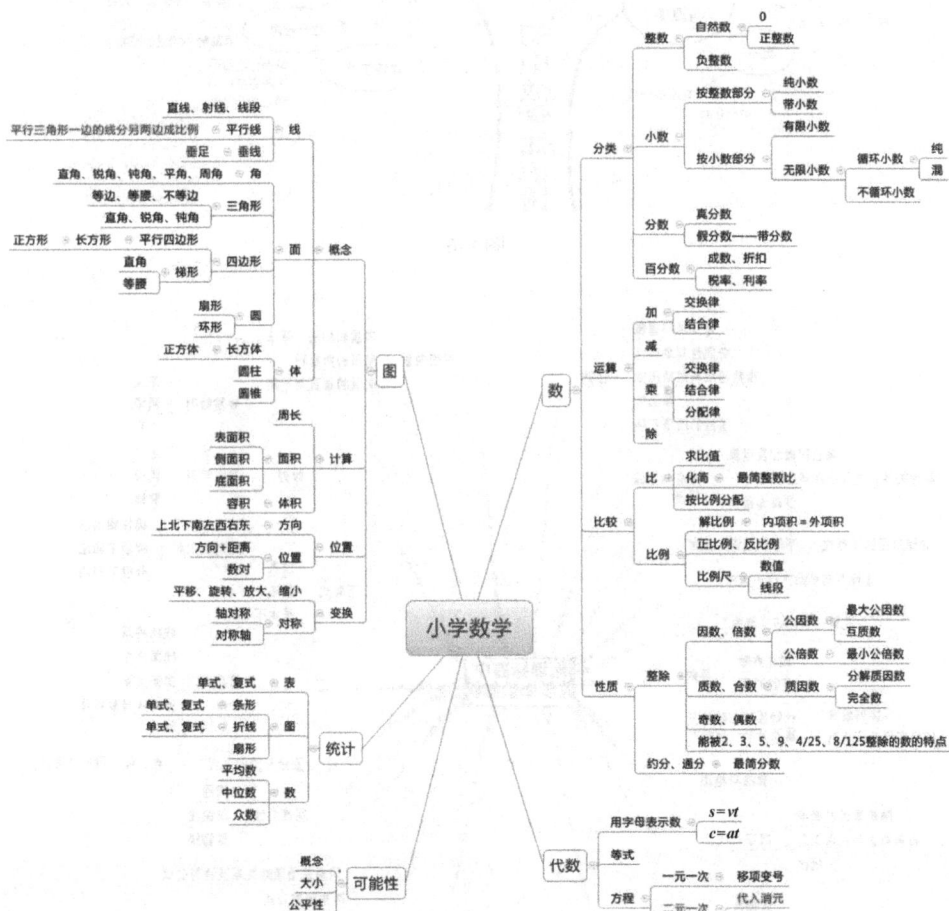

图 8-5

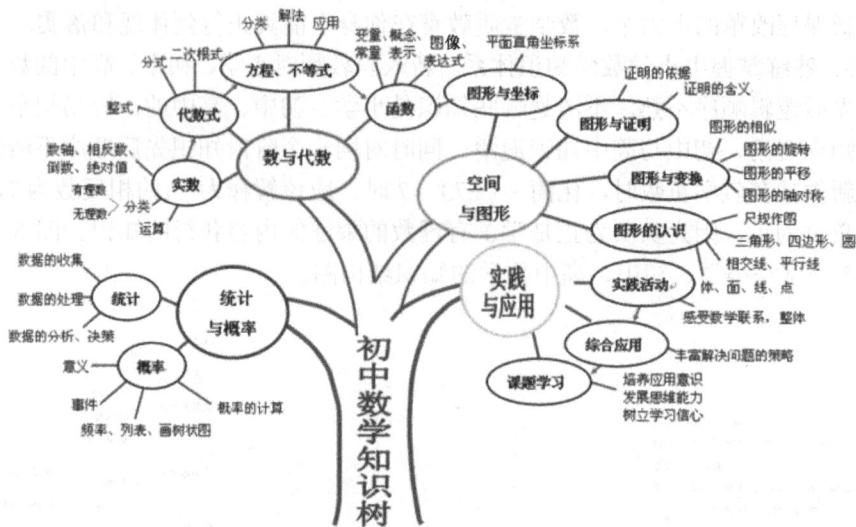

图 8-6

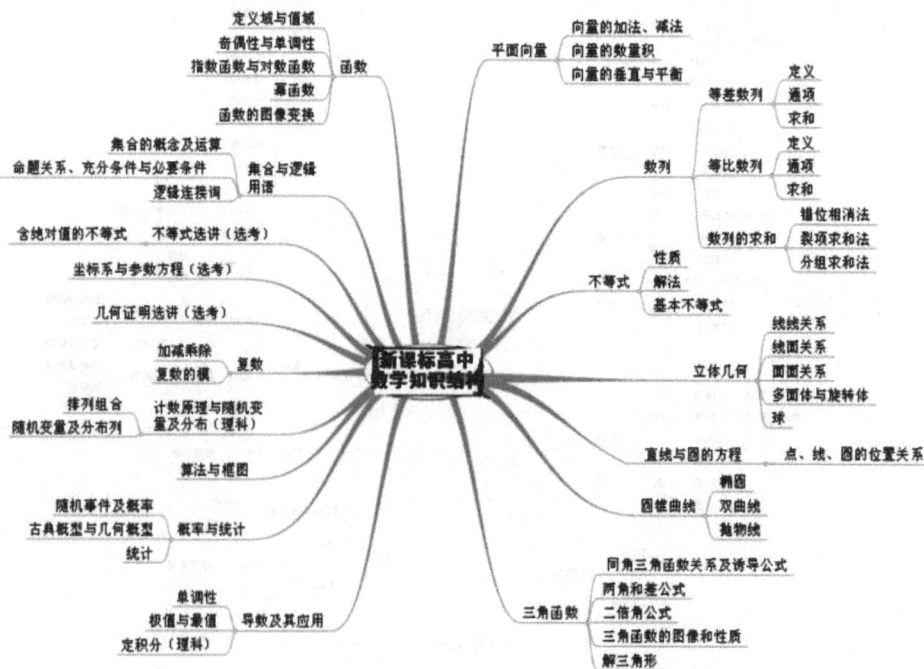

图 8-7

第六节　教师加强中学学生学习数学兴趣培养的建议

新课程标准明确指出：教师的任务就是创设教学情境，激发学生的学习兴趣。数学作为基础学科，在日常生活中有着不可或缺的地位。然而并非在教师三令五申之后学生就会体会到它的重要性从而加倍用功。真正令学生在学习数学的过程中感到轻松和愉快的是对数学的喜爱，这种喜爱就是学习数学的兴趣。

通过本研究，我们希望能够从学生的角度让老师了解更多可提高初中生数学学习兴趣的方法，了解到初中学生的心理变化特点及应该如何提高教学的效果。例如教学中可大量的运用学生的迁移能力，使学生把知识连贯起来，形成一个框架。针对初中生喜欢听故事的特点，教师可在课堂中适当地讲一些数学故事及数学趣事以此来提升学生对学习的乐趣。并且让学生意识到数学来源于生活，只是从生活中抽象出来，有点高于生活。就犹如我们看的电视剧，素材来源于生活，只是有点高于生活。

一、数据分析

通过调查问卷法、访谈法、文献法等方法调查初中生心理发展情况及对初中数学教材的分析，总结影响初中生数学学习的因素及一种适合现代初中生学习数学的教学方案。目前我们已经初中学生进行了大量的问卷调查，对部分初中学生进行了访谈，并对初中数学教材进行了部分的汇总与分类。本次调查共发放问卷250 份，回收 213 份，有效回收率 82%，被调查对象中男生 97 人，女生 115 人，年级分布为：初一 103 人，初二 45 人，初三 65 人。调查地点：四川省绵阳市安县中学。调查时间：2016 年 4 月 5 日星期二。

二、初中生对数学学习兴趣的基本情况

七年级学生喜欢数学的占 41.7%，对数学既不喜欢也不讨厌的占 54.4%，对数学产生排斥心理的占 3.9%；八年级学生喜欢数学的占 33.3%，对数学既不喜欢也不讨厌的占 51.1%，对数学产生排斥心理的占 15.6%；九年级学生喜欢数学的占 29.2%，对数学既不喜欢也不讨厌的占 32.3%，对数学产生排斥心理的占 38.5%。男生喜欢数学的占 36.0%，对数学既不喜欢也不讨厌的占 50.5%。女生喜欢数学的占 36.5%，对数学既不喜欢也不讨厌的占 53.0%。表明七年级、八年级、九年级对数学感兴趣的人在逐渐地减少，排斥数学的人数在逐渐地增多。

三、对数学学习兴趣与数学教师的关系调查

认为数学学习兴趣与老师的教学语言有关的占 93.9%，与教师的幽默性有关的占 30.0%，与教师的衣着有关的占 10.8%，与教师的教学板书有关的占 98.1%，与教师是否占用学生的课余时间有关的占 93.0%，与教师与自己关系的亲密度有关的占 83.6%，与教师是否对学生尊重有关的占 94.3%，与教师的教学方式有关的占 100%。

四、学习数学的时间安排调查

学生喜欢数学的人中上课认真听课后，课余时间不用再对数学知识进行巩固：七年级 2.3%、八年级 6.8%、九年级 0%。课余时间较少做数学作业：七年级 31.1%、八年级 53.3%、九年级 9.2%。常在课余时间对数学进行巩固：七年级 66.6%、八年级 44.4%、九年级 90.8%。对数学既不喜欢也不讨厌的人上课认真听课后，课余时间不用再对数学知识进行巩固：七年级 19.4%、八年级 4%、九年级 0%。课余时间较少做数学作业：七年级 25.2%、八年级 44.4%、九年级 7.6%。常在课余时间对数学进行巩固：七年级 55.4%、八年级 51.6%、九年级 92.4%。可见大多数学生会利用课余时间对数学进行学习，但喜欢数学的学生在课余时间对数学进行学习的人较其他学生的人数少，通过访谈了解到大多数喜欢数学的学生更看重课堂时间，只要在课堂上把知识弄懂后，在课余时间不会再花太多时间在数学上。九年级的学生相对七年级、八年级学生在课余时间花在数学上的人数较多，但喜爱数学的学生也相对减少。

五、对数学学习兴趣的影响因素调查

排斥数学的学生总共有 36 人：其中认为读书无用的学生占 83.3%；讨厌或畏惧数学老师的学生占 91.7%；认为数学太难的学生占 77.8%；找不到学习数学技巧的学生占 61.1%；找不到做数学题的方法，而感到困惑的学生占 91.7%；只会老师讲过的题的学生占 58.3%。

对上面的数据进行分析后，发现学生在刚进入初中时，大多数学生对数学这门课程较感兴趣，并且有意愿学好，学生的学习方法不对，不太适应教师的教学，学习时间安排不太合理等因素，导致学生对数学的兴趣逐渐地消失，甚至排斥数学。由此学生过低地估计自身能力导致自卑感的出现、学习兴趣的丧失，最终放弃学习。由此走进"越学越不懂，越学越差"的恶性循环中。

六、提高学生数学学习兴趣的途径

1. 培养学生数学学习的动力

据调查，92%的初中生对数学的学习兴趣减弱是由于没有学习数学的动力，并且在对数学学习没动力的学生中有 65%的学生对数学产生厌烦感，20%的学生对数学产生恐惧感。对于数学这门枯燥乏味的课程，没有动力推动学生学习，就不能使学生对数学课程产生兴趣，甚至会使学生产生厌学的心态。学习动力是推动学生进行学习活动的必要条件，是激励学生学习的强大力量。它能使学生在不劳累的状态下持续有效地进行学习。兴趣对学生的推理成绩、注意分配、阅读理解、努力程度、加工水平等都有着积极的作用。因此在数学教学时，激发学生学习数学的动力，提高学生对数学的兴趣，成为了教师艰巨的任务。

2. 建立和谐融洽的师生关系

平等民主的师生关系不仅有利于激发学生学习思考，培养学生的兴趣，也有利于数学教育工作的良性发展。第一，老师应该正确看待自己的身份和能力，老师并非万能。与学生做朋友，营造一种轻松、愉悦的师生关系至关重要。第二，老师应该平等地对待学生，尊重学生，以诚相待。第三，培养学生的民主意识，消除在学习上对老师的畏惧心理。使学生能大胆地想象与假设，激发学生学习数学的兴趣，与老师一起探索前进。第四，"学会学习"是时代的主旋律，只有多留一点时间让学生自主思考，才会让学生真正地学会学习。第五，互动能使单调、枯燥、乏味的课堂增加活力，开发学生的创新精神与实践能力。

3. 教师高超的教学艺术激发学生学习数学

教师高超的教学艺术是一种教学智慧和教育智慧，它是教育发展的重要部分，夸美纽斯认为，教育智慧是把一切事物交给一切人类的艺术。第一，课堂吸引力，即课堂教学的语言艺术。言语的幽默性是激发学生兴趣的关键，要把抽象的逻辑性的东西鲜活地展现出来，这样才会引人入胜。善于在课堂上提问，并且以鼓励为主，增强学生探索的勇气。将生活融入课堂，用生活诠释和演绎数学。第二，启发诱导力，正确地引导学生，砥砺思维。不断发现问题、探索问题直到解决问题。注重对学生思维和方法的锻炼，避免满堂灌的传授式的教学。第三，错误纠正态度，老师应该"容"错，"融"错，"荣"错。包容学生出现的错误，把错误当成一种资源利用发现新的问题，以错悟错。在一个班集体中，错误可以起到警戒作用，所以错误也是一种贡献。

4. 注重数学知识的迁移以提高数学学习兴趣

迁移已经在教师的教学中被广泛运用，其中在思维能力最强的数学上应用最广。迁移能够促进学生的学习，教师把一种学习的方法教给学生，学生习得解决问题的方法，增加自己的信心，使得自己更加有兴趣去学习数学。有效地运用迁移手段促进学生对数学的兴趣。教师运用正向的迁移规律进行数学教学，促进学生的学习兴趣。

课本中的例题、习题是学生学习数学不可忽略的一个环节，数学例题和习题都是编制者再三思考、精心挑选出来的，在一定的知识范围内，例题把所学的知识与技能、思想与方法、策略与技巧联系起来，例题的解法合理清晰，让学生从一大堆杂乱无章、支离破碎的数学知识中构建一个知识体系，使所学的元知识得到综合利用，为迁移做好基础。

例：义务教育教科书九年级上册，通过对一元二次方程的十字相乘法的计算，我们知道

$x_1=1$ 和 $x_2=2$ 是方程 $x^2-3x+2=0$ 的解

$x_1=3$ 和 $x_2=-1$ 是方程 $x^2-2x-3=0$ 的解

$x_1=-2$ 和 $x_2=-1$ 是方程 $x^2+3x+2=0$ 的解

$x_1=-8$ 和 $x_2=-5$ 是方程 $x^2+13x+40=0$ 的解

但是 $x^2+4x+3=0$ 的解是多少呢？小明通过观察上面的解答，得出了解答这类题的规律，立马解出了正确的答案。同学们通过观察得出了什么样的结论？

分析：通过上面的例子，引起学生的好奇心，培养学生的观察能力及独立思考能力，提高学生对数学的学习兴趣。同时为学习解一元二次方程的十字相乘法打下基础。

解答这类题用常规的公式法，不仅耗时长，而且得到的答案不易检验。为了更方便、更快捷地解答出这类题型，我们将引进另一种解答一元二次方程的方法——十字相乘法。十字相乘法可以用来分解因式$(a_1x+c_1)(a_2x+c_2)$和解一元二次方程，十字相乘法运算速度较快，节约时间，且运算量不大，不易出错。

通过倒推法进行公式的检验，因为等式$(a_1x+c_1)(a_2x+c_2)=0$（$a_1a_2\neq0$）能清晰地得出方程的两个解，$x_1=-c_1/a_1$ 和 $x_2=-c_2/a_2$。如果去括号得到 x^2 项的系数就是 a_1a_2，一次项 x 系数是 $a_2c_1+a_1c_2$，常数项是 c_1c_2，所以 $x_1=-c_1/a_1$ 和 $x_2=-c_2/a_2$ 是方程 $a_1a_2x^2+(a_2c_1+a_1c_2)x+c_1c_2=0$（$a_1a_2\neq0$）的解。但十字相乘法使用的范围是 $ax^2+bx+c=0$ 有两个解，即$\triangle=b^2-4ac\geq0$。

5. 注重数学知识的同化以提高数学学习兴趣

数学知识的同化即把具有相同属性的一些知识或题型归为一类。初中的数学知识点并不是很多，但题型的变形使得初中学生觉得数学的知识点很多、很难。学生只要对数学知识点进行归类，对数学题型进行同化、进行迁移，即可让学生觉得数学知识点不多，题型也不难，都是类型题，那么学生就会对数学产生兴趣，让学生享受学以致用的乐趣，调查中发现：多数同学认为"把数学知识用于生活

实践"是培养他们学习数学兴趣的关键。数学的最大魅力就是它的实用,它是人人必需、个个必用的一种工具,而任何知识的学习,有用才会有学的兴趣。因此在教学中要善于引导学生运用所学的数学知识去解决实际生活问题;另一方面要善于结合教学内容,选取贴近生活实际的题材,把生活问题变为数学研究对象,使学生认识到数学知识来源于生活实践,又为生活实践服务。只有这样从实践中来又到实践去,才能培养学生对数学知识的价值感与渴求感,体验数学知识的内在力量,尝到运用数学知识解决实际问题的乐趣。

例:如图 8-8(a)所示,一只蚂蚁在边长为 8cm 的正四棱锥盒子 *B* 处,现今蚂蚁需从 *B* 处爬到 *D* 处,求蚂蚁爬行的最短距离。

分析:蚂蚁从一点爬行到另一点,两点之间路程要最短首先想到直线,通过观察,不难发现,蚂蚁应该沿着四棱锥的两个侧面爬行,然而四棱锥的侧面是由两个不在同一平面上的平面组成,为此可以试图将盒子展开成一个平面,如图 8-8(b)所示。

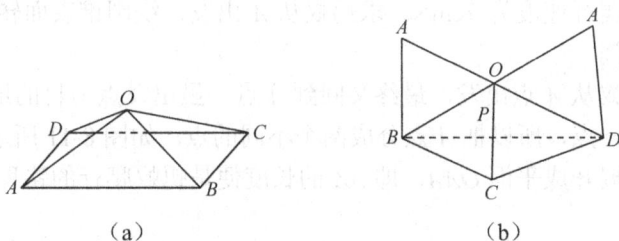

(a)   (b)

图 8-8

解:把盒子展开后如图 8-8(b)所示,*BD* 之间线段最短,即蚂蚁爬行的最短距离就是 *BD* 线段的长度。

连接 *BD*,交 *OC* 于 *P*

∵四棱锥是正四棱锥,所以 $OB=OC=BC=OD=DC$

∴△OBC 与△OBD 为正三角形

∴四边形 $OBCD$ 为棱形

∵棱形的对角线互相垂直平分,并且每条对角线平分一组对角

∴∠$OBP=30°$,∠$BPO=90°$

∵$OB=8$

∴$BD=BP+PD=2BP=OB=2×8×8$

∴蚂蚁爬行的最短距离是 8cm

拓展 1:一只蚂蚁从边长为 2m 的正方体的一个顶点 *A* 沿正方体表面爬到对边的一根棱的中点 *P* 处[图 8-9(a)],它应该怎么走?并求出蚂蚁所爬的路程。

分析：如图 8-9（b）所示，由于"两点之间，线段最短"，所以需把正方体展开成平面，连接 AP，所以蚂蚁从 A 到 P 的直线有三种，如图三条虚线。因为都是直线，且都是从 A 到 P 的直线，所以 AD_1P、AD_2P、AD_3P 的路程一样长，求出其中的一条，便知道 A 到 P 的最短路程。

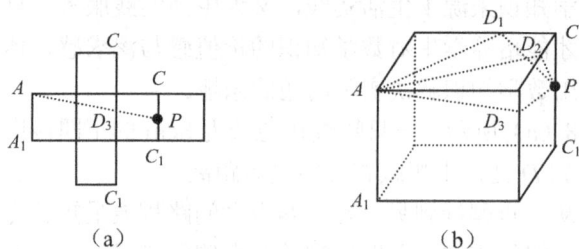

(a)　　　　　　　　　(b)

图 8-9

拓展 2：如图 8-10 所示，一只蚂蚁在一个母线为 2cm，底面周长为 π cm 的圆锥上，蚂蚁的爬行速度为 2cm/s。求蚂蚁从 A 出发，绕圆锥表面转一圈回到 A 点所需的最短时间。

分析：蚂蚁从 A 点出发，最终又回到 A 点。虽出发点与目的地都是同一点，但路程却不是一点，所以把 A 点分成两个不同的点。如图 8-11 所示，以 OA 为分界线，把圆锥展开成平面 OAA。即 AA 的长度便是蚂蚁爬行的路程。

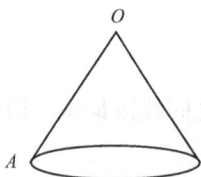　　　　　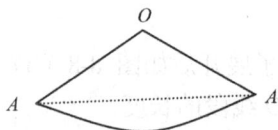

图 8-10　　　　　　　　　图 8-11

以上是考察两点之间线段最短的典型例题，掌握好了一道蚂蚁爬行最短问题的题，那么其他的两点之间线段最短的问题皆可运用已掌握好的两点之间线段最短的方法来进行解答。即把已知的知识迁移到未知的知识上，对题型进行同化。

6. 让学生经常体验成功的乐趣

调查中发现：对数学不感兴趣的同学中，因为觉得"数学太难"的人数占的比例最大；其次是因为"基础不好，从小就不喜欢"。这说明这些同学在学习数学的过程中很少体验到成功的快乐，因此对学习数学缺乏信心。

人类需要成功，而学生需要成功的感情更为强烈，成功的欢乐是一种巨大的精神力量，是学生克服困难的勇气和坚定学习愿望的内在动力。如果学生在学习数学的过程中很少尝到成功的滋味，他们就会过高估计数学的难度，认为自己不是学习数学的料，从而对学习数学失去信心、失去兴趣。因此在教学中教师要想方设法为学生创造成功的条件。在平时练习、课堂作业、考试中要给大多数学生成功的机会；在课堂提问或上台板演时要让学生能体面地、自豪地坐下去或走下去，当学生出现差错或回答不出时，不要简单地给予否定或让其他同学代答，应耐心启发，适当地搭桥铺路，一步一步引导他找到正确的答案，促使他知难而进，在克服困难中体验成功的乐趣。

7. 让学生在民主、平等、轻松、活跃的学习氛围中感受到学习数学的乐趣

首先，要有融洽的师生关系，这是调动学生学习兴趣的前提。调查中发现，"耐心细致、和蔼可亲"型的教师最受学生欢迎。如果当老师没有耐心，动不动就对学生发脾气，那么学生对他所教的学科是不会感兴趣的。因此教师要放下架子，以平等的态度对待学生，在教学中充分发扬民主，与学生一起学习、一起思考、一起探索，使学生在融洽的师生关系中由喜欢"数学老师"变为喜欢学习数学。

其次，数学训练不要搞题海战术。因为一大堆的题目会把学生的学习胃口全部打消掉，最能遏制学生学习兴趣，让学生心烦的就是反反复复的题海战术。调查中发现，大部分的学生不是很喜欢做数学作业，主要原因就是数学作业太多，题目又枯燥无味。因此数学训练要精选题目，要针对不同层次的学生布置适量的不同难度的题目，让他们都能轻松地完成作业。

最后，在数学课堂教学中要善于创设问题情境，激发学生讨论。兴趣往往是从疑问开始的，教学时教师要围绕教学内容精心设疑，抓住学生的好奇心理，创设激疑情境、疑问促使学生产生好奇心，好奇心又转化为强烈的探求知识的欲望，以疑激学，使学生产生想了解为什么，怎么办的心理，接着再让学生讨论，引导学生发表自己的见解，这样既能活跃课堂气氛，又能激发学生的学习兴趣。

总之培养学生数学学习兴趣一定要注重学生个体差异性，分层次进行情感培养，注重"四基"落实，以学生为主体、教师为主导，进行启发式、主动建构培养，进而提高学生学习数学的兴趣。

参考文献

[1] 林崇德. 中国学生核心素养研究报告 [EB/OL]. https://www.meipian.cn/aarz5kd.

[2] 中共中央国务院关于全面深化新时代教师队伍建设改革的意见 [EB/OL]. https://baijiahao.baidu.com/s?id=1591241119248259699&wfr=spider&for=pc, 2018.1

[3] 章建跃. 高中数学教材落实核心素养的几点思考[J]. 课程·教材·教法, 2016（07）: 44-49.

[4] 方金秋. 数学素养的提高是数学教学的根本任务[J]. 数学教师, 1995（04）: 21-23.

[5] 张学林. 新课标下初中数学新教师培养研究[D]. 成都: 四川师范大学, 2008.

[6] 吴宏涛. 试论数学教育和人的发展[J]. 辽宁行政学院学报, 2004（03）: 114-127.

[7] 关老健, 陈观瑜. 教师的学习与成长: 新课程通识培训教程[M]. 中山大学出版社, 2003（5）: 27-84.

[8] 张大均. 普通教育心理学[M]. 北京: 人民教育出版社, 2004（04）: 551-552.

[9] 张奠宙, 宋乃庆. 数学教育概论[M]. 北京: 高等教育出版社, 2004（10）: 130-131, 259。

[10] 论美国中小学"21世纪技能计划中的教育核心价值[EB/OL]. http://www.xzbu.com/9/view-6556383.htm.

[11] 钟启泉. 新课程师资培训精要[M]. 北京: 北京大学出版社, 2002: 150.

[12] 史宁中. 数学课程标准的若干思考[J]. 数学通报, 2007（05）: 1-5.

[13] 周小山. 教学教学究竟靠什么[M]. 北京: 北京大学出版社, 2002（06）: 45-46.

[14] 张奠宙, 李士绮, 李俊. 数学教育学导论[M]. 北京: 高等教育出版社, 2003（04）: 84-84.

[15] 李道路. 数学素质教育初探[J]. 中学数学教学参考, 1997（07）: 2-4.

[16] 建构主义学习理论[EB/OL]. http://baike.sogou.com/v798168.htm.

[17] 张大均. 教育心理学[M]. 北京: 人民教育出版社, 2006: 593-596.

[18] 张学林. 提高初中生数学学习兴趣的策略研究[J]. 新课程研究, 2017（04）: 57-59.

[19] 黄翔，童莉，沈林. 义务教育数学课程目标的新变化[J]. 课程·教材·教法，2013，（01）：29-33.

[20] 史宁中. 漫谈数学的基本思想[J]. 中国大学教学，2011（07）：9-11.

[21] 连四清，伍春兰. 认知负荷理论与数学教学样例设计[J]. 数学通报，2005，44（11）：22-24.

[22] 刘云章. 数学符号概论[M]. 合肥：安徽教育出版社，1993（03）.

[23] 姜宁宁，李莹. 符号意识的内涵及培养策略[J]. 基础教育论坛，2013（28）：17-19.

[24] 中华人民共和国教育部. 全日制义务教育数学课程标准（2011年版）[S]. 北京：北京师范大学出版社，2011.

[25] 杨丽恒，原文志，马建宏. 基于认知负荷理论的数学"翻转课堂"教学模式探究[J]. 教学与管理. 2015（07）：102-104.

[26] 陈燕，罗增儒，赵建斌. 从认知负荷理论看数学错误[J]. 数学教育学报，2009，18（4）：19-22.

[27] 鲍建生. 数学语言的教学[J]. 数学通报，1992（10）：2.

[28] 程晓亮，刘影. 数学教学论[M]. 北京：北京师范大学出版社，2013（08）：33-33.

[29] 涂阳军，陈建文. 先前背景知识、兴趣与阅读理解之关系研究[J]. 心理研究，2009（03）：84-89.

[30] 冯洋. 华应龙小学数学教学智慧研究[D]. 渤海大学，2014.

[31] 王新民. 师范生教学技能培养模式改革研究[J]. 内江师范学院学报，2013（04）：53-57.

[32] 张学林. 挖掘数学中的辩证素材，培养师范生辩证的数学思维能力[J]. 课程教育研究，2016（06）：107-270.

[33] 黄金波. 双循环工学交替人才培养模式的研究与实践[J]. 辽宁高职学报，2009（12）：66-68.

[34] 龚运勤. 数学与应用数学专业（师范类）学生教学能力培养的实践与研究[J]. 怀化学院学报，2012（02）：84-87.

[35] 刘咏梅. 数学教学论[M]. 北京：高等教育出版社，2008.

[36] 曹才翰，章建跃. 数学教育心理学[M]. 北京：北京师范大学出版社，2006.

[37] 张学林. 构造法在初中数学中的应用[J]. 新课程研究. 2007（01）：82-83.

[38] 李秀林. 辩证唯物主义和历史唯物主义原理[M]. 北京：中国人民大学出版社，1995.

[39] 涂阳军，陈建文．先前背景知识、兴趣与阅读理解之关系研究[J]．心理研究，2009（03）：84-89.

[40] 张学林，李洁．一题多解，拓展思维[J]．绵阳师专学报，1999（05）：82-89.

[41] 国家中长期教育改革和发展规划纲要（2010－2020）．http://www.gov.cn/jrzg/2010-07/29/content_1667143.htm.

[42] 张学林．新课标下高校师范专业教材教法课程改革与实践探究——以数学教材教法课程探究为例[J]．绵阳师范学院学报，2015（08）：134-139.

[43] 靖晓英．高职教师"双向循环流动"职业技能培养机制构建研究[J]．辽宁教育，2008（04）：54-56.

[44] 高中数学课程标准．http://www.doc88.com/p-2476176318632.html.